中通服咨询设计研究院有限公司专家团队　精品力作

TD-LTE WIRELESS NETWORK PLANNING AND
OPTIMIZATION PRACTICE

TD-LTE无线网络规划与优化实务

王　强　刘海林　李　新　等◎编著
贝斐峰　黄　毅

U0288178

人民邮电出版社
北　京

图书在版编目（CIP）数据

TD-LTE无线网络规划与优化实务 / 王强等编著. --
北京 ：人民邮电出版社，2018.12
ISBN 978-7-115-49424-5

Ⅰ．①T… Ⅱ．①王… Ⅲ．①码分多址移动通信－网
络规划 Ⅳ．①TN929.533

中国版本图书馆CIP数据核字(2018)第216742号

内 容 提 要

本书是 TD-LTE 领域专注于无线网络规划和优化实务的图书。全书分为原理篇、规划篇和优化篇
3 篇，全面系统地介绍了 TD-LTE 无线网络规划与优化的理论方法、技术和工程实践，重点阐述了
TD-LTE 无线网络规划设计方法，包括规划基础、规划流程、预规划、网络仿真、规划实务及小基站
部署原则，同时阐述了 TD-LTE 无线网络优化的内容和方法，包括无线网络优化流程、网络优化方案、
网络优化专项案例分析及无线网络优化工具平台介绍。

本书适合电信运营商、电信设备供应商、电信咨询业的相关工程技术人员阅读参考，也可作为高等
院校相关专业或相关课题研究人员的参考资料。

- ◆ 编 著 王 强 刘海林 李 新 贝斐峰 黄 毅 等
  责任编辑 杨 凌
  责任印制 彭志环
- ◆ 人民邮电出版社出版发行 北京市丰台区成寿寺路 11 号
  邮编 100164 电子邮件 315@ptpress.com.cn
  网址 http://www.ptpress.com.cn
  固安县铭成印刷有限公司印刷
- ◆ 开本：787×1092 1/16
  印张：16.5 2018 年 12 月第 1 版
  字数：380 千字 2018 年 12 月河北第 1 次印刷

定价：79.00 元

读者服务热线：(010)81055488 印装质量热线：(010)81055316
反盗版热线：(010)81055315

前　言

第一代移动通信系统的出现解决了移动通信系统的有无问题。而后，为了提高移动通信系统的频谱利用率、系统容量、传输安全和通信安全，第二代（代表性系统：GSM、CDMA 1x）和第三代（代表性系统：WCDMA、cdma2000、TD-SCDMA）移动通信系统相继被研发和推广出来。随着业务的发展，以话音业务为主的第二代移动通信系统已不能满足人们的日常需要，移动通信行业步入 3G 时代。3G 在我国投入商用已有一段时间，但是用户体验满意程度一直没有达到预期的效果。在使用手机电视和视频通话等大数据流量应用的过程中，3G 网络会出现信号不稳、视频失真、链接脱网等问题，因此人们期待 4G 技术能够提供更高的数据速率、更大的容量和传输带宽。目前 4G 移动通信系统技术主要有两种制式：TD-LTE 和 LTE FDD。相比于 3G，4G 的应用和体验毫无疑问更接近个人通信，在技术上也比 3G 更完善。

随着 4G 牌照的发放，TD-LTE 网络的规划设计、工程建设、网络优化及测试等工作逐步展开。面对 WCDMA、cdma2000 以及 WLAN 的竞争，LTE 网络的规划、优化及其网络质量也面临着前所未有的挑战。我们需要不断优化网络以提高网络质量，建设 LTE 精品网络。众所周知，网络优化是一项复杂、艰巨而又意义深远的工作。作为一种全新的 4G 技术，TD-LTE 网络优化的工作内容与其他标准体系的网络优化既有相同点又有不同点：相同的是网络优化的工作目的，不同的是具体的优化方法、优化对象和优化参数。无线网络优化的目的是使用户的价值最大化，达到覆盖、容量、价值的最佳组合。通过网络优化提高收益率、节约成本，改善网络运行指标，提高网络运行质量，消除故障隐患，使网络处于最佳性能运行状态；提高网络的资源利用率和投入产出比，根据用户实际行为模型变化情况，调整系统配置，充分利用各种无线网络优化手段进行容量均衡；根据用户实际的业务类型和服务质量要求，进行网络覆盖、容量和质量的相互平衡，适应市场的业务发展需求，基于用户角度进行网络调整，改善用户感受，为用户提供优质的网络服务。

无线网络规划与优化是一门理论和实践紧密结合的综合性技术，是一项系统工程。它从无线传播理论研究到天馈设备指标分析，从网络详细规划、网络能力预测到工程详细设计，从网络性能测试到系统参数调整优化，贯穿了无线网络建设的全过程。书中包含了大量的图表和实例，以帮助读者更好地理解 TD-LTE 无线网络规划与优化工作的步骤和过程。

本书作者是中通服咨询设计研究院有限公司（原江苏省邮电规划设计院）从事移动通

1

信网络研究的专业技术人员，长期跟踪研究 LTE 系统构架、规范与组网方案。本书在编写过程中融入了作者在长期从事移动通信网络规划、优化工作中积累的经验和心得，可以使读者更好地理解 TD-LTE 系统架构和网络规划、优化等内容。

本书对 TD-LTE 无线网络规划、优化技术的介绍总体概念突出，内容清晰，具有新颖性、专业性和实用性。本书的出版，将对通信业相关人员在 TD-LTE 的技术研究、网络规划、工程建设和网络优化等方面都具有较好的参考作用。

本书由王强、黄毅策划和主编，刘海林负责全书结构和内容的掌握与控制。参与全书编写的有刘海林、李新、黄毅、华程、贝斐峰、林延、陈震、张文俊、赵鑫彦、何晓林、周东波等。本书在编写期间还得到了林涛、周旭等同仁的支持和帮助，在此谨向他们表示衷心的感谢！

书中若有不当之处，恳请广大读者批评指正。

作　者

2018 年 6 月于南京

目　　录

优化篇

原理篇

第1章
TD-LTE 系统总述

1.1 移动通信技术发展

1.1.1 移动通信发展史

通信的发展始于远古，在本书中，通信是指以电磁波信号的形式，借助无线电波、电缆、光缆等媒介实现的两点间的远距离信息交换，交换双方之间采用单向或双向方式。

基于电磁系统的电信通信系统以有线电报的实验成功为标志，在 19 世纪 30 年代后得到迅速发展；1876 年贝尔发明电话，人类社会进入电信时代；1899 年，第一封收费电报的拍发，标志着无线电通信实用阶段的到来。以"点"和"画"表示的摩尔斯电码，虽然形式上属于数字信号，但在之后的近百年内并未获得发展壮大的机会，模拟信号通信系统一直占据着统治地位，广播、电视、电话等均采用模拟通信系统。

有线通信干扰小、失真小、信号相对稳定，但其设备必须通过固定设备连接，难以满足某些场合的通信需求。无线通信采用电磁波携带信息，更加灵活，通信双方不必固定地点，大大方便了个人通信，因此逐渐成为研究与应用的重点。

移动通信的雏形在 20 世纪中期已被开发出来，包括步话机、对讲机等，这些早期的无线通信主要应用于军事或特种领域，仅能在少数特殊人群中使用且携带不便。近几十年来，无线通信技术在民用领域发展迅猛，先后出现了蜂窝移动通信系统、微波通信、卫星通信、固定宽带无线接入、802.x 系列无线接入标准、本地多点分配系统（LMDS，Local Multipoint Distribution System）、多信道多点分配系统（MMDS，Multichannel Multipoint Distribution System）等技术。其中蜂窝移动通信的出现影响了全球数十亿人的生活方式，它的发展先后经历了模拟移动通信、数字移动通信、第三代移动通信系统（3G）以及后 3G 阶段。

1. 第一代移动通信系统（1G）

第一代蜂窝移动电话系统是模拟蜂窝移动电话系统，主要特征是用模拟方式传输模拟信号，美国、英国和日本都先后开发了各自的系统。

随着对电磁波研究的深入和大规模集成电路的问世，移动电话首先被制造出来，移动终端设备的研制成功带动了对于网络结构的探索。20 世纪 70 年代初，蜂窝系统覆盖小区的概念和相关理论由贝尔实验室提出后，立即得到迅速发展，很快进入了实用阶段，移动通信跨入了第一代模拟蜂窝移动电话系统的时代。

1978 年年底，美国贝尔试验室研制成功先进移动电话系统（AMPS），建成了蜂窝状移动通信网，大大提高了系统容量。1983 年，AMPS 首次在芝加哥投入商用；同年 12 月，在华盛顿也开始启用；之后，服务区域在美国逐渐扩大。到 1985 年 3 月已扩展到 47 个地区，约 10 万移动用户。日本、德国等其他国家也陆续开发了蜂窝式公用移动通信网。1979 年，800MHz 汽车电话系统（HAMTS）在东京等地正式投入商用。1984 年西德建成 C 网，频段为 450MHz。1985 年，英国开发的全地址通信系统（TACS）在伦敦投入使用，并在之后覆盖了全国，频段为 900MHz。法国开发出 450 系统。加拿大推出 450MHz 移动电话系统（MTS）。瑞典等北欧四国于 1980 年开发出 NMT-450 移动通信网，并投入使用，频段为 450MHz。

2. 第二代移动通信系统（2G）

第一代模拟制系统解决了移动通信系统的有无问题，但它们在应用中的各种缺点也不断浮现出来，包括系统间没有公共接口、难以互通、频谱利用率低、系统容量小，安全性差、容易被窃听等。

为克服模拟通信的上述缺点，数字技术被引入到蜂窝移动通信系统，并在 20 世纪八九十年代得到了长足发展，称之为第二代移动通信系统。2G 系统提供了更高的网络容量，改善了话音质量和保密性，并为用户提供无缝的国际漫游。2G 的制式主要有 GSM、CDMA（IS-95）、D-AMPS 等，其中 GSM 与 CDMA 系统应用广泛。

（1）GSM/GPRS/EDGE

GSM 数字移动通信系统最早起源于欧洲。1982 年，北欧国家要求制定 900MHz 频段的公共欧洲电信业务规范，并提交了建议书。在那之后，欧洲电信标准学会（ETSI）技术委员会为制定有关的标准和建议书成立了"移动特别小组"（Group Special Mobile），简称"GSM"。1986 年在巴黎，该小组对欧洲各国及各公司经大量研究和实验后所提出的 8 个建议系统进行了现场实验。1990 年，该小组完成了 GSM900 的规范，共产生了约 130 项建议书，这些建议书分为 12 个系列。

1991 年，第一个 GSM 系统在欧洲开通，GSM 更名为"全球移动通信系统"（Global System for Mobile Communications），移动通信从此进入第二代数字移动通信时代。同年，移动特别小组制定了名为 DCS1800 系统的 1800MHz 频段的公共欧洲电信业务的规范。该系统与 GSM900 具有同样的基本功能特性，它们绝大部分是通用的，二者可通称为 GSM 系统，因此规范仅将 GSM900 和 DCS1800 之间的差别加以描述。

在这之后，为了实现对数据业务的支持，GSM 体制制定了 GPRS 与 EDGE 这两种标准。

通用分组无线业务（GPRS，General Packet Radio Service）由 GSM Phase 2.1 版本定义，是为适应移动数据接入需求的增长而产生的。由于 GPRS 支持中低速的数据传输，常被称作一种 2.5G 的技术，支持 9.05～171.2kbit/s 的接入速率。

增强型数据速率 GSM 演进技术（EDGE，Enhanced Data Rate for GSM Evolution）介于 GPRS 与 3G 之间，也常被称作 2.75G 的技术。它在 GSM 系统中采用了多时隙操作和 8PSK 调制，能够支持 300kbit/s 的数据速率接入，匹敌 cdma 1x。

（2）IS-95/cdma2000 1x

在 2G 时代，CDMA 技术和 GSM 技术几乎是同时开始发展的。cdma2000 标准是一个体系结构，称为 cdma2000 family，它包含一系列子标准。由 cdma One 向 3G 演进的途径为：cdma One（IS-95A/B）→cdma2000 1x→cdma2000 1x EV。其中 cdma2000 1x 属于准 3G 技术，cdma2000 1x EV 之后均属于标准的三代技术。

1993 年，高通公司提出了 CDMA 第一个商用标准，被美国 TIA/EIA 定为 IS-95A（TIA/EIA INTERIM STANDARD/95A）标准。1994 年，第一个 CDMA 商用网络在中国香港地区（香港和记电讯）开通。1995 年，CDMA（IS-95A）在韩国、美国、澳大利亚等国得到大规模应用。

从技术角度来说，IS-95A 技术属于第二代移动通信技术，主要支持语音业务。IS-95A 商用几年以后，市场对数据业务的需求逐渐显现。在这种情况下，美国电信工业协会（TIA）制定了 IS-95B 标准。IS-95B 通过将多个低速信道捆绑在一起来提供中高速的数据业务，可提供的理论最大比特速率为 115kbit/s，实际只能实现 64kbit/s。但是从技术角度来说，IS-95B 并没有引入新技术，所以通常将 IS-95B 也作为第二代移动通信技术。

cdma2000 1x 是由 IS-95A/B 标准演进而来的，由 3GPP2 负责具体标准化工作。cdma2000 1x 在 IS-95 的基础上升级空中接口，可在 1.25MHz 带宽内提供 307.2kbit/s 高速分组数据速率。cdma2000 成为窄带 CDMA 系统向第三代系统过渡的标准。cdma2000 在标准研究的前期，提出了 1x 和 3x 的发展策略，但随后的研究表明，1x 和 1x 增强型技术（1x EV）代表了未来的发展方向。

cdma2000 1x 仅能提供准 3G 的数据业务，目前发表的版本包括以下两种。

Rev.0：1999 年 10 月发布，Rev.0 沿用了基于 ANSI-41D 的核心网，在无线接入网和核心网的基础上增加了支持分组业务的网络实体，其单载波速率最高可达 153.6kbit/s。

Rev.A：2000 年 7 月发布，与 Rev.0 相比没有网络结构上的变化，增加了对业务特征的信令支持，如新的公共信道、QoS 协商、增强鉴权、加密、话音业务和分组业务并发业务。Rev.A 单载波速率最高可以达到 307.2kbit/s。

3．第三代移动通信系统

第三代移动通信系统（3G）的技术发展和商用进程是近年来全球移动通信产业领域最为关注的热点问题之一。

3G 在 ITU 的正式名称是 IMT-2000，其前身为 1985 年提出的 FPLMTS（未来公共陆地移动通信系统）。ITU 在 1996 年年底确定了第三代移动通信系统的基本框架，包括业务需求、工作频带、网络过渡要求和无线传输技术的评估方法等，FPLMTS 也更名为 IMT-2000，其用意是希望在 2000 年前后投入商用、最高速率达到 2000kbit/s 并工作在 2000MHz 频段。

IMT-2000 的目标是：

- 频段、标准全球统一无缝覆盖；
- 频谱效率高、服务质量高、保密性能好；
- 多媒体业务速率达到 2Mbit/s，包括室内环境（2Mbit/s）和步行环境（384kbit/s）以及车速环境（144kbit/s）；
- 易于从第二代系统过渡和演进。

1999 年 10 月 ITU 在赫尔辛基举行的会议确定了以下 5 种 3G 方案：

- IMT-2000 CDMA DS（Direct Spread），即欧洲和日本的 UTRA FDD（WCDMA）；

- IMT-2000 CDMA MC（Multi-Carrier），即美国的 cdma2000；
- IMT-2000 CDMA TC（Time-Code），即欧洲的 UTRA TDD 和中国的 TD-SCDMA；
- IMT-2000 TDMA SC（Single Carrier），即美国的 UWC-136；
- IMT-2000 FDMA/TDMA FT（Frequency Time），即欧洲的 DECT。

经过融合和发展，形成了 3 种最具代表性的 3G 技术标准，分别是 TD-SCDMA、WCDMA 和 cdma2000。其中 TD-SCDMA 属于时分双工（TDD）模式，是由中国提出的 3G 技术标准；而 WCDMA 和 cdma2000 属于频分双工（FDD）模式。

在 3G 的商用发展过程中，又发展出两大标准化论坛：一个是推广 WCDMA 和 TD-SCDMA 标准的 3GPP 标准化论坛，另一个是推广 cdma2000 标准的 3GPP2 论坛。

（1）WCDMA

WCDMA 是由 3GPP 具体制定的，基于 GSM MAP 核心网，UTRAN（UMTS 陆地无线接入网）为无线接口的第三代移动通信系统，先后发布了 Release 99（简称 R99）、R4、R5、R6、R7 等多个版本。

WCDMA 采用直接序列扩频码分多址（DS-CDMA）、频分双工（FDD）方式，码片速率为 3.84Mchip/s，载波带宽为 5MHz。先期提出的 R99/R4 版本，在 5MHz 的带宽内可提供最高 384kbit/s 的用户数据传输速率。

R5 版本引入了下行链路增强技术，即高速下行分组接入（HSDPA，High Speed Downlink Packet Access）技术，其在 5MHz 的带宽内可提供最高 14.4Mbit/s 的下行数据传输速率。而在 R6 版本中则引入了上行链路增强技术，即高速上行分组接入（HSUPA，High Speed Uplink Packet Access）技术，其在 5MHz 的带宽内可提供最高约 6Mbit/s 的上行数据传输速率。

除了上述标准版本之外，3GPP 从 2004 年即开始了长期演进（LTE，Long Term Evolution）技术的研究，其基于 OFDM、MIMO 等技术，致力于无线接入技术向"高数据速率、低延迟和优化分组数据应用"方向演进。

（2）cdma2000

cdma2000 1x 提供高速分组数据业务的能力还是有限的。在向着更高的目标迈进的道路上，又出现了 cdma2000 1x EV 技术。EV 代表"Evolution"，有两方面的含义：一方面是比原有的技术容量更大而且性能更好；另一方面是和原有技术后向兼容。

韩国、日本是 cdma2000 1x EV 商用网络的领军者。2002 年 1 月，韩国 SKT 开通全球首个 EV-DO 商用网，紧随其后的是韩国 KTF 与日本 KDDI。

在技术发展上，cdma2000 1x EV-DO 逐步成熟并投入商用，cdma2000 1x EV-DV 以及与 cdma2000 1x 同时提出的 cdma2000 3x 技术基本被市场所抛弃，大部分 cdma2000 1x 网络通过升级到 EV-DO 而跨入 3G 时代。

EV-DO 的演进又可以进一步细分为 Rev.0、Rev.A、Rev.B 以及 Rev.C/D 等不同阶段，上下行最高分别支持 1.8/3.1Mbit/s 速率的 EV-DO Rev.A 网络已广泛部署。

（3）TD-SCDMA

TD-SCDMA（Time Division-Synchronization Code Division Multiple Access）也就是时分同步码分多址接入。从 2001 年 3 月开始，TD-SCDMA 被正式融入 3GPP 的 R4 版本中。

TD-SCDMA 采用不需成对频率的 TDD 双工模式并选用 FDMA/TDMA/CDMA 相结合的多址接入方式，使用 1.28Mchip/s 的低码片速率，扩频带宽为 1.6MHz。TD-SCDMA 同时采用了上行同步、智能天线、接力切换、联合检测、动态信道分配等先进技术。在 R4 版本中，TD-SCDMA 在 1.6MHz 的带宽内，最高可为用户提供 384kbit/s 的数据传输速率。

在 R5 版本中，TD-SCDMA 引入了 HSDPA 技术，在 1.6MHz 带宽上其理论峰值速率可达到 2.8Mbit/s。另外，通过多载波捆绑的方式能够进一步提高 HSDPA 系统中单用户峰值速率。目前，3GPP、CCSA 等组织也正在进行 TD-SCDMA 上行链路增强（HSUPA）的研究和标准制定工作。

1.1.2　3G 的应用

移动通信由模拟制转换到数字技术（2G 系统取代 1G 系统）时，能够为用户带来全新的体验和服务，技术上的差异是最主要的吸引力。但向 3G 过渡的过程中，用户更关心的是运营商究竟能够提供怎样的服务，服务质量如何，是不是能够满足自身的需求。

3G 技术的频谱效率是 2G 的 1.5～3 倍，再加上频谱带宽的成倍增长，语音与数据传输能力大幅提高。3G 的应用可提高用户的工作学习效率和生活质量，但如果不能推出吸引用户的服务，同样不能被用户接受。受制于成本、商业模式、内容、需求等多种因素，3G 应用的进程一度并不顺利。

随着因特网和移动通信网之间的相互联结日益紧密，手机功能也逐步从简单的语言工具转变为数据信息终端，移动数据业务成为新的业务增长点。虽然话音业务在相当长的时期内仍是移动通信的主要业务，但随着 3G 的出现，信息资讯、实时视音频、移动商务等移动多媒体业务得到了快速发展。3G 的核心应用包括以下内容。

（1）移动宽带接入

为计算机用户提供在 3G 移动通信网络覆盖范围内任何地点的高速无线上网服务，让用户可以发送和接收带大附件的电子邮件、享受实时互动游戏、收发高分辨率的图片和视频、下载视频和音乐等。

（2）手机宽带上网

进入移动互联网时代，手机宽带上网是一项重要的功能，通过手机收发语音邮件、写博客、聊天、搜索、下载图片/铃声等，让手机变成个人的小计算机。

（3）手机办公

利用手机的移动信息化软件，建立手机与计算机互联互通的企业软件应用系统，摆脱时间和场所局限，随时进行随身化的公司管理和沟通。

（4）无线搜索

许多计算机用户都将百度、谷歌等搜索引擎设置为浏览器的主页，或者将其快捷方式放在最明显且便于操作的位置，由此可见搜索服务在人们的生活中扮演着很重要的角色。而从需求方面来看，手机上网与 PC 端上网没有明显的区别，手机的移动性反而使得搜索更加便捷。对用户来说，这是比较实用的移动网络服务，也能让人快速接受。随时随地用手机搜索将会变成更多手机用户的一种生活习惯。

（5）手机阅读

在丰富的资源和便携性下，越来越多的用户加入到手机电子阅读中，手机阅读成为用户在地铁上和闲暇时光中最为常见的应用之一。手机阅读已经成为移动互联网用户使用频率较高的应用之一，每天阅读一次及以上的用户占比达到 45%。

（6）视频通话

传统的语音通话资费降低，而视觉冲击力强、快速直接的视频通话会更加普及和飞速发展。

（7）手机电视与流媒体

3G 流媒体是指以"流"的形式运行的数字媒体，运用可变带宽技术在 3G 网络中实现欣赏连续的音频和视频节目。移动视频也被认为是未来电信市场的最大热点，CMMB 等标准的建设推动了手机电视行业的发展，手机流媒体软件应用也越来越多，在视频影像的流畅和画面质量上不断提升、突破技术瓶颈，真正实现了大规模应用。

（8）手机音乐下载

直接用手机下载喜欢的音乐是一项深受年轻用户喜爱的 3G 应用。3G 的网络速率可以让用户摆脱用计算机传输到手机的麻烦方式，直接用手机下载喜欢的歌曲。在一些无线互联网发展成熟的国家，选择手机上网下载音乐的人是使用计算机下载的 50 倍。

（9）手机购物

手机购物与计算机上网购物类似，只不过载体从计算机变成了上网手机，利用手机上网实现网购的过程，属于移动电子商务。事实上，移动电子商务是 3G 时代手机上网用户的最爱。利用 3G 网络，用户只要开通手机上网服务，就能够在手机上查询商品信息，并可以在线支付和购买产品。

（10）手机网络游戏

手机网络游戏虽不如计算机网络游戏的体验好，但手机携带方便、游戏可以随时进行，这种网络游戏利用了零碎的时间，受到年轻人欢迎，能够成为 3G 时代的一个重要增长点。3G 时代之后，游戏平台会更加稳定和快速，兼容性更高、可玩性更强，让用户在游戏的视觉和效果方面感觉更好。

1.1.3　未来移动通信的发展趋势

从提供基本的移动话音，到短消息、WAP 等低速数据业务，再发展到移动宽带所支持的各种高速无线上网、娱乐、计算与移动信息服务，在多种技术融合与发展的基础上，以用户为中心的移动通信系统逐渐浮现。技术的发展与业务的应用相互促进，未来的移动通信呈现出以下特征。

（1）移动宽带化趋势明显

移动通信领域经过多年的内部自我发展，开始面临外部非电信业技术领域的影响与挑战。802.16/WiMAX 的提出，促使整个无线通信领域开始了新一轮的技术发展，加速了蜂窝移动通信技术演进的步伐。正是为了对应 WiMAX 标准的竞争，3GPP 启动了长期演进计划。显而易见，长期演进计划的目标首先是提高蜂窝移动网的宽带接入能力。

（2）ONELTE 将成为 4G 主流

第三代移动通信技术有效提升了移动数据带宽，但高速大流量的数据通信仍有其局限性，过高的比特成本成为 3G 的瓶颈。2010 年，第四代移动通信技术 LTE 的出现较好地解决了低成本高速数据的通信问题。从目前的需求上看，个人移动终端已基本饱和，LTE 及其后续演进版本在相当长的一段时间内能够满足个人的数据需求，即容量瓶颈还未出现。

目前，LTE 虽然有两个标准（TDD 与 FDD），但很多设备商与运营商一致呼吁"ONELTE"，也就是 TDD/FDD 融合组网。爱立信的某位专家报告中提到，TDD 与 FDD 在技术上95%是一致的，在爱立信内部，LTE 产品只用一套标准。由于国家分配了 TDD 与 FDD 的频率资源，中国电信和中国联通有融合组网需求。同时，由于未来 GSM 退网后的频谱已划分为 FDD 方式，中国移动也有融合组网的需求。现在载波聚合技术已日趋成熟并走向商用，充分利用频谱资源，能带来更高峰值速率的业务体验。此外，终端的5 模 10 频已不是融合组网的障碍，因此未来 ONELTE（TDD/FDD 融合组网）将成为主流。

（3）物联网的加速发展及其对移动互联网的影响

各类新颖的可穿戴设备的出现直接推动了物联网的繁荣。以远程心电监测为例，客户将一个长 2cm 的传感器（内置 SIM 卡）贴在自己的胸腔，就能通过手机 App 读取自己的心电情况，并分析异常状况。显然，戴一个传感器要比经常去人山人海的医院做心电监测方便得多。此外，各类移动医疗、车联网、儿童手环、智能贴片、智能家居、工业控制、环境监测等将会推动物联网应用的爆发式增长。

物联网主要面向物与物、人与物的通信，不仅涉及普通个人用户，而且涵盖了大量不同类型的行业用户。物联网业务类型非常丰富多样，业务特征也差异巨大。对于智能家居、智能电网、环境监测、智能农业和智能抄表等业务，需要网络支持海量设备连接和大量小数据分组频发；视频监控和移动医疗等业务对传输速率提出了很高的要求；车联网和工业控制等业务则要求时延达到毫秒级和接近 100%的可靠性。此外，大量物联网设备会部署在山区、森林、水域等偏远地区以及室内角落、地下室、隧道等信号难以到达的区域，因此要求移动通信网络的覆盖能力进一步增强。

无论是对于移动互联网还是物联网，用户在不断追求高质量业务体验的同时也有更低的成本、更高的安全性、更低的功耗、绿色环保等要求。

（4）融合成为趋势

纵观全球通信业的发展，融合正在成为不可阻挡的趋势。总体来看，整个产业正处在重大转型期。从运营上来看，全球电信运营商陆续成为同时拥有固网和移动网的全业务运营商；从网络层面来看，多种网络、技术和业务的融合趋势日益明显；从技术上看，信息通信技术正处于更新换代的关键时期，以 IPv6 技术为代表的下一代互联网呼之欲出，3G 演进技术发展迅猛，FMC（固定网与移动网之间的融合）技术发展使融合成为可能；从通信业务来看，传统的话音业务正向宽带数据业务转变，更引人注目的是，互联网向电信网的延伸明显加速。

信息通信业务呈现出宽带化、移动化、IP 化和融合化特征，其中移动通信和互联网是发展最快、影响最大的两个领域。这两个领域的融合，催生出蓬勃发展的移动互联网。人们为了及时获取和传输信息，对移动过程中的快速接入的需求越来越高。于是，移动网与互联网融合成为必然的历史趋势。移动互联网以其丰富的应用已逐渐渗透到人们的生活、工作等各个领域，包括短信、铃声和图像的下载、手机游戏、视频应用、移动音乐、位置服务、手机支付等移动互联网应用的迅猛发展，正在深刻地改变着信息时代人们的生活。

（5）"云化"将融入生产、生活的各方面

"云"的最终归属是"大数据"，因为"云化"必然导致数据集中到某个或数个"资源池"。"云计算"是大数据的应用和实现方式，只有"云化"才能经济高效地实现大数据的商用落地。

对于企业而言，"云化"将充分利用计算资源，提高信息安全。以拥有 6 万研发人员（占比 40%）的某企业为例，其员工所使用的办公用计算机其实只是一台显示器以及数据线，每一个代码操作都实时存储在资源池中，员工下班后能根据需要申请后台运算、测试相关程序代码，第二天早上就可以得知运算和测试结果，这样能充分利用计算资源，尽可能减少浪费。此外，员工所有的行为都在内部资源池中进行，可以充分保障企业整体的信息安全。

对于个人而言，"虚拟手机"将成为趋势。手机打开后只能点击一个"桌面应用程序"，所有操作在进入该应用程序后进行，用户的视频、图像、文件数据均实时通过网络同步到"云平台"，手机实际上就等于显示器+计算器，不需要任何存储资源。这样不仅能够节省手机成本，还可以提高安全性，不怕手机丢失。当 LTE 普及到一定程度，手机端及各类个人终端"云化"将成为一种普遍的生活方式。

对运营商而言。移动通信的核心网可以通过"云化"降低部署与维护成本，灵活地配置指令及资源。这意味着网络运维人员会大幅度减少，同时随着电子渠道的普及，一线客户服务人员也会大幅减少。此外，"云化"能将应用与能力平台、控制平台分离。

1.2　TD-LTE 的发展

1.2.1　标准化组织

1. 3GPP

3GPP（The 3rd Generation Partnership Project，第三代合作伙伴计划）是一个 3G 技术规范的制定机构，由欧洲的 ETSI、日本的 ARIB 和 TTC、韩国的 TTA 以及美国的 T1 在 1998 年年底发起成立，中国无线通信标准组（CWTS）于 1999 年加入 3GPP。除了 300 多家独立会员外，3GPP 还有 TD-SCDMA 产业联盟（TDIA）、TD-SCDMA 论坛、CDMA 发展组织（CDG）等 13 个市场伙伴。

3GPP 成立的宗旨在于研究制定并推广基于演进的 GSM 核心网络的 3G 标准，即 WCDMA、TD-SCDMA、EDGE 等。3GPP 接受组织合作伙伴的委托，制定通用的技术规范。其组织机构主要包括项目合作和技术规范两大职能部门。项目合作组（PCG，Project Coordination Group）作为 3GPP 的最高管理机构，负责全面协调工作；技术规范组（TSG）受 PCG 的管理，负责技术规范的制定工作。3GPP 最初建立了 4 个不同的技术规范组，分别负责 UMTS 无线接入网、核心网、业务和架构、终端这 4 个领域技术规范的制定。当

GSM/EDGE 的标准化工作移交给 3GPP 之后，2005 年重新划分组成了 4 个 TSG。

① 无线接入网（TSG RAN）；

② 核心网与终端（TSG CT）；

③ 业务与系统架构（TSG SA）；

④ GSM/EDGE 无线接入网（TSG GERAN）。

每个技术规范组下又分为多个工作组，如图 1-1 所示。

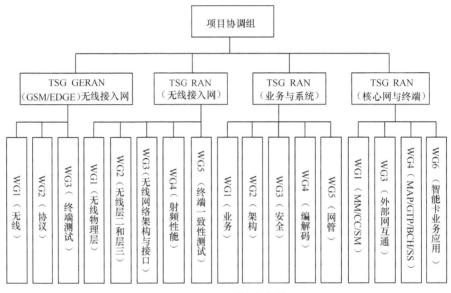

图 1-1　3GPP 的组织架构

负责 3G 无线技术标准制定的是 TSG RAN。

3GPP 最初的工作职责是为第三代移动通信系统指定全球适用技术规范和技术报告，正式的工作始于 1998 年年底，技术工作则开始于 1999 年年初。1999 年年底，3GPP 发布了第一个包含全系列的 WCDMA 商用版本规范——Release 99（R99 规范）。之后每一两年 3GPP 发布一个新版本规范，包括针对 WCDMA/TD-SCDMA 的 R4 规范（2001 年年初）、R5 规范（2002 年）、R6 规范（2004 年）。从 R7 阶段开始，3GPP 引入了对 LTE 技术与标准的研究。LTE 的第一个系统规范体现在 R8 版本中，在 R9 阶段进行了完善与增强，目前已发展到 R10，如图 1-2 所示。

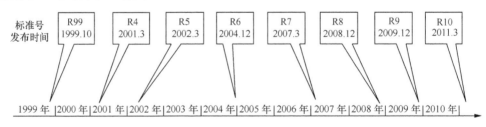

图 1-2　3GPP 版本的发展

2．中国通信标准化协会

中国通信标准化协会（CCSA，China Communications Standards Association）于 2002

年 12 月 18 日在北京正式成立。该协会是经业务主管部门批准，在国家社团登记管理机关登记，开展通信技术领域标准化活动的社会团体。

协会旨在更好地开展通信标准的研究工作。协会把通信运营企业、设备制造企业、研究单位以及大学等关心标准的企事业单位组织起来，以公平、公正、公开为原则，制定标准以及进行标准的协调、把关等工作，向政府推荐高技术、高水平、高质量的标准，并把我国具有自主知识产权的标准推向世界，以支撑我国通信产业，为世界通信作出贡献。

CCSA 由会员大会、理事会、技术专家咨询委员会、技术工作委员会（TC）和秘书处组成。11 个技术工作委员会主要开展技术标准化工作，主要负责无线通信的是 TC5（无线通信技术工作委员会）。

TC5 下设 8 个工作组，分别对应不同的研究方向，见表 1-1。

表 1-1　　　　　　　　　　　CCSA TC5 工作组划分

工作组		职责及研究范围	与国际组织对口关系
WG3	宽带无线接入	负责无线局域网和宽带无线接入的标准化研究工作	IEEE，WiMAX
WG4	cdmaOne& cdma2000	负责 cdmaOne 和 cdma2000 无线及网络的标准化研究工作	TIA：TR45，3GPP2
WG5	3G 安全与加密	第三代移动通信加密与网络安全研究	3GPP、3GPP2、OMA 等与安全部分相关组
WG6	前沿无线新技术研究	负责移动通信前沿无线新技术的研究工作，工作重点为新一代移动通信技术	
WG8	频率	超前研究各类无线电业务的频率需求特性；研究无线电业务系统内的电磁兼容；研究无线电业务系统间的电磁兼容；对口研究 ITU-R 世界无线电通信大会和 ITU-R 与无线电业务频率相关的问题	ITU-R
WG9	TD-SCDMA/ WCDMA	负责 GSM/GPRS 的标准研究；负责 WCDMA 和 TD-SCDMA 无线及网络相关标准；负责全 IP 核心网有关标准研究	3GPP，SG19
AH2		负责跟踪和研究国际有关 IoT 进展，提出我国进行 IoT 测试相关的建议及为其他组制定相应的技术规范提出意见和建议	NV IoT 论坛
WG10	卫星与微波通信	卫星通信系统、设备及关键元器件标准制订；卫星通信接口标准、互联互通标准制订；卫星通信资源相关问题的研究；卫星通信应用标准制订；卫星导航应用于定位、同步等共性技术标准研究	

1.2.2　TD-LTE 标准进展

为了满足新型业务需求、保持在移动通信领域的技术及标准优势，3GPP 规范不断增添新特性以增强自身能力。

2004 年 11 月，3GPP 在魁北克会议上启动了 UTRAN 系统的长期演进（LTE，Long Term Evolution）研究项目。来自全世界的主要运营商和设备厂家通过会议、邮件讨论等方式，形成了对 LTE 系统的初步需求，确定的工作目标如下：

- 使用 5MHz 或者更宽频谱分配时，无线网络用户面的时延应低于 5ms；而使用更小的频谱分配时，时延应低于 10ms；

- 减小控制面时延；

- 灵活的带宽分配，最高可达 20MHz。使用的带宽可以更小，包括 1.25MHz、2.5MHz、5MHz、10MHz 和 15MHz；

- 下行链路的峰值数据速率可达到 100Mbit/s；

- 上行链路的峰值数据速率可达到 50Mbit/s；

- 频谱利用率是 HSDPA/HSUPA 的 2～3 倍；

- 改善位于小区边缘用户的数据速率；

- 可以只支持 PS 域。

LTE 是定位于 3G 与第四代移动通信系统（4G）之间的一种技术标准，致力于填补这两代标准间存在的巨大技术差异，希望使用已分配给 3G 的频谱，保持无线频谱资源的优势，同时解决 3G 中存在的专利过分集中的问题。

LTE 标准化工作分为两个阶段：始于 2004 年年底的研究阶段以及始于 2006 年年中的工作阶段。2008 年年底，LTE 的第一个版本 R8 发布。

与 3GPP 在 3G 时代的标准制订过程类似，LTE 也同时定义了 LTE FDD（Frequency Division Duplexing）和 LTE TDD（Time Division Duplexing）两种方式。两种方式在标准上具有共同的基础，实现技术基本一致，两种技术信号的生成、编码技术以及调制解调技术完全相同。但是基于 TDD 方式的 TD-LTE 有它自己的特性和优点，保持了 TDD 技术独有的特点和关键技术。

作为 LTE 的需求，TDD 系统的演进与 FDD 系统的演进是同步进行的。2005 年 6 月，法国 3GPP 会议提出了基于 OFDM 的 TDD 演进模式的方案，2005 年 11 月，当时的汉城工作组会议通过了针对 TD-SCDMA 后续演进的 LTE TDD 技术提案。到 2006 年 6 月，LTE 的可行性研究阶段基本结束并进入规范制定阶段。2007 年 9 月，几家国际运营商在 3GPP RAN37 次会议上联合提出了支持 Type2 的 TDD 帧结构，同年 11 月 LTE TDD 融合技术提案在济州工作组会议上获得通过，基于 TD 的帧结构延续了已有标准，并在两种 TDD 模式的基础上进行了统一。融合帧结构方案在 RAN 38 次全会上获得通过，并被正式写入 3GPP 标准中。

自 LTE 的版本 R8、R9 发布以后，2010—2012 年，3GPP 致力于 LTE-Advanced（主要为 R10、R11 版本）的研究，主要关注以下方面的性能提升。

（1）性能提升

- 载波聚合（R10）；

- MIMO 增强/多用户 MIMO&TM9（R10）。

（2）组网增强

- eICIC/FeICIC（R10/R11）；

- COMP& TM10（R11）。

（3）物理下行控制信道（PDCCH）增强

- ePDCCH（R11）。

LTE 与 LTE-Advanced 的技术差异见表 1-2。

表 1-2　　　　　　　　　　**LTE 与 LTE-Advanced 的技术差异**

	LTE(R8, R9)	LTE-Advanced (R10, R11)
支持带宽	20MHz	40MHz(ITU)，100MHz(3GPP)
峰值速率	DL：100Mbit/s，UL：50Mbit/s	高速1Gbit/s，低速100Mbit/s
频谱效率	DL峰值：5bit/s/Hz，UL峰值：2.5bit/s/Hz 小区平均： DL：1.6~2.1bit/s/Hz；3，4倍HSDPA(R6) UL：0.66~1bit/s/Hz；2~3倍HSUPA(R6) 小区边缘：/per user，10users DL：0.04~0.06bit/s/Hz UL：0.02~0.03bit/s/Hz	DL峰值：30bit/s/Hz，UL峰值：15bit/s/Hz 小区平均： DL：2.4/2.6/3.7bit/s/Hz for 2×2/4×2/4×4 UL：1.2/2.0bit/s/Hz for 1×2/2×4 小区边缘：/per user，10users DL：0.07/0.09/0.12bit/s/Hz for 2×2/4×2/4×4 UL：0.04/0.07bit/s/Hz for 1×2/2×4
时延	控制平面： Idle到Connected≤100ms， 单向用户平面：≤5ms	控制平面： Idle到Connected≤50ms， 单向用户平面：≤5ms
移动性支持	0~15km/h最佳性能 15~120km/h高性能 最高支持350(甚至500)km/h	0~15km/h性能明显优于R8 最高支持350(甚至500)km/h
覆盖	≥100km	≥100km

3GPP 关于 R12 标准制定的主要工作包括以下内容。

- 增强 LTE 无线标准，继续提升 LTE 的容量和性能；
- 增强系统标准使得 LTE 和 EPC 能够应用于新的商业领域；
- 持续改善系统可靠性，特别是能够应对智能手机的爆炸式增长。

R12 以后到 5G，3GPP 主要关注以下内容，如图 1-3 所示。

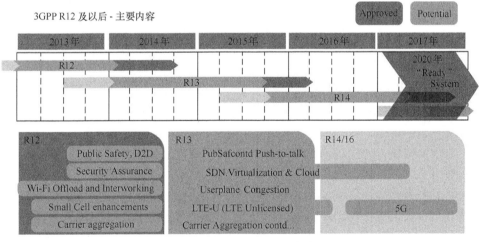

图 1-3　3GPP 主要目标和计划

（1）密集区域的容量需求

LTE R12 中已经有了小基站的概念。为进一步提升其容量，需要考虑使 LTE 工作于非授权频段。如再进一步提升，必定需要更多的授权频段，特别是在高频段，然而高频段需要新的信号波形和新的无线技术。

（2）全覆盖

LTE 在当前可用频段上已经非常接近技术效率极限。3GPP 认为在 5G 中 LTE 也将继续

13

作为广域覆盖的基础技术。此外，LTE 也会持续改善，不仅是无线性能，而且也会增强服务分发，以使 LTE 更加适合 M2M 通信。

（3）虚拟化

移动通信中用户面和控制面分离设计为虚拟化提供了天然的有利条件。3GPP 关于虚拟化的研究工作从 R12 开始。初始目标集中于 O&M 方面，后续将扩展到核心网和无线架构方面。

1.2.3　TD-LTE 业务与应用

2G 取代 1G 是由明确的使用需要（安全、统一制式、漫游等）触发的技术革新。而 3G、4G 以及将来的移动系统，带宽会越来越宽、速率会越来越快，当然安全性、稳定性也会提升。业务应用的发展逐渐成为影响技术进步的重要因素，而技术自身的发展和业务的发展相比，反而成了一件相对容易的事情。

目前，3G 逐步在全球规模商用，尤其是 3G 增强型技术 HSPA/EV-DO 的普及和推广，使移动多媒体业务和移动互联网得到快速发展。用户在享受新体验的同时，其对于数据业务需求的爆发性增长，也导致网络容量和业务承载的压力日益增大。而且，对于许多高带宽业务，如移动视频类、大容量文件传输和无线上网等业务，随着用户对带宽的占用快速增加，业务体验也开始逐步下降。

在 3G 的发展过程中，存在手持终端丰富程度不足、功能性不强、网络覆盖不到位的问题，LTE 则在这些方面得到了很大程度的改善与发展。

随着移动数据业务的兴起，很多新的应用和市场出现了，其能够体现用户对于业务和带宽需求的变化和新的趋势。

1. 个人应用

（1）移动互联网

在全球 ICT（Information and Communication Technology）融合的大趋势下，移动网与互联网的融合日益加速，即时消息、博客、电子邮件等都已经在移动互联网上获得了良好的应用，移动办公、移动上网、移动收发邮件将逐渐成为日常工作与生活的一部分。移动网络数据流量以超过 100% 的速度激增，现有无线网络在承载这些爆发性增长的业务时难堪重负，数据业务急需分流，而 TD-LTE 无线网络将带给用户更好的体验。

（2）生活与娱乐

智能终端的普及带来移动业务的迅速增长。市场调研表明，智能手机用户的业务应用比普通手机多出 50%，而这多出的 50% 就是各种移动应用业务。手机终端处理能力已经超过计算机，iPhone 的运算能力比 1969 年美国宇航局的阿波罗登月计划中的所有计算机的运算能力加在一起都高。

2. 行业应用

（1）移动视频会议

越来越多的企业都希望能够借助视频会议（特别是高清视频会议）产品优化沟通形式，提高会议和决策效率并降低运营成本。TD-LTE 在系统带宽、网络时延、移动性方面都有了跨越式提高，可帮助移动视频会议使用者获得更佳的远程会议体验。

（2）移动商务

利用 TD-LTE 无线网实现移动互联网接入，在移动终端与互联网终端之间建立连接，帮用户实现移动办公、移动供应链等商务活动。

（3）视频监控

TD-LTE 的高带宽、移动性适合于提供广域范围内的视频监控解决方案。与 3G 相比，移动摄像前端的视频采集可以达到标清质量，视频质量提升多达 16 倍，移动客户端可以观看 720P/1080P 高清质量的视频。

3. 家庭应用

为用户提供无线宽带、基本语音业务和数据业务接入等多种基本通信服务，并基于 TD-LTE 平台提供多种增值信息服务。

TD-LTE 的业务发展与网络发展都是一个逐步完善的进程。建设初期，网络终端类型较为受限，主要以 USB 数据卡和 CPE 等形态存在，主要满足无线上网需求。在网络发展阶段，终端类型逐渐多样化，由单一的上网卡逐步扩展到行业终端、平板电脑、智能手机等，并能够为用户提供多种应用，包括无线视频会议、远程教育、高清视频通话、即摄即传、移动视频监控和动态电子商务等。

1.2.4　TD-LTE 产业

移动通信的产业链涵盖芯片、网络主设备、终端、测试仪表、配套设备、软件、业务提供商等，这个链条非常长，任何一家企业都不可能做到独立支撑起完整的产业。产业的发展需要一个大规模的技术和组织平台，让整个产业链在这样的平台上，完成"端到端"的试验，并使其逐步成熟。

为推动 TD-SCDMA 技术的产品化、商用化和国际化，2000 年成立了 TD-SCDMA 技术论坛，2009 年更名为 TD 技术论坛，同时承担起了 TD-SCDMA 的后续演进技术——TD-LTE 的产业发展推广重任。十年来，TD 技术论坛成为了国内外厂商以及全球金融、媒体机构了解跟踪中国 TD 发展状况的主要信息平台，产业界和政府之间的沟通平台，产业链内外企业和机构之间的技术交流与合作平台，向国内外媒体和金融机构宣传 TD 技术优势和市场前景的宣传平台。

在实验室验证与示范网展示后，需要通过一个相对较大规模的试验网，来全面验证 TD-LTE "端到端" 设备的成熟性，从而使得 TD-LTE 技术不断成熟完善，并将同步带动整个产业（包括在国际上）的进展和应用。

国内多家通信企业在 TD-LTE 系统设备上积极投入，包括国外厂商在内共 11 家企业的主设备通过入网测试验证。通过规模试验网，TD-LTE 系统组网能力总体上得到了规模验证，进一步优化完善 TD-LTE 设备关键性能，促进技术和产品的成熟，促进产业链各环节的研发和产业化进展。另一方面，取得了 TD-LTE 规模组网能力、网络质量以及业务应用的基础数据，积累了网络规划和网络优化的经验。

终端芯片作为 TD-LTE 产业链中关键的一环，其发展进度一直备受业界关注。相比于系统设备，TD-LTE 终端芯片发展滞后，在系统稳定性和产品成熟度方面仍然存在不足，是产业链发展的瓶颈。终端芯片的发展影响整个 TD-LTE 产业链的发展进程，TD-LTE 的商用速度也与多模终端的成熟度息息相关。与 TD-SCDMA 产业发展有所不同,TD-LTE 产业在发展初期就重视国外芯片厂商的参与,一些国际芯片巨头也出现在 TD-LTE 芯片研发测试的行列中。

随着各种具备 TD-LTE 功能的系统和终端的推出,一条中国主导、全球参与的 TD-LTE 产业链已初具雏形。在产业化逐步成熟的同时,在国际上进行推广将是 TD-LTE 的发展重点。只有整个产业链形成合力,让 TD-LTE 走向全世界,才能占得规模经济的优势,在国际上站稳脚跟。

1.3　TD-LTE 网络架构

2G 移动通信系统提出的目的之一是改进不同制式移动系统间难以互通、无法漫游的不足,在标准化的过程中也奠定了后期移动通信网络的基本架构,网络侧主要包括核心网与无线接入网以及它们之间的标准化接口。这种网络架构为核心网与无线网技术标准的独立演进创造了便利,在 3G 以及后期的 LTE 仍一直沿用。

TD-LTE 通信网按照功能结构,可划分成演进型陆地无线接入网(E-UTRAN,Evolved Universal Terrestrial Radio Access Network)、演进的分组核心网(EPC,Evolved Packet Core)和用户设备(User Equipment),其中 E-UTRAN 负责处理与无线通信相关的功能。TD-LTE 网络系统架构如图 1-4 所示。

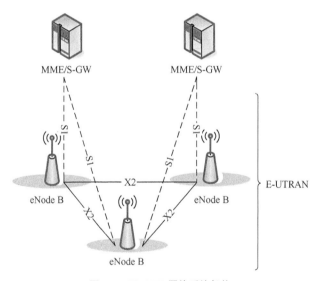

图 1-4　TD-LTE 网络系统架构

3GPP 无线接入网 UTRAN 由 Node B 和 RNC 两层节点构成。而在制订 LTE 标准时,对控制面与用户面的时延提出了更加严格的要求。为满足这些要求,在考虑 LTE 技术架构时,为简化网络结构并减小时延,采用了单层无线网络结构,省去了 RNC,这是 LTE 无线接入网与 3G 无线接入网的显著区别。

EPC 与 E-UTRAN 合成演进的分组系统(EPS,Evolved Packet System)。

E-UTRAN 由一个或者多个演进型基站（eNode B，evolved Node B）组成，eNode B 通过 S1 接口与 EPC 连接，eNode B 之间则可以通过 X2 接口互连。S1 接口和 X2 接口为逻辑接口。

1.3.1　E-UTRAN 的通用协议模型

eNode B 不仅继承了 Node B 原有的功能，还承担了传统的 3GPP 接入网中 RNC 的大部分功能，如物理层（包括 HARQ）、MAC 层（包括 ARQ）、无线资源控制、调度、无线准入、无线承载控制、移动性管理和小区间无线资源管理等。

eNode B 之间通过 X2 接口彼此互联，eNode B 与 CN 间通过 S1 接口连接，而 eNode B 与 UE 间通过 LTE-Uu 互联。

继承了 UTRAN 接口的定义思路，E-UTRAN 接口协议保持了用户平面与控制平面分离的原则。这样做的好处是各层与各平面在逻辑上彼此独立，能够保持控制平面与用户平面、无线网络层（RNL，Radio Network Layer）与传输网络层（TNL，Transport Network Layer）技术的独立演进，同时减少 LTE 接口标准化的工作量。

1. 水平分层

E-UTRAN 划分为无线网络层和传输网络层，如图 1-5 所示。

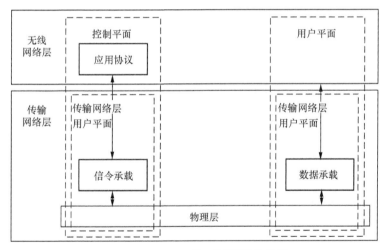

图 1-5　E-UTRAN 接口的通用协议模型

E-UTRAN 中的逻辑节点及它们之间的接口定义在无线网络层中。S1、X2 接口的传输网络层协议则使用标准传输技术，提供用户平面的传输与信令传输。

2. 垂直平面

Uu 和 S1 接口的协议结构分成用户面和控制面两部分，如图 1-6 所示。

（1）用户面

用户面协议完成实际的 E-UTRAN 无线业务承载的接入，通过接入层传输用户数据。用户面 Uu 无线接口协议的定义参阅 TS 36.2xx 和 TS 36.3xx 系列文档，S1 接口协议的定义参阅 TS 36.41xx 系列文档。

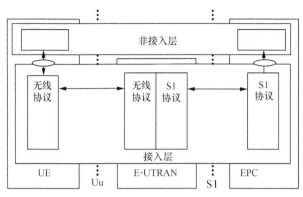

图 1-6　S1 接口和 Uu 接口用户面

（2）控制面

控制面协议控制 E-UTRAN 无线业务的接入（包括业务请求、传输资源控制、切换等），同时提供非接入层消息透明传输的机制，如图 1-7 所示。控制面 Uu 无线接口协议的定义参阅 TS 36.2xx 和 TS 36.3xx 系列文档，S1 接口协议的定义参阅 TS 36.41xx 系列文档。

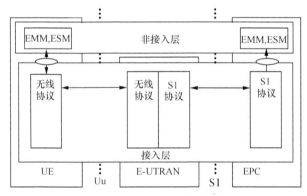

图 1-7　S1 接口和 Uu 接口控制面

1.3.2　EPC

越来越多的运营商和设备商积极参与并推动 LTE 的标准化和产业化进程。在此过程中，一些问题也浮出水面。目前，众多移动网络都采用 2.5G/3G 基础设施，如何平稳过渡到 LTE 已成为需要重点考虑的问题，包括：现有网络与新建 LTE 网络的互通、与其他运营商网络的漫游，以及用户在两个网络接入时如何为用户提供一致的业务等需求。因此，伴随着无线接入网的演进研究，3GPP 同期开展了分组核心网架构方面的演进工作，并将其定义为 EPC。EPC 旨在帮助运营商通过采用 LTE 技术来提供先进的移动宽带服务，以更好地满足用户现在以及未来对宽带及业务质量的需求。

作为 LTE eNode B 连接到分组网络的核心网络，EPC 包含了移动性管理实体（MME，Mobility Management Entity）、服务网关（S-GW，Serving Gateway）、分组数据网络网关（P-GW，PDN GW）、归属签约用户服务器（HSS，Home Subscriber Server）及策略和计费

功能体（PCRF）。S-GW 与 P-GW 统称为 SAE-GW。

　　EPC 网络架构如图 1-8 所示。

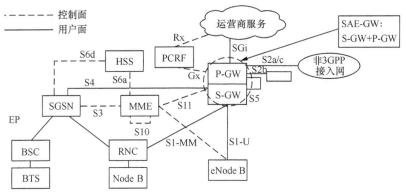

图 1-8　EPC 网络架构

1.3.3　TD–LTE 网元与主要功能

　　HSS、MME、SAE-GW 是 EPC 的基本网元，实现了 E-UTRAN 的直接接入以及与非 3GPP 网络的互通能力，而 S4 接口及 SGSN 则保留了 UTRAN 和 GERAN 的接入能力。 E-UTRAN 与 EPC 各网元的功能划分如图 1-9 所示。

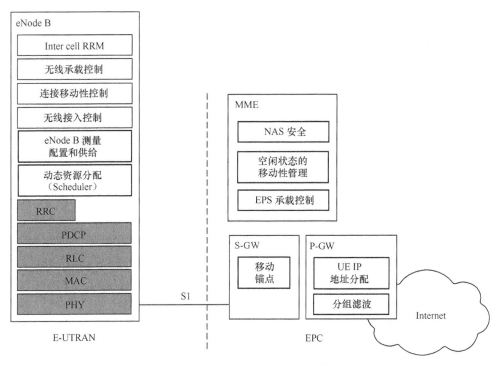

图 1-9　E-UTRAN 与 EPC 网元的功能划分

　　（1）eNode B

　　eNode B 是 LTE 中基站的名称。相比现有 3G 中的 Node B，eNode B 集成了部分 RNC

的功能，减少了通信时协议的层次。

eNode B 的功能如下。

① 无线资源管理功能（无线承载控制、接纳控制、连接移动性控制、上下行动态资源调度）；

② IP 头压缩及用户数据流加密；

③ 用户面数据到 S-GW 的路由；

④ UE 附着时的 MME 选择；

⑤ 寻呼信息的调度传输；

⑥ 广播信息的调度传输；

⑦ 设置和提供 eNode B 的测量等。

（2）MME

MME 是 LTE 接入下的控制面网元，它在 EPC 中起到类似于传统 SGSN 的控制面功能。MME 负责与用户和会话管理有关的控制平面功能，包括如下内容。

① NAS 信令处理；

② NAS 信令的安全保护；

③ AS 安全性控制；

④ 3GPP 内不同节点之间的移动性管理；

⑤ 空闲状态下的 UE 可达性管理；

⑥ TA List 管理；

⑦ P-GW 和 S-GW 选择；

⑧ MME 和 SGSN 的选择；

⑨ 漫游控制；

⑩ 安全认证；

⑪ 承载管理。

（3）S-GW

S-GW 是 SAE 网络用户面接入服务网关，在 EPC 核心网中起到相当于传统 SGSN 的用户面功能，包括以下内容。

① eNode B 之间切换的本地锚点；

② 3GPP 不同接入系统间切换的移动性锚点；

③ E-UTRAN 空闲模式下数据缓存以及触发网络侧 Service Request 流程；

④ 合法监听；

⑤ 数据分组路由和转发；

⑥ 上下行传输层数据分组标记；

⑦ 基于用户和承载的计费。

（4）P-GW

P-GW 是 SAE 网络的边界网关，提供承载控制、计费、地址分配和非 3GPP 接入等功能，相当于传统的 GGSN。它的功能如下。

① 用户级数据分组过滤；

② 合法监听；

③ UE IP 地址分配；

④ 路由选择和数据转发功能；

⑤ PCRF 的选择；

⑥ 对 EPS 承载的存储和管理，基于 PCC 进行 QoS 处理，作为 PCC 的策略执行点；

⑦ 非 3GPP 接入；

⑧ 基于业务的计费。

（5）HSS

HSS 是 SAE 网络用户数据管理网元，提供鉴权和签约等功能，包括以下功能。

① 用户注册：当用户向网络发起注册时，HSS 询问相应的核心网节点，以验证用户的订阅权限。用户订阅权限的验证可以由 MSC、SGSN 或 MME 来完成，取决于网络和请求注册的类型。

② 终端位置更新：随着终端改变位置区域，HSS 随之进行更新，并记录所知道的最新区域。

③ 用户被叫时会话请求：HSS 询问并向核心网节点提供所记录的当前用户位置。

1.4　TD-LTE 接口及协议

1.4.1　主要接口

E-UTRAN 的主要接口包括 S1 接口和 X2 接口。

1. S1 接口

（1）S1 接口结构

S1 接口是 EPC 和 E-UTRAN 之间的接口界面。沿袭了承载和控制分离的思想，S1 接口也分为用户平面和控制平面，EPC 侧的接入点是控制平面的 MME 或用户平面的 S-GW。对应地，S1 接口包括两部分：控制面的 S1-MME 接口和用户面的 S1-U 接口，如图 1-10 所示。

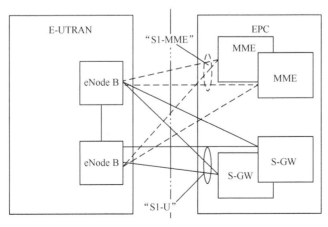

图 1-10　S1 接口结构

S1 是一个逻辑接口，任意一个 eNode B 都可能有多个 S1-MME 逻辑接口面向 EPC，多个 S1-U 逻辑接口面向 EPC。

S1 接口完成以下功能。

① S1 接口 UE 上下文管理功能；

② 无线接入承载管理功能；

③ S1 接口连接管理功能；

④ UE 在 LTE_Active 状态下的移动性管理功能；

⑤ 寻呼功能；

⑥ 漫游和区域限制支持功能；

⑦ S1 接口管理功能；

⑧ 协调功能；

⑨ 安全功能；

⑩ 服务和网络接入功能；

⑪ 无线接入网信息管理功能。

（2）S1-MME 接口

S1-MME 接口定义为 eNode B 和 MME 功能之间的接口，主要实现 S1 接口的无线接入承载控制、接口专用的操作维护等功能。图 1-11 为 S1-MME 接口的协议栈结构。

（3）S1-U 接口

S1-U 接口定义为 eNode B 和 SAE 网关之间的接口，用于传送用户数据和相应的用户平面控制帧，图 1-12 为 S1-U 接口的协议栈结构。

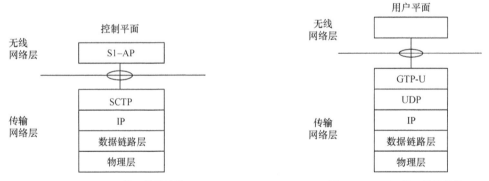

图 1-11　S1-MME 接口协议结构　　　　图 1-12　S1-U 接口协议结构

EPC 和 eNode B 之间是多到多的关系，即 S1 接口实现多个 EPC 网元和多个 eNode B 网元之间的接口功能。

2. X2 接口

X2 接口定义为各个 eNode B 之间的接口，其主要作用在于为支持激活模式的手机转发分组数据，另外还能够承担多小区的无线资源管理功能。X2 接口实现 eNode B 之间的互通，支持两个 eNode B 之间信令信息的交互，支持将 PDU 前转到各自的隧道终结点。eNode B 之间的网状网络由 X2 接口互相连接形成。LTE 区别于传统移动网络的主要地方在于 E-UTRAN 结构中去掉了 RNC，使得原有的树形结构更加扁平化，更多的无线资源管理功能由基站承担，相邻基站间的直接对话增多，进而保证了用户在网络中的无缝切换。与 S1 接口类似，X2 接口也分为用户平面和控制平面，协议结构如图 1-13 所示。

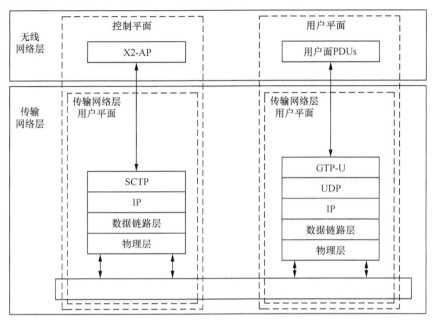

图 1-13 X2 接口协议结构

X2 接口的主要功能如下。

- 连接状态下 UE 在 LTE 接入网内的移动性支持；
- 负载管理；
- 小区间干扰协调；
- X2 接口综合管理和错误处理功能；
- eNode B 间的应用级数据交换；
- 跟踪功能。

1.4.2 空中接口协议

1. 控制平面与用户平面协议栈

（1）控制平面协议栈

控制平面协议栈负责完成对无线接口的管理和控制功能，主要包括 RRC 协议、数据链路层协议以及物理层协议。其中，RRC 协议实体位于 UE 和 eNode B 网络实体内，负责接入层的控制和管理；数据链路层和物理层提供对 RRC 协议消息的数据传输功能。

（2）用户平面协议栈

用户平面协议包括数据链路层协议和物理层协议。物理层通过传输信道为 MAC 子层提供相应的服务，MAC 子层通过逻辑信道向 RLC 子层提供相应的服务。

2. 协议栈功能划分

（1）物理层功能

物理层位于无线接口协议栈的最底层，其主要功能是为数据端设备提供传送数据的通路。物理层为 MAC 层和高层提供信息传输服务，其中，物理层提供的服务通过传输信道来描述。传输信道描述了物理层为 MAC 层和高层所传输的数据特征。

（2）数据链路层功能

数据链路层是无线接口协议栈中的第二层，位于物理层和网络层之间，由 MAC、RLC 和 PDCP 3 个子层构成。数据链路层在物理层提供的服务的基础上向网络层提供服务。

3．MAC 层协议

MAC 子层为上层提供数据传输和无线资源分配服务，MAC 子层实现的功能主要有 3 类：eNode B 和 UE 中 MAC 实体共有的功能，eNode B 中 MAC 实体特有的功能，UE 中 MAC 实体特有的功能。其具体功能如下。

① 逻辑信道到传输信道的映射；

② 复用和解复用；

③ 上行调度信息上报；

④ 通过 HARQ 修正传输错误；

⑤ UE 内多逻辑信道间的优先级处理；

⑥ 动态调度 UE 间的优先级处理；

⑦ 传输格式选择；

⑧ 填充功能。

4．RLC 层协议

RLC 子层为来自上层的用户数据和控制数据提供传输服务，其功能由 RLC 实体实现。RLC 实体配置有透明模式、非确认模式和确认模式 3 种方式，主要功能如下。

① 对于确认模式和非确认模式的 RLC 实体，支持对 RLC SDU 的串接/分段和重组；

② 对于确认模式和非确认模式的 RLC 实体，支持高层数据的按序递交、重复检测和 RLC SDU 丢弃功能；

③ 对于配置确认模式的 RLC 实体，支持 ARQ 传输；

④ 对于配置确认模式的 RLC 实体，在数据重传时支持 RLC 数据 PDU 重分段功能；

⑤ 支持 RLC 重建立功能。

5．分组数据汇聚协议

分组数据汇聚协议（PDCP）子层的作用是将网络层的传输技术与 E-UTRAN 的空中接口处理技术分开，从而使其上的各协议层无需考虑与空中接口相关的问题。PDCP 子层向上层提供用户平面和控制平面的数据传输功能。

PDCP 子层用于用户平面的功能如下。

① 支持头压缩和加密功能；

② PDCP 子层向上层提供按序提交和重复分组检测功能；

③ 切换过程中，支持对确认 RLC 模式的逻辑信道的 PDCP SDU 重传；

④ 业务面数据的传输；

⑤ 上行基于定时器的 SDU 丢弃机制。

PDCP 子层用于控制平面的功能如下。

① 为 RRC 子层提供信令传输服务；

② 实现对 RRC 信令的加密/解密和完整性保护功能。

6. 无线资源控制协议

无线资源控制（RRC）协议功能分为：系统信息广播，寻呼、RRC 连接建立/维护/释放，安全功能密钥管理，无线承载管理，移动性管理，MBMS 服务通知，MBMS 服务承诺管理，QoS 管理，UE 测量报告和控制，NAS 直传消息传输。

在 LTE 中，RRC 的协议状态从原来 UTRAN 的 5 个减少为 LTE 的 2 个，即 RRC_IDLE 和 RRC_CONNECTED 状态，每个状态下的特征见表 1-3。

表 1-3　　　　　　　　　　　　RRC 状态和行为对照

状态	行为
RRC_IDLE	1. PLMN 选择； 2. NAS 配置 DRX 过程； 3. 系统信息广播； 4. 系统寻呼； 5. 小区重选的移动性； 6. UE 获取一个 TA 内的唯一标识； 7. eNode B 内无终端上下文信息
RRC_CONNECTED	1. 存在 RRC 连接； 2. 网络侧有 UE 的上下文信息； 3. 网络侧获知 UE 所在的小区； 4. 网络和终端可以传输数据； 5. 网络控制终端的移动性； 6. 邻小区测量； 7. 在数据链路层： ① UE 可以从网络侧收发数据； ② 监听共享信道上的用于指示调度授权的控制指令； ③ 终端可以上报信道质量消息给网络； ④ UE 根据网络配置进行 DRX

7. 非接入层控制协议

非接入层（NAS）控制协议完成 SAE 承载管理、鉴权、AGW 和 UE 间信令加密控制、用户面信令加密控制、移动性管理以及 LTE_IDLE 时的寻呼发起。NAS 主要包括 3 个协议状态。

① LTE_DETACHED：网络侧和 UE 侧没有 RRC 实体，此时 UE 通常处于关机、去附着等状态。

② LTE_IDLE：对应 RRC 的 IDLE 状态。UE 侧和网络侧存储的信息包括：UE 的 IP 地址、与安全相关的参数（密钥等）、UE 的能力信息、无线承载。此时 UE 的状态转移由基站或 AGW 决定。

③ LTE_ACTIVE：对应 RRC 连接状态，状态转移由基站或 AGW 决定。

第2章
TD-LTE 系统原理

2.1 TD-LTE 物理层概述

LTE 系统接入网协议有 3 个层次结构，其中层 1 为物理层，位于接入网协议的最下层，它负责为上层提供数据传输服务。LTE 接入网的具体层次结构如图 2-1 所示。

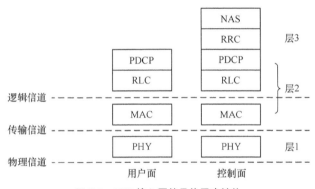

图 2-1 LTE 接入网的具体层次结构

物理层规范定义了物理层采用的基本技术、信号和信道的设计方案、传输信道向物理层信道的映射、信道编码方法以及基本的物理层过程。

2.2 编码与调制

2.2.1 信号调制

LTE 系统中，上下行物理信道主要采用的调制方式为 QPSK、16QAM 和 64QAM。

下行物理信道支持的调制方式为 BPSK、QPSK、16QAM 和 64QAM，其中 PDSCH（物理下行共享信道）的调制方式为 QPSK、16QAM 和 64QAM；PBCH（物理广播信道）调制方式为 QPSK；PMCH（物理多播信道）的调制方式为 QPSK、16QAM 和 64QAM；PHICH（物理 HARQ 指示信道）的调制方式为 BPSK；PDCCH（物理下行控制信道）的调制方式为 QPSK；PCFICH（物理控制格式指示信道）的调制方式为 QPSK。

上行物理信道支持 QPSK、16QAM 和 64QAM（64QAM 对于手机是可选功能）。其中，PUSCH（物理上行共享信道）的调制方式为 QPSK、16QAM 和 64QAM；PUCCH（物理上行控制信道）调制方式为 QPSK；PRACH（物理随机接入信道）调制方式为 QPSK。

1. 正交相移键控

正交相移键控（QPSK，Quadrature Phase Shift Keying）利用载波的 4 种不同相位差来表示输入的数字信息，是四进制相移键控技术。QPSK 是 $M=4$ 时的调制技术，其规定的 4 种载波相位分别是 0°、90°、180°、270°。调制器输入的数据序列是二进制，因此首先要将二进制数据转化为四进制数据以配合四进制的载波相位，采用的方法是把二进制数字序列每两个比特一组，组成 00、01、10、11 这 4 种组合，称它们为双比特码元。每一个双比特码元分别代表四进制 4 个符号中的 1 个符号。QPSK 中每次调制可传输 2 个信息比特，这些信息比特是通过载波的 4 种相位来传递的。

QPSK 是一种恒包络调制技术，它的信号的平均功率是恒定的，因此不受幅度衰减的影响，也就是说幅度上的失真不会使 QPSK 产生误码。

2. 正交振幅调制

正交振幅调制（QAM，Quadrature Amplitude Modulation）是幅度、相位联合调制技术，它利用正交载波同时对两路信号进行抑制载波双边带调幅，通常有二进制 QAM、四进制 QAM（16QAM）、八进制 QAM（64QAM）等。对应的空间信号矢量端点分布图称为星座图，分别有 4、16、64 个矢量端点。电平数 m 和信号状态 M 之间的关系是：对于 4QAM，当两路信号幅度相等时，其产生、解调、性能及相位矢量均与 4PSK 相同。

QAM 是一种矢量调制技术，它将输入比特先映射（一般采用格雷码）到一个复平面（星座）上，形成复数调制符号，然后对符号的 I、Q 分量（对应复平面的实部和虚部，也就是水平和垂直方向）采用幅度调制，分别对应调制在相互正交（时域正交）的两个载波（$\cos\omega t$ 和 $\sin\omega t$）上。这样与幅度调制（AM）相比，其频谱利用率将提高 1 倍。QAM 是幅度、相位联合调制的技术，它同时利用了载波的幅度和相位来传递信息比特，因此在最小距离相同的条件下可实现更高的频带利用率，QAM 最高已达到 1024QAM（1024 个样点）。样点数目越多，传输效率越高，例如具有 16 个样点的 16QAM 信号，每个样点表示一种矢量状态，16QAM 有 16 态，每 4 位二进制数规定了 16 态中的一态，16QAM 中规定了 16 种载波和相位的组合，16QAM 的每个符号和周期传送 4 个比特。

2.2.2　物理信道映射

1. 逻辑信道

一般逻辑信道分为控制信道和业务信道两大类，其中控制信道包含以下 5 种类型。

① 广播控制信道（BCCH，Broadcast Control Channel）：传输广播系统控制信息的下行信道。

② 寻呼控制信道（PCCH，Paging Control Channel）：传输寻呼信息和系统信息改变通知信息的下行信道。

③ 公共控制信道（CCCH，Common Control Channel）：当终端和网络间没有 RRC 连接时，用于传输终端级别控制信息，包括上行信道和下行信道。

④ 多播控制信道（MCCH，Multicast Control Channel）：点到多点的下行信道，只用于 UE 接收 MBMS 业务时的控制信令使用。

⑤ 专用控制信道（DCCH，Dedicated Control Channel）：点到多点的双向信道，传输终端侧和网络侧存在 RRC 连接时的专用控制信息。

传输信道主要有专用业务信道和多播业务信道两种类型，具体功能如下。

① 专用业务信道（DTCH，Dedicated Traffic Channel）：传输单个用户的点到点的业务。

② 多播业务信道（MTCH，Multicast Traffic Channel）：点到多点的下行信道。

2. 逻辑信道到传输信道的映射关系

LTE 上行逻辑信道传输全部映射在上行共享信道上；下行逻辑信道的传输中，除 PCCH 和 MBMS 逻辑信道有专用的 PCH 和 MCH 传输信道外，其他逻辑信道全部映射到下行共享信道上。具体映射关系如图 2-2 和图 2-3 所示。

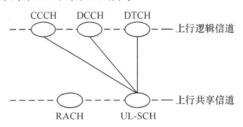

图 2-2　上行逻辑信道到传输信道的映射关系

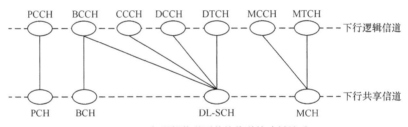

图 2-3　下行逻辑信道到传输信道的映射关系

2.2.3　信道编码

1. 卷积编码

卷积码是 1955 年由 Elias 等人提出的。在卷积码的编码过程中，对输入信息比特进行分组编码，每个码组的编码输出比特不仅与该分组的信息比特有关，还与前面时刻的其他分组的信息比特有关。同样，卷积码的译码过程不仅从当前时刻收到的分组中获取译码信息，还要从前后关联的分组中提取相关信息。正是卷积码在编码过程中对各组相关性的充分利用，才使其具有相当好的性能增益。

LTE 物理层采用的聚集编码是限制长度为 7 的"截尾卷积码"。与普通卷积码方案采用全"0"的寄存器初始状态不同，在"截尾卷积码"中，6 个寄存器的初始状态设置为编码数据块最后 6 个比特的数值，这样卷积编码的起始和结束将使用相同的状态，省去了普通卷积码方案中用于将结束状态归"0"的尾比特。

2. Turbo 码

Turbo 码最先是由 C. Berrou 等提出的，它是一种并行级联卷积码（Parallel Concatenated

Convolutional Codes）。Turbo 码编码器由两个系统卷积编码器和一个交织器组成，两个卷积编码器具有反馈功能，并通过交织器连接，不同码率的码组通过对校验位进行删余获得。

LTE 物理层 Turbo 编码方案为由两个并行子编码器和一个内交织器组成的 Turbo 编码方法。LTE 中的 Turbo 码编码器采用了相同的子编码器结构，状态数目为 8，交织器采用了二次置换多项式（QPP，Quadratic Permutation Polynominal）。

2.3　物理信道

LTE 物理层定义的物理信道分为上行物理信道和下行物理信道。

下行物理信道主要有：物理广播信道（PBCH）、物理下行共享信道（PDSCH）、物理多播信道（PMCH）、物理下行控制信道（PDCCH）、物理控制格式指示信道（PCFICH）和物理 HARQ 指示信道（PHICH）。

上行物理信道主要有：物理随机接入信道（PRACH）、物理上行共享信道（PUSCH）和物理上行控制信道（PUCCH）。

2.3.1　上行物理信道

1．物理随机接入信道

物理随机接入信道（PRACH，Physical Random Access Channel）用于终端发送随机接入信号，发起随机接入过程。

随机接入信号由 CP（Cyclic Prefix）、序列（Sequence）和 GT（Guard Time）3 个部分组成，其格式如图 2-4 所示。

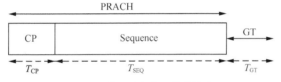

图 2-4　物理随机接入信道格式

根据适用场景的不同，LTE 物理层支持 5 种随机接入信号格式，不同的格式有不同的时间长度，具体见表 2-1。

表 2-1　　　　　　　　　　　　　　物理随机接入信号格式

随机接入信号格式	序列长度	T_{CP}（μs）	T_{SEQ}（μs）
0	839	约 100	约 800
1	839	约 684	约 800
2	839	约 200	约 1600
3	839	约 684	约 1600
4（仅用于 TDD Type 2）	139	约 14.6	约 133.3

2．上行物理控制信道

上行物理控制信道（PUCCH，Physical Uplink Control Channel）用于传输上行物理层控

制信息，承载"上行调度请求""对下行数据的 ACK/NACK""信道状态信息 CSI 反馈（包括 CQI/PMI/RI）"等信息。

PUCCH 在时频域上占用 1 个 RB 对的物理资源，采用时隙跳频方式，在上行频带的两侧传输，上行频带的中间部分则用于上行共享信道（PUSCH）的传输。

根据所承载上行控制信息的不同，LTE 物理层支持不同的 PUCCH 格式，采用不同的发送方法，PUCCH 格式见表 2-2。

表 2-2　　　　　　　　　　　　　　PUCCH 格式

PUCCH 格式	发送的上行控制信息
1	调度请求消息
1a	1bit ACK/NACK 信息
1b	2bit ACK/NACK 信息
2	20bit 编码后的 CSI 信息
2a	20bit 编码后的 CSI 信息+1bit ACK/NACK 信息
2b	20bit 编码后的 CSI 信息+2bit ACK/NACK 信息

3. 上行物理共享信道

上行物理共享信道（PUSCH，Physical Uplink Shared Channel）用于传输上行数据的调度信息，承载来自上层不同的传输内容，主要包括控制信息、用户业务信息和广播业务信息。

PUSCH 的传输支持各种物理层机制，包括自适应调度、HARQ 等。

2.3.2　下行物理信道

1. 下行同步信号

下行同步信号用于物理层小区搜索，实现用户终端对小区的识别和下行同步。

LTE 物理层同步信号包括主同步信号（PSS，Primary Synchronization Signal）和辅同步信号（SSS，Secondary Synchronization Signal）。PSS/SSS 使用的序列与物理层小区 ID 相关，用于终端对小区的识别。LTE 物理层支持 504 个小区 ID，这些小区分为 168 个组（0～167），每个组包含 3 个小区 ID（0～2）。与此相对应，主同步信号序列包含 3 种可能性，用于指示小区的组内 ID；辅同步信号序列包含 168 种可能性，用于指示小区的组 ID。

2. 物理广播信道

物理广播信道（PBCH，Physical Broadcast Channel）用于广播小区基本的物理层配置信息。PBCH 传输周期为 40ms，在每个 10ms 的无线帧的第一个子帧上传输，占用 4 个连续的 OFDM 符号，在频域上占用下行频带中心 1.08MHz 的带宽。

LTE 系统广播信息分为 MIB（Master Information Block）和 SIB（System Information Block）。其中 MIB 为系统基本的配置信息，在 PBCH 固定的物理资源上传输；SIB 在 DLSCH 上调度传输。

3. 下行物理共享信道

下行物理共享信道（PDSCH，Physical Downlink Shared Channel）用于下行数据的调度

传输，承载来自上层的寻呼信息、广播信息、控制信息和业务数据信息等。

4. 物理控制格式指示信道

物理控制格式指示信道（PCFICH，Physical Control Format Indicator Channel）指示物理层控制信道的格式。在 LTE 中，物理下行控制信道（PDCCH）在每个子帧的前几个 OFDM 符号上传输。在 LTE 物理层中，除了一些特殊情况之外，每个子帧的前 1～3 个符号可能用于 PDCCH 的传输。

5. 物理 HARQ 指示信道

物理 HARQ 指示信道（PHICH，Physical HARQ Indicator Channel）携带对上行数据传输的 HARQ ACK/NACK 反馈信息。

PHICH 传输以 PHICH 组的形式进行，每个 PHICH 组内的多个 PHICH 采用正交扩频序列的复用方式。

6. 下行物理控制信道

下行物理控制信道（PDCCH，Physical Downlink Control Channel）传输下行物理层控制信令信息，包括上/下行数据传输的调度信息和上行功率控制命令信息。

7. 物理多播信道

物理多播信道（PMCH，Physical Multicast Channel）传输下行广播/多播业务（MBMS）信息。在该信道上，多个小区间可能发送相同内容的信号，并由终端在接收时进行合并。而在小区内，PMCH 仅支持单天线端口的发送。

第3章
TD-LTE 网络信令流程

3.1 关键信令流程概述

对信令的理解和熟悉有助于在网络规划和优化过程中定位问题，因此是网络优化的必备能力。通常遇到问题，我们需要结合网络侧（后台信令跟踪）和终端侧两边的信令，共同分析。要规划和优化 TD-LTE，首先要对 TD-LTE 中主要的信令进行了解，TD-LTE 中主要有小区搜索流程、随机接入流程、开机附着流程、UE 发起的 Service Request 流程、网络发起的寻呼流程、TAU 流程、去附着流程、专用承载简历流程、专用承载修改流程、专用承载释放流程和空口 RRC 信令流程等。其中，开机附着流程、UE 发起的 Service Request 流程、TAU 流程、专用承载建立流程和专用承载修改流程分别有正常流程和异常流程两种情况；网络发起的寻呼流程分为 S_TMSI 寻呼和 IMSI 寻呼两种流程；去附着分为关机去附着和非关机去附着。接下来将重点对小区搜索流程等主要的信令流程进行介绍。

3.2 小区搜索过程

小区搜索是终端获得定时和频率同步并且检测小区 ID 的过程。LTE 系统中用于小区搜索的信道包括广播信道和主同步信道、辅同步信道，下行参考信道也可以用于一部分小区搜索。终端通过以上信道及信号获得小区 ID、小区天线配置情况等小区特点信息。

具体的小区搜索过程如下。

① 从 P-SCH 获取 5ms 定时与小区 ID。终端采用基本同步序列确定符号同步和识别一个小区 ID 组中的一个小区 ID。

② 从 S-SCH 获取无线帧定时和小区组 ID。终端采用辅同比序列确定第一步中检测到符号同步的小区的无线帧定时和小区组 ID 索引。根据检测的小区组 ID 索引和在本地小区 ID 组中的小区 ID，终端将得到小区 ID。检测 S-SCH 的同时，CP 长度可通过盲检测获得。

③ 从下行参考信号获得小区 ID 的验证（可选）。

④ 读取 BCH。

小区搜索过程如图 3-1 所示。

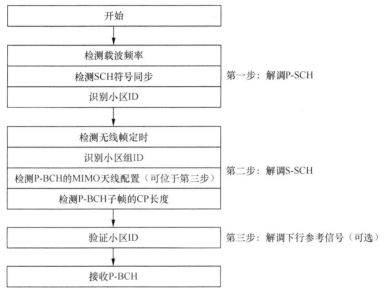

图 3-1　小区搜索过程

3.3　随机接入

随机接入在 LTE 系统中起着重要作用，是用户进行初始连接、切换、连接重建立、从空闲模式转换到连接模式时重新恢复上行同步以及 UL-SCH 资源请求的唯一策略。随机接入过程包括以下两种。

1. 基于竞争的随机接入过程

随机接入的整个过程主要包括随机接入参数计算、随机接入 Preamble 发送、随机接入成功（失败）处理等，随机接入过程步骤如下。

① RACH 前导信号分配信息包含在 S1 信息内；

② 根据前导信号产生 RACH 突发，存在 4 种突发格式；

③ 在 PRACH 发送 RACH 信息，PRACH 每个子帧包含 6 个资源块；

④ 当 PRACH 发送后随即触发一个时间计数器，计数器超时之前必须收到响应信息；

⑤ 接收到响应信息后可获得必要的参数信息，包含 RACH 前导信号、时间和频率调整信息、临时 C-RNTI 和 UL-SCH 信道资源；

⑥ RRC 连接请求，在分配的资源上发送信息，包含临时 C-RNTI 和 IMSI/TMSI 以及可选的初始 NAS 信息；

⑦ RRC 竞争策略，网络侧进行冲突检测和永久 C-RNTI 分配。

2. 基于非竞争的随机接入过程

同步随机接入主要用于 UL-SCH 资源请求和 UL 同步，接入过程如下。

① 随机接入前导信号的分配：基站分配 6bit 的前导信号编码；

② 随机接入前导信号的发送：UE 发送所分配的前导信号；

③ 随机接入响应，一个响应信息中支持一个或多个 UE。

3.4 同步

1. 同步信号的配置

TD-LTE 系统中，下行同步信号分为主同步信号（PSS）和辅同步信号（SSS），采用主/辅同步信号可以保证终端能够准确、快速检测出主同步信号，并在已知主同步信号的前提下检测辅同步信号，从而加快小区的搜索速度。

TD-LTE 系统中主同步信号采用 Zadoff-Chu 序列，辅同步信号采用 m 序列。

主同步序列包括 3 个 Zadoff-Chu 序列，序列为长度为 63 个符号的 Zadoff-Chu 序列截去处于直流载波子载波上的符号所得到的一个长度为 62 个符号的序列。

辅同步信号由两个长度为 31 个符号的 m 序列交叉级联得到的长度为 62 个符号的序列组成。在一个无线帧内，前半帧中辅同步信号的交叉级联方式与后半帧中辅同步信号的交叉级联方式相反。为了提高不同小区间同步信号的辨识度，辅同步信号使用两组扰码进行加扰。经过两次加扰后的辅同步信号具有更好的相关性，能够保证在正确检测到主同步信号后，更加准确地检测出辅同步信号。

2. 时间同步

时间同步的基本原理是使用本地同步序列和接收信号进行同步相关，进而获得期望的峰值，根据峰值判断出同步信号的位置。TD-LTE 系统中的时域同步检测分为以下两步：

① 检测主同步信号；

② 在检测出主同步信号后，根据主同步信号和辅同步信号之间的固定关系检测辅同步信号。

3. 频率同步

为了保证下行信号的正确接收，在小区初步搜索过程中，完成时间同步后，系统需要进行频率同步，确保收发两端信号频偏一致。为了实现频率同步，可通过辅同步序列、导频序列、CP 等信号进行频偏估计，对频偏进行纠正。

3.5 功率控制

1. 上行 PUSCH 功率控制

PUSCH 闭环功率调整是基于接收到的探测参考信号（SRS）并进行必要计算得到的。基站收到 SRS 后，物理层开始测量收到的 SRS 宽带范围内的平均信噪比，并计算其有效信噪比。基站物理层最终把有效信噪比的计算数值报告给 MAC 层，基站 MAC 层比较该值和参考 PUSCH 的信噪比门限后，产生 PUSCH 闭环功率修正的 TPC 比特，并在上行授权或 TPC PUSCH 信令中发送。

2. 上行 PUCCH 功率控制

PUCCH 闭环功率控制调整值是基于接收到的解调参考信号（DMRS）通过算法得到的。

基站物理层接收到 PUCCH 的 DMRS，测量其信号质量，计算出有效信噪比，然后报告给 MAC 层。基站 MAC 层比较 PUCCH 信噪比（SINR）的目标门限后产生 PUCCH 的功率修正 TPC 比特，用于下行授权或 TPC PUCCH 信令中。

3. 上行 Sounding 信道的功率控制

上行 Sounding 参考信号（SRS）提供上行信道信息，该信息可作为基站快速链路适应、频率选择性调度和上行虚拟 MIMO 数据传送 SDMA 配对时的参考。

4. 下行 PDSCH 的功率控制

PDSCH 采用了 AMC 及 HARQ 技术，下行功率控制通常基于业务类型应用于干扰消除技术的场景，有时也可以采用慢速功率控制技术来提高小区边缘数据速率。

5. 下行 PDCCH 功率控制

下行控制信道的功率设定是由基站完成的，在一个 TTI 中，其功率通常是一个定值。大体上说，PDCCH 的功率控制是必需的。

6. 下行 PDSCH 功率分配

基站决定每个资源元素（RE）的下行发射功率。在整个系统下行链路带宽上的每个子帧，除非接收到不同的特定小区的参考信号功率信息，通常 UE 会假设下行小区特定的参考信号的 EPRE 值均为常数。

3.6　小区重选和切换

3.6.1　小区重选

LTE 驻留到合适的小区，停留适当的时间（1s）后，就可以进行小区重选。通过小区重选，可以最大限度地保证空闲模式下的 UE 驻留在合适的小区。

在空闲模式下，通过对服务小区和临近小区测量值的监控，来触发小区重选。判断触发重选的条件是：是否存在比当前服务小区更好的小区，且这个更好的小区在一段时间内都能够保持最好。也就是 UE 尽量重选到更好的小区去，同时要保证一定的稳定性，避免频繁的重选震荡。

LTE 中的小区重选分为同频的小区重选和异频的小区重选（包括不同 RAT 之间的小区重选）两种。与小区重选有关的参数来源于服务小区的系统消息 SIB3、SIB4 和 SIB5。

SIB3 中包含了小区同频和异频（包括 Inter-RAT）重选的信息。

在 Cell Reselection Info Common 中定义了参数 Q_{Hyst}，表示服务小区 RSRP 的滞后效应，用于进行小区重选排序 R 准则（下面将会介绍）的公式计算，目的是减少重选振荡。

在 Cell Reselection Serving Freq Info 中定义了 $S_{nonintrasearch}$、Thresh Serving Low 和 Cell Reselection Priority。

Cell Reselection Priority 定义了服务频率在异频小区重选的优先级，在 0～7 之间取值，其中，0 代表优先级最低。异频的小区切换基于优先级值的大小，UE 通常会尝试驻留在优先级高的小区。相邻小区的优先级在 SIB5 中广播。除此之外，LTE 还可以通过 RRC 层的信令，定义针对每个 UE 特定的小区频率优先级。

$S_{nonintrasearch}$ 用于进行异频小区重选时，判断是否进行异频小区重选测量的门限参数。在异频重选的情况下，如果相邻小区的优先级高于服务小区，UE 需要进行异频小区重选测量；另外，如果此 $S_{nonintrasearch}$ 参数没有在系统消息内广播，UE 也需要进行异频小区的重选测量。否则，UE 可以选择只有当服务小区的 S 值小于等于 $S_{nonintrasearch}$ 时，才进行异频小区的重选测量。

Thresh Serving Low 定义了 UE 在重选优先级较低的小区时，服务小区的测量门限。在此情况下，目标小区也必须满足一定的测量门限（将在下面介绍）。

在 Intra Freq Cell Reselection Info 中定义了和同频小区重选有关的参数。其中，$S_{intrasearch}$ 用于进行同频小区重选时，判断是否进行同频小区重选的门限参数。当 LTE 服务小区的 S 值小于等于 $S_{intrasearch}$ 时，就要执行同频小区重选测量；另外，如果此 $S_{intrasearch}$ 参数没有在系统消息内广播，也要执行同频小区重选测量。除此之外，UE 可以选择不进行测量。t-Reselection EUTRA 定义了小区选择的时间间隔。此外，在 Intra Freq Cell Reselection Info 中还定义了与移动性相关的一些小区重选的参数。SIB4 中包含了与同频小区重选有关的小区相关信息。

在 Intra Freq Neighbor Cell Info 中定义了用于同频重选的小区物理 ID 列表以及对应的偏移量值。偏移量值用于进行小区重选排序 R 准则的公式计算，目的是减少重选振荡。在 SIB4 中也定义了不能用于同频重选的小区黑名单列表。SIB5 中包含了与异频小区重选有关的小区信息，包括异频小区列表、频率等。其中，Priority 定义了异频小区的重选优先级，在进行小区重选时，UE 可以只考虑定义了优先级的频率小区。不同接入技术的小区（Inter-RAT）之间，其优先级是不相等的。UE 基于小区频率的优先级进行小区重选。如果目标小区的优先级比当前服务小区的优先级高，并且目标小区的 S 值在时间 Reselection Timer 内持续超过门限参数 threshXHigh，那么不管当前小区的 S 值是多少，UE 都会重选到目标小区；如果目标小区的优先级比当前服务小区的优先级低，那么只有服务小区的 S 值小于 Thresh Serving Low（在 SIB3 中定义），并且目标小区的 S 值大于门限参数 threshXLow，而且持续的时间超过 Reselection Timer 时，UE 才会重选到目标小区。

对于同频的小区，或者异频但具有同等优先级的小区，UE 采用 R 准则对小区进行重选排序。所谓 R 准则，是指对于服务小区的 R_s 和目标小区的 R_t 分别满足：

$$R_s = Q_{meas,s} + Q_{Hyst}$$
$$R_t = Q_{meas,t} - Q_{offset}$$

其中，Q_{meas} 是测量小区的 RSRP 值；Q_{offset} 定义了目标小区的偏移值，对于具有同等优先级的异频小区来说，它包括基于小区的偏移值和基于频率的偏移值两个部分。

如果目标小区在 $T_{reselection}$ 时间内（同频和异频的 $T_{reselection}$ 可能不同），R_t 持续超过 R_s，那么 UE 就会重选到目标小区。

异频小区重选的流程如图 3-2 所示。

同频小区重选的流程如图 3-3 所示。

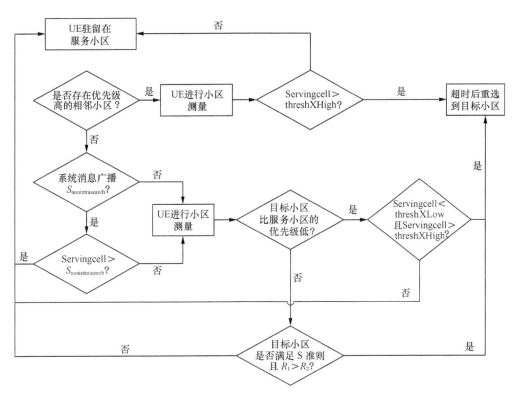

图 3-2　异频小区的重选流程

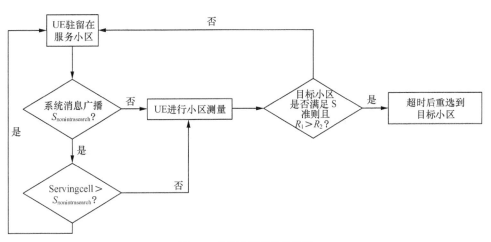

图 3-3　同频小区的重选流程

3.6.2　小区切换

LTE 系统中 UE 处于连接状态下的移动性相关资源管理操作，主要有系统内操作和系统间操作。系统内操作是指 UE 处于连接状态下移动性处理的切换操作；系统间操作是指从 LTE 系统移动到其他 RAT 或其他 RAT 移动到 LTE 系统的操作，主要有切换、CCO（Cell Change Order）和重定向 3 种操作方式。

在 LTE 系统内进行切换控制，有以下 5 种方式。

① MME/S-GW 不变，基站内切换；

② MME/S-GW 不变，基站间切换；

③ MME 不变，S-GW 重定位，基站间切换；

④ MME 重定位，S-GW 不变，基站间切换；

⑤ MME 重定位，S-GW 重定位，基站间切换。

在 LTE 系统间进行切换控制，有以下两种方式。

① E-UTRAN 和 UTRAN 之间的切换；

② E-UTRAN 和 GERAN 之间的切换。

规划篇

第4章
TD-LTE 网络规划概述

4.1 无线网络规划概述

4.1.1 规划目标

1. 网络覆盖

网络覆盖性能需要根据业务预测结果和网络发展策略，使用覆盖率、穿透损耗等指标来表征。其中，覆盖率是描述业务在不同区域覆盖效果的主要指标，覆盖率可以分为面积覆盖率和人口覆盖率。面积覆盖率是指在区域内满足一定覆盖门限条件的区域面积占总区域面积的百分比。人口覆盖率是指区域内满足一定覆盖门限条件的区域中人口总数占总区域人口的百分比。

对于覆盖规划需要对覆盖区域进行合理划分，并根据不同业务的市场定位和发展目标，设定不同业务在不同区域中的覆盖目标，然后利用网络规划仿真工具，预测预覆盖区内每个地点接收和发送无线信号的电平值，根据不同业务的覆盖门限要求，对整个预覆盖区进行统计，以确定覆盖概率是否满足规划要求。

2. 网络容量

网络容量是评估系统建成后所能满足各类业务和用户规模的指标，对于 LTE 系统，网络容量指标主要有同时调度用户数、平均吞吐量、边缘吞吐量、VoIP 用户数、同时在线用户数等。

进行网络容量规划时，需要根据不同业务的市场定位和发展目标，预测各业务的用户规模和区域网络容量需求，并根据不同业务模型来计算不同配置下，基站对各业务的承载能力，然后利用网络规划仿真工具来预测网络容量是否满足要求。

3. 服务质量

无线网络服务质量的评估指标主要有接入成功率、忙时拥塞率、无线信道呼损、块误码率、切换成功率、掉话率等。在进行无线网络规划时，网络覆盖连续性、网络容量等指标的设定对于无线网络的服务质量都有十分重要的影响。

4. 成本目标

在满足网络覆盖、网络容量、服务质量的基础上，综合考虑网络中远期的发展规划及现有网络、站址资源的分布情况，进行滚动规划，并充分利用现有的站址资源以降低建设成本。

4.1.2　规划内容

网络规划是根据网络建设目标要求，在目标覆盖区域内，通过建设一定数量并适当配置的基站来实现网络建设的覆盖和容量目标。

对于新建网络规划，只要确定网络覆盖目标，就可以在整个覆盖范围内成片地进行站点建设，不需要考虑对现网的影响，但同时因为没有可参考的实际网络运行数据，因此网络规划只能依赖理论计算、规划软件仿真和相关试验网测试结果，造成网络规划结果在精确性方面可能存在不足。

对于网络扩容规划，由于已有路测数据、用户投诉数据及网络运行数据的统计报告，且目标覆盖区域的市场业务发展情况和目标更为清晰，因此网络规划结果在针对性和精确性方面更好。

4.1.3　规划流程

无线网规划流程一般可以分为规划准备、预规划和详细规划 3 个阶段。无线网络规划过程中各阶段的工作内容如图 4-1 所示。无线网络规划的不同阶段对网络规划的深度有不同要求，因此每次规划并不需要涵盖所有的规划步骤。在实际规划工作中，可以根据具体的目标和需求，对规划流程进行合理剪裁和调整。

4.1.4　规划难点

在 TD-LTE 系统中采用了 OFDMA、SC-FDMA、MIMO、HARQ 等一系列关键技术，以提升系统性能。以上新技术的应用，在提高系统性能的同时，也给网络规划带来了新的挑战，具体体现在以下几个方面。

（1）需求分析

① 场景部署：规划时需要重点突出写字楼、商业街、高校、交通枢纽等数据热点区域的覆盖。

② 新业务引入：VoLTE 语音、视频会议等。

③ 新 KPI 要求：引入 RSRP、SINR 等指标。

（2）链路预算

在 TD-LTE 系统的业务信道链路预算工作中确定小区边缘用户上下行速率所占的 RB 资源数量后，才能确定 SINR。

（3）容量估算

TD-LTE 系统业务信道容量估算不能按照传统的 2G、3G 业务容量估算方法进行，一般通过仿真和网络实测确定。

（4）覆盖仿真

TD-LTE 的 RSRP 类似于 TD-SCDMA 中 PCCPCH 的 RSCP（接收信号码功率），RS SINR 类似于 TD-SCDMA 中的 C/I，但是计算方法更复杂。

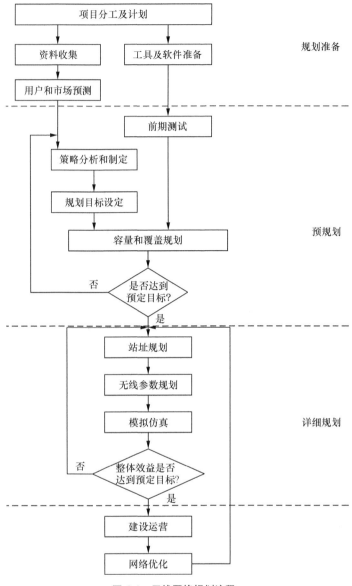

图 4-1　无线网络规划流程

（5）容量仿真

与 2G、3G 系统相比，TD-LTE 需要额外考虑频域资源调度方法、小区间干扰协调方法、多天线技术类型等。

（6）参数规划

① 频率规划需要考虑更紧密频率复用，同时兼顾同频干扰；

② 邻区规划要考虑与 2G、3G 异系统的邻区配置等问题；

③ 时隙规划要考虑系统间和系统内的交叉时隙干扰问题；

④ 如果共建天线，需要考虑系统间的干扰隔离等问题。

4.2　无线电波传播理论

4.2.1　无线传播原理

无线电波可通过视距传播、地波传播、对流层散射传播、电离层传播等方式从发射端传输到接收端，各种传播方式特点如下。

① 视距传播分为直射波传播和地面反射波传播，当周围存在障碍物和散射物时，也存在绕射波和散射波。

② 地波由空间波和地表波组成。地表波沿着地球表面传播，当离发射机很远时，一般只存在地表波。

③ 对流层散射传播由对流层的湍流不均匀散射进行传播。

④ 电离层反射传播用于短波远距离通信。除了反射，由于折射率不均，电离层也可产生电波散射。

4.2.2　无线信道

无线信道是基站与用户之间的传播路径。与其他通信信道相比，无线信道具有频谱资源受限、传播环境复杂等特点，衡量无线信道的主要指标如下。

（1）传播损耗

无线信号的损耗主要包含路径损耗、阴影衰落以及多径衰落。

（2）传播时延

传播时延包括传播时延的平均值、传播时延的最大值和传播时延的统计特性等。

（3）时延扩展

信号通过不同的路径沿不同的方向到达接收端会引起时延扩展，时延扩展是对信道色散效应的描述。

（4）多普勒扩展

多普勒扩展是由于多普勒频移现象引起的衰落过程的频率扩散，又称时间选择性衰落。

（5）干扰

干扰包括干扰的性质以及干扰的强度。

4.2.3　传播损耗

由于受到传播路径和地形影响，在传播过程中，无线信号强度会减小，这种信号强度减小的现象称为传播损耗。

无线信号在自由空间中的路径损耗可以用下式进行计算：

$$L_\mathrm{p}=32.4+20\lg f+20\lg d$$

其中，f 为频率（MHz），d 为距离（km）。L_p 与路径 d 成反比，当 d 增加一倍，自由空间路径损耗增加 6dB。同时，当减小波长 λ（提高频率 f）时，路径损耗会增大。因此，可以通过增大发射和接收天线的增益来补偿这些损耗。

4.3 无线传播模型

4.3.1 传播模型概述

传播模型是进行移动通信覆盖规划的基础。传播模型的准确与否关系到覆盖规划是否科学、合理。目前多数无线传播模型是预测无线电波传播路径的损耗，所以传播环境对无线传播模型的建立起关键作用。

无线传播模型除受传播环境的影响，还受系统工作频率和移动台运动状况的影响：在相同区域，如果工作频率不同，则接收信号的衰落状况不同；静止的移动台与高速运动的移动台的传播环境也不相同。传播模型一般分为室外传播模型和室内传播模型两种。目前业界常用的传播模型见表 4-1。

表 4-1 业界常用的传播模型

模型名称	使用范围
Okumura-Hata	适用于 150～1000MHz 宏蜂窝
COST231-Hata	适用于 1500～2000MHz 宏蜂窝
COST231 Walfish-Ikegami	适用于 900MHz 和 1800MHz 微蜂窝
Keenan-Motley	适用于 900MHz 和 1800MHz 室内环境
ASSET 传播模型（用于 ASSET 规划软件）	适用于 900MHz 和 1800MHz 宏蜂窝

4.3.2 Okumura–Hata 模型

Hata 模型是根据 Okumura 曲线图所做的，频率范围是 150～1500MHz，基站有效天线高度为 30～300m，移动台天线高度为 1～10m。Hata 模型以市区传播损耗为标准，其他地区的传播损耗在此基础上进行修正。在发射机和接收机之间的距离超过 1km 的情况下，Hata 模型的预测结果与原始的 Okumura 模型非常接近。该模型适用于大区制移动系统，但不适用于小区半径为 1km 左右的移动系统。

Okumura-Hata 模型做了以下 3 点限制，以求简化。

① 适用于计算两个全向天线间的传播损耗；

② 适用于准平滑地形而不是不规则地形；

③ 以城市市区的传播损耗为标准，其他地区采用修正因子进行修正。

Okumura-Hata 模型的市区传播公式为

$$L=69.55+26.16\lg f-13.82\lg h_b-a(h_m)+(44.9-6.55\lg h_b)\lg d$$

其中，$a(h_m)$ 为移动台天线高度校正（dB）；h_b 和 h_m 分别为基站、移动台天线的有效高度（m）；d 表示通信距离（km）；f 表示中心频率（MHz）。

移动台天线高度的校正公式由下式计算。

对于中小城市，有：

$$a(h_m)=(1.1\lg f-0.7)h_m-(1.56\lg f-0.8)$$

对于大城市，有：

$$a(h_m)=8.29(\lg(1.54h_m))^2-1.1, \qquad f\leqslant200\text{MHz}$$

$$a(h_m)=3.2(\lg(11.75h_m))^2-4.97, \qquad f\geqslant400\text{MHz}$$

在郊区，Okumura-Hata 经验公式修正为：

$$L_m=L_{\text{市区}}-2(\lg(f/28))^2-5.4$$

在农村，Okumura-Hata 经验公式修正为：

$$L_m=L_{\text{市区}}-4.78(\lg f)^2-18.33\lg f-40.98$$

4.3.3　COST231-Hata 模型

COST231-Hata 是 Hata 模型的扩展版本，以 Okumura 等人的测试数据为依据，通过对较高频段的 Okumura 传播曲线进行分析，从而得到 COST231-Hata 模型。

COST231-Hata 模型适用范围如下。

① 1500～2000MHz 频率范围；

② 小区半径大于 1km 的宏蜂窝系统；

③ 有效发射天线高度为 30～200m；

④ 有效接收天线高度为 1～10m；

⑤ 通信距离为 1～35km。

COST231-Hata 模型的传播损耗如下式所示。

$$L_b=46.3+33.9\lg f-13.82\lg h_b-a(h_m)+(44.9-6.55\lg h_b)\lg d+C_m$$

与 Okumura-Hata 模型相比，COST231-Hata 模型主要增加了一个校正因子 C_m。对于树木密度适中的中等城市和郊区的中心，C_m 为 0dB；对于大城市中心，C_m 为 3dB。

COST231-Hata 模型的移动台天线高度修正因子根据下式进行调整。

$$a(h_m)=\begin{cases}(1.11\lg f-0.7)-(1.56\lg f-0.8), & \text{中小城市}\\3.2(\lg(11.75h_m))^2-4.9, & \text{大城市}\\0, & h_m=1.5\text{m}\end{cases}$$

COST231-Hata 模型的其他修正因子与 Okumura-Hata 模型一致。

4.3.4　射线跟踪模型

射线跟踪是一种被广泛应用于移动通信和个人通信环境中的预测无线电波传播特性的技术，可以用来分辨多径信道中收发之间所有可能的射线路径。所有可能的射线被分辨出来后，可以根据电波传播理论计算每条射线的幅度、相位、时延和极化，结合天线方向图和系统带宽可得到接收点所有射线的相干合成结果。

射线跟踪模型是一种确定性模型，其基本原理为标准衍射理论（UTD，Uniform Theory of Diffraction）。根据标准衍射理论，高频率的电磁波远场传播特性可简化为射线（Ray）模型。因此，射线跟踪模型实际上是采用光学方法，考虑电波的反射、衍射和散射，结合高精度的三维电子地图（包括建筑物矢量及建筑物高度），对传播损耗进行准确预测，射线跟踪模型示意如图 4-2 所示。

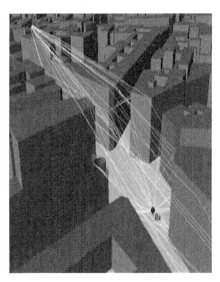

图 4-2　射线跟踪模型示意

射线跟踪模型可以分为双射线模型和多射线模型。

（1）双射线模型

双射线模型只考虑直达射线和地面反射射线的贡献。该模型适用于平坦地面的农村环境，而且它也适合于具有低基站天线的微蜂窝小区，且收发天线之间有 LOS 路径。

双射线模型给出的路径损耗是收发之间距离的函数，可用两个不同斜率（和）的直线段近似。突变点（Breakpoint）把双射线模型的传播路径分成两个本质截然不同的区域。当离基站较近时，即在突变点之前的近区，由于地面反射波的影响，接收信号电平按较小的斜率衰减，但变化剧烈时，会交替出现最小值和最大值的振荡。在突变点后的远区，无线电信号以较大的斜率衰减。

（2）多射线模型

多射线模型是在双射线模型的基础上产生的。如四射线模型的传播路径除了视距传播和地面反射路径外，还包括两条建筑物反射路径；六射线模型则包括了 4 条建筑物反射路径。显然，模型包括的反射路径越多，该模型就越精细，但计算量也随之增加。

第5章
TD-LTE 网络规划流程

5.1 网络规划准备阶段

网络规划准备阶段主要对网络规划工作进行分工和计划，准备需要的工具和软件，收集市场、网络等方面的资料，并进行初步的市场策略分析，主要工作如下。

1. 项目分工及计划

无线网络规划工作包含数据分析、软件仿真、实地勘测、无线信号测试等。项目经理应根据项目的目标，确定工作内容，安排工作进度计划，选择项目组成员，并对项目人员进行相应的培训，使项目组成员在项目开始前对各自的工作目标、工作内容、时间节点等有清楚的认识。

2. 工具和软件的准备

无线网络规划可能需要的工具和软件一般有 GPS、数码相机、纸质地图和电子地图、规划软件等。如果需要做 CW（连续波）测试，还需要准备规划工作频段内的发射机和接收机等。

3. 规划区域调研、基础资料收集

调研及基础资料收集的目的是将对网络覆盖区域、市场需求、业务规划等的细致了解，作为后期规划的输入。调研及资料收集的具体内容包括规划区的人口情况、经济状况、地理信息、市场情况、既有无线网络运行情况等。网络规划前需要搜集的基础资料至少包含以下几种。

（1）人口组成和特点

需要调研及收集人口总量、年龄构成、职业组成、人口分布、教育程度和移动通信消费习惯等资料，这些数据是进行业务预测和业务模型取定的基础。

（2）经济状况

需要调研及收集地区经济总量、人均收入、市政规划、经济发展规划策略与重点区域等资料，初步了解各区域人群的移动通信消费能力，这些数据是进行业务发展预测的前提。

（3）地形、地貌、建筑

需要调研及收集包括规划区的地形、地貌的矢量信息等资料，这些是进行仿真预测的基础。而建筑物的高度、功能类型以及分布等情况，是进行室内覆盖分析和室内分布系统规划的前提。

（4）现有网络情况资料

如果网络建设方式为叠加建网，运营商已经建设有其他制式的移动网络，在网络规划设计之前需要收集现有网络资料（如基站数据、小区话务量、小区数据业务流量等），以便在后期规划中尽可能地利用现有网络资源以及避免不同系统、运营商网络间的干扰。同时，现有 2G/3G 网络中的各业务使用情况也是对新建 TD-LTE 网络中各类似业务进行需求预测的重要参考。

（5）区域划分

区域划分是对收集到的人口、经济、地形、地貌等资料进行的初步处理。将覆盖区域按照特点进行归类和划分，以便根据各覆盖区域的特点，设置不同的规划目标，实现针对性的规划。地理维度和业务维度是在无线网络规划时进行区域划分的两个最基本维度。地理区域的划分是由覆盖区域的地形、地貌特点等来决定的，业务区根据覆盖区域内经济、人口数据、业务需求等参数进行划分。

通常根据建筑物平均高度、建筑物间距、可能的天线挂高与周围建筑物高度之差、街道宽度和密度、建筑材料等因素，可以将无线网络覆盖区划分为密集市区、市区、郊区、县城、乡镇、交通干道等不同的地理区域，见表 5-1。

表 5-1　　　　　　　　　　　　地理区域划分

区域类型	典型区域描述
密集市区	区域内建筑物平均高度或平均密度明显高于城市周围建筑物，地形相对平坦，中高层建筑可能较多
市区（县城）	城市内具有建筑物平均高度和平均密度的区域；经济较发达、有较多建筑物的城镇
郊区（乡镇）	城市边缘地区，建筑物较稀疏，以低层建筑为主；经济普通、有一定建筑物的小镇
农村（开阔地）	孤立村庄或管理区，区内建筑较少；成片的开阔地；交通干线

业务分区与当地的经济发展、人口分布及潜在用户的消费能力和习惯等因素有关，其中经济发展水平对业务的需求和发展有决定性影响，见表 5-2。

表 5-2　　　　　　　　　　　　业务分区划分

业务类型	特征描述	业务分布特点
高	主要集中在区域经济中心的特大城市，面积较小。区域内高级写字楼密集，是所在经济区内商务活动集中地，用户对移动通信需求大，对数据业务要求较高	（1）用户高度密集，业务热点地区； （2）数据业务速率要求高； （3）数据业务发展的重点区域； （4）服务质量要求高
中	工商业和贸易发达。交通和基础设施完善，有多条交通干道贯穿辖区。城市化水平较高，人口密集，经济发展快、人均收入高的地区	（1）用户密集，业务量较高； （2）提供中等速率的数据业务； （3）服务质量要求较高
一般	工商业发展和城镇建设具有相当规模，各类企业数量较多，交通便利，经济发展和人均收入处于中等水平	（1）业务量较低； （2）只提供低速数据业务
低	主要包括两种类型的区域： （1）交通干道； （2）农村和山区，经济发展相对落后	（1）话务稀疏； （2）建站的目的是解决覆盖

此外，按业务发展策略和业务分布情况不同，还可以对网络的服务区域进行如表 5-3 所示的分类。

表 5-3　　　　　　　　　　　　　　　　　服务区域划分

区域类型	按无线传播环境分类	按业务分布分类	典型区域
高话务的密集市区	密集市区	高	特大城市的商务区
中话务的密集市区	密集市区	中	商业中心区高层住宅区、密集商住区
一般话务的密集市区	密集市区	一般	话务较低的城中村
中话务的市区	市区	中	普通住宅区低矮楼房为主的老城区、经济发达地区的县城
一般话务的市区	市区	一般	一般县城
一般话务的郊区	郊区（乡镇）	一般	城乡结合部工业园区
一般话务的农村	农村（开阔地）	一般	风景区
低话务的农村	农村（开阔地）	低	农村牧区
高速公路、国道	农村（开阔地）	一般	
省道重要客运铁路和主要航道	农村（开阔地）	低	
一般公路、铁路和航道	农村（开阔地）	低	

设定好区域分类的标准后，需要对各类区域进行统计并确定位置，步骤如下。

① 根据区域分类标准使用 GIS 软件在二维数字地图上将服务区划分为区域块，并标注每一区域块的名称、区域类型和面积。

② 对区域面、线分类结果进行归类和统计。

4. 市场定位和业务预测

（1）市场定位和区域划分

通过与建设方沟通，准确把握建设方的市场发展计划，结合前期收集的相关业务市场资料，确定合理的市场定位，并根据业务区内不同区域的功能、建筑物及人口分布特点，将其划分为不同类型的区域。针对各类区域分别确定其基本覆盖需求、质量要求及业务类型等。

（2）业务预测

业务预测包括用户数预测和业务量预测。

● 用户数预测：通过综合考虑现有无线网络用户数、渗透率、市场发展及竞争对手等情况，进行综合考虑。

● 业务量预测：包括语音业务预测和数据业务预测。目前语音业务相对比较平稳，增长比较缓慢，语音业务预测相对容易一些；随着移动互联网时代的到来，移动数据业务呈指数级增长。因此数据业务预测是 LTE 无线网络预测的难点，也是重点。

根据用户和业务量预测结果，可以根据 2G 和 3G 网络的业务分布情况测算在各区域的具体分布情况，以此来指导 LTE 网络后期的无线接入网建设方案。

5.2 网络预规划阶段

网络预规划阶段的主要工作是确定规划目标，进行资源预估，为详细规划阶段的站点设置提供指导。

网络预规划阶段的工作包括策略分析、规划目标取定、覆盖规划、容量规划和效益预分析等几个环节。由于即使在相同的地形地貌环境下，不同频率的电磁波的传播模型也有很大差异，为了保证在规划时采用的电磁波传播模型更贴近实际系统，一般在预规划阶段还需要进行前期测试工作。

1. 前期测试工作

前期需要进行的测试工作主要有扫频测试、CW 测试及室内穿透损耗测试，以获取较为准确的业务区的无线环境特征，并将其作为后期规划工作的依据。

（1）扫频测试

对业务区的规划频段进行扫频测试，了解区域内的背景噪声情况，并对工作频点进行干扰排查，准确定位干扰源，并及时将干扰源、干扰区域等信息提交给建设方，以便于建设方与其他运营商或单位的协调，保证网络建成后可以获得较好的覆盖效果。

（2）CW 测试

对于新建工程，应该在区域分类的基础上，挑选各种典型的区域进行 CW 测试，校对出适合各种区域无线传播特性的传播模型，用于指导覆盖规划仿真，对于扩建工程，可以利用原有的传播模型进行覆盖规划仿真。

（3）室内穿透损耗测试

由于移动网络的业务多数发生在室内，因此在规划时，需要重点关注室内覆盖问题。室内覆盖一般可通过建设室内分布系统或者室外宏站信号穿透覆盖解决，在实际组网中往往需要将这两种方式有机地结合起来。

利用室外宏站信号穿透覆盖解决室内覆盖问题，需要关注不同建筑物的穿透损耗。室内穿透损耗测试就是为了得出不同类型建筑物的穿透损耗值，用于链路预算，并计算出基站能解决覆盖区域楼宇室内覆盖情况下的覆盖半径。

2. 策略分析与制订

在进行网络规划前，需要针对市场、经济、技术等方面进行全面深入的分析，制订无线网络发展策略。无线网络的发展策略包含市场发展策略、业务发展策略、网络建设和发展策略等。

3. 规划目标取定

在明确网络的业务发展策略后，需要将发展策略落实到具体的无线网络规划指标上。在无线网络规划目标取定时，需先确定本期工程预覆盖的总体区域，并针对总体区域内不同区域类型，分别制定各自的覆盖、容量、质量及业务种类等方面的具体规划目标，如不同区域内提供的具体业务类型、边缘数据业务最低速率、室内外覆盖率、容量目标和业务服务等级等。

4. 覆盖、容量规划

无线网络预规划中的覆盖和容量规划主要是为了估算站点规模，并在此基础上进行初步的投资估算。

（1）覆盖规划

在 LTE 无线网络覆盖规划中，2G/3G 无线网络规划中所使用的链路预算计算方法仍然适用，但是需要采用校正后的高频段无线信号传播模型，具体步骤如下。

① 根据覆盖区域内各子区域提供的业务类型和业务速率目标，估算各种业务在一定的服务质量要求下所能允许的最大路径损耗。

② 将最大路径损耗等参数代入该区域校正后的传播模型计算公式，得出该区域中每种业务的覆盖半径。

③ 取计算结果的最小值作为 LTE 基站的覆盖半径。由此可根据覆盖半径估算出单个 LTE 基站的覆盖面积，用覆盖区域的面积除以单个 LTE 基站的覆盖面积即可估算出实现该区域的覆盖所需的 LTE 宏蜂窝站点个数。

（2）容量规划

容量规划也要分区域进行，具体步骤如下。

① 估算各区域的业务总量及各种类型业务的业务量。

② 根据不同区域提供的业务模型、用户模型、时隙配置方式及频点配置等估算单小区能提供的容量。

③ 可由业务总量和单小区容量计算出实际区域达到容量目标所需的小区数。

④ 各区域所需的小区数相加即可得到整个业务区所需设置的小区数。

（3）资源预估结果

对于综合覆盖规划和容量规划中输出的站点总数，取其中的大者作为最终的资源预估结果输出。

5. 效益预分析

根据资源预估得出的站点规模，可估算出网络建设投资，在此基础上进行经济评价。若经济评价结果显示达到了预期的投资效益，则可进行下一步的详细规划阶段；如果投资效益不好，则应在保证基本市场目标的前提下，对规划目标的假设做适当下调，然后重新进行预规划设计，直至达到良好的投资效益。

5.3　网络详细规划阶段

无线网络详细规划阶段的主要任务是以覆盖规划和容量规划的结果为指导，进行基站站址规划和无线参数规划，并通过模拟仿真对规划设计的效果进行验证。此外，还需进行投资预算及整体效益评价，从而验证规划设计方案的合理性。

1. 站址规划

站址规划是对网络规划区域进行实地勘查，进行站点的具体布置，确定基站类型，找出适合做基站站址的位置，初步确定基站的高度、方向角及下倾角等参数。在进行站址规划时，需充分考虑现有网络站点资源的利旧以及与其他运营商的共建共享问题，需核实现有基站位置、高度是否合适，机房、天面是否有足够的位置布放新建系统的设备、天线等，同时还要考虑新建系统与原有系统的干扰控制问题。

站址规划是无线网络规划中的重要环节。由于在 LTE 系统中，主要干扰源来自于相邻小区间的系统内干扰。如果站址选择不合理，干扰很难通过后期的优化调整加以控制，可能导致成片区域的信号质量恶化、有效覆盖距离收缩，使容量受到一定程度的损失。因此，站点选址要充分考虑网络结构、站点高度、周围的无线环境等多方面的因素。

2. 无线参数规划

无线参数规划包括频率规划、码资源规划、邻区规划、跟踪区（TA）规划等。

TD-LTE 无线网络频率规划类似于目前 TD-SCDMA 网络的频率规划，可以根据可用频点数量、覆盖区域、市场和业务发展目标等进行灵活的频率配置，同时要避免同频和邻频的干扰问题。

TD-LTE 的码资源规划与 3G 网络的扰码规划较为类似。3GPP 协议规定，TD-LTE 系统支持 504 个物理小区标识（PCI）。由于 TD-LTE 中 PCI 资源非常充足，TD-LTE 的 PCI 规划相对于其他网络（如 TD-SCDMA）的扰码规划要容易得多。

邻区规划对网络中用户的小区选择/重选和切换具有十分重要的影响。邻区规划主要是确定每个小区的邻区列表。

TD-LTE 中的 TA 规划与 2G/3G 中的位置区（LA）规划类似。TA 是 TD-LTE 网络中移动终端漫游的最小粒度。TA 划分得过大或者过小都会增加系统的信令负荷，因此在网络规划时需要根据 MME 处理能力、网络覆盖情况等进行合理划分。

3. 仿真模拟预测

站址规划和无线参数规划完成后，为了了解网络的覆盖、容量等性能，需要将规划的各基站参数输入到规划仿真软件进行模拟预测，以便评判网络建成后各项指标可能到达的水平，并通过与预期的建设目标对比，判断建设方案能否满足建设目标的要求。

如果仿真预测结果未能达到建设目标，则需结合实际情况对建设方案进行优化调整，然后对优化后的建设方案再次进行模拟预测，并对比预测结果和建设目标，直到模拟预测结果达到或者优于建设目标。

4. 投资估算、经济评价

为获得整个无线接入网的工程总投资情况，需要对工程中涉及的相关建设内容进行投资估算，并结合网络建成后预计的财务收入进行经济评价，以确定网络建设方案的经济可行性。

如果方案的经济评价达不到预期，则需要返回重新进行站址规划，并调整建设方案，在保证市场目标的前提下，选择更为经济合理的方式解决业务区的覆盖和容量问题。

5.4 网络规划文档

无线网规划工作量大、涉及面广、项目周期较长，因此在规划过程中必须建立完备的文档。

1. CW 测试及模型校正报告

CW 测试和模型校正通过对连续波进行测试，以便获得一个能够准确反映规划频段电磁波在当地地形地貌和建筑环境中的传播模型，提供给预规划和详细规划使用，以便进行准确的场强预测，从而合理估算网络规模。

进行 CW 测试前必须对覆盖区进行区域划分，以选出各类典型业务区和地形地貌区进行 CW 测试并进行模型校正。因此，一份完整的 CW 测试及模型校正报告至少应包含如下内容。

① 无线网络规划项目介绍。描述项目的基本情况、业务需求、覆盖目标及覆盖区域基本情况等。

② 无线网络的基本性能介绍。对无线网络的技术特点和技术参数及主要业务的性能要求进行描述。

③ 覆盖区域描述及典型测试区域的选择。介绍覆盖区域的特征以及各类分区的划分方法和最终划分结果，并明确测试的典型区域。

④ CW 测试设备、测试方法。介绍使用的发射、接收设备型号、性能、天线的增益和类型，以及测试方法和手段等。

⑤ 模型校正方法。介绍使用的模型校正工具、模型校正测试点的选择及数据量等。

⑥ 传播模型描述。介绍无线传播模型的选择、参数介绍，适用情况及优、缺点等。

⑦ 测试站址信息及测试过程。介绍各实际测试的站址选择及参数配置、测试情况、测试结果、过滤条件等。

⑧ 模型校正结果。给出最终经过验证的模型校正结果，以指导后期的链路预算。

2. 网络预规划报告

网络预规划主要是确定规划目标，进行资源预估，为详细规划阶段的站点设置提供指导，避免盲目规划。网络预规划报告应包含以下内容。

① 无线网络规划项目介绍。描述项目的基本情况、业务需求、覆盖目标及覆盖区域基本情况等。

② 无线网络发展策略分析。根据规划前期收集的各类资料，通过对当前市场、网络和业务的发展、技术演进及业务发展趋势等进行分析，初步设定项目的建设和发展策略，确定项目的近、中、远期的发展目标。

③ 规划目标设定。根据无线网络的近期发展目标，设定各类分区的覆盖目标和服务质量目标。

④ 链路预算和业务覆盖计算。介绍如何使用链路预算法计算网络覆盖以及链路预算法中各参数的值，并利用链路预算法计算出不同业务的覆盖范围，结合规划目标，计算出不同类型区域所需要的小区数量。

⑤ 业务容量计算。根据各类区域业务量的需求及一个小区对各类业务的承载能力，结合规划目标，计算出不同区域需要的小区数量。

⑥ 初步效益分析。根据覆盖和容量得出的小区数量初步判断项目的投资规模，对项目投资计划和网络建设目标进行分析，并给出初步的结论。

⑦ 预规划总结。

3. 详细网络规划报告

无线网络详细规划的主要任务是以覆盖规划和容量规划的结果为指导，进行站址规划和无线参数规划，并通过仿真对规划设计的效果进行验证。网络详细规划阶段的报告包含以下内容。

① 站址规划：根据无线网络的覆盖范围和不同区域类型所需要的小区数，划分小区覆盖范围，并选定合适的名义站址。

② 频率规划：根据网络规划目标和技术特点，分析网络的频率划分、组网的可选方案，选定合适的频率分配方案。

③ 邻区规划：介绍邻区规划的原则，并给出各小区之间的邻区关系。

④ 码资源规划：根据规划目标和网络的技术特点，介绍码资源分配的原则，对码资源进行分配。

⑤ 跟踪区（TA）划分：计算 TA 支持的用户容量，介绍 TA 的划分原则，并对 TA 进行划分。

⑥ 规划仿真：仿真结果与规划目标进行核对，分析误差的原因及在实际建网中的解决方法和可能的影响。

⑦ 后期工程及网络扩容的建议。

⑧ 规划总结及结论。

第6章
TD-LTE 网络预规划及详细规划

6.1 无线网络预规划与详细规划概述

6.1.1 无线网络预规划概述

无线网络预规划是对基站数量、容量配置、传输需求的粗略估计，其输出结果是候选站址选择和详细规划的重要依据。

无线网络预规划的基本步骤如下。

① 按照无线传播环境和业务量对目标覆盖区进行区域分类，划分出各类区域的有效覆盖范围，并统计出各区域所需覆盖范围的面积。

② 根据所需覆盖区域的无线传播环境进行无线传播模型校正。

③ 将用户预测和业务预测的结果分解到各类型区域中，计算出不同覆盖区域内的用户数和业务量。

④ 根据传播模型校正的结果进行链路预算，获得不同类型区域内基站的覆盖范围；根据不同的无线网制式，计算其在不同载频配置下，单小区的极限容量，包括语言业务和数据业务等各种不同的业务容量。

⑤ 根据典型区域基站的覆盖范围和各类型区域的面积计算出覆盖所需基站的数量；根据各类典型区域用户和业务指标的分解结果以及单小区的极限容量进行容量分析，计算容量所需基站数，并最终得到所需基站数。

⑥ 根据基站数量和区域的业务总量计算所需的传输资源。

⑦ 根据计算出的基站数量和所需传输资源，可以估算出为满足规划目标所需的投入。通过经济评价来判断项目的投资效益，如果投资效益好，则可以进行下一步的详细规划和设计；如果投资效益差，则应该对规划目标做适当的调整，并重新进行预规划得出调整后所需的投资。通过这样的迭代过程使规划目标的取定既符合市场需求，又可以实现良好的投资效益。

6.1.2 无线网络详细规划概述

无线网络详细规划是在预规划的基础上，对初步布置的站点进行查勘落实，设置基站参数。无线网络详细规划是一个"查勘—仿真—调整"反复循环的过程。站址获取有难度，需要对原有方案进行必要的调整。某一个基站位置的调整又会对周边其他站址选取造成一定的影响，引起一系列连锁反应。借助规划软件仿真，经过一系列的调整，使网络质量满足建设目标。如果不满足，就需要对基站位置、基站参数进行修改。

6.2　无线网络预规划

6.2.1　传播模型校正

1. CW 测试

鉴于 TD-LTE 网络主要工作于 2.6GHz 频段，利用原有 2G 或 3G 网络的传播模型对 LTE 网络进行覆盖预测是不准确的。对于 LTE 网络规划，校正、调整传播模型是不可或缺的步骤。

根据无线电波的传播理论，信号在几十个波长的距离上经历慢的随机变化，其统计规律服从对数正态分布。当在 40 个波长的空间距离上取平均值，就可以得到其均值包络，这个量通常称作本地均值，其和特定地点上的平均值相对应。CW 测试就是要取得特定长度上的本地均值，从而利用这些本地均值来对该区域的传播模型进行校正。

CW 测试的主要执行过程如图 6-1 所示。

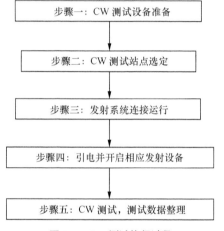

图 6-1　CW 测试执行过程

2. 测试数据处理

利用随机过程的理论分析移动通信的传播，有

$$r(x) = m(x)r_0(x)$$

其中，x 为距离，$r(x)$ 为接收信号，$r_0(x)$ 为瑞利衰落，$m(x)$ 为本地均值。$m(x)$ 就是长期衰落和空间传播损耗的合成，可以表示为

$$m(x) = \frac{1}{2L}\int_{x-L}^{x+L} r(y)\mathrm{d}y$$

其中，$2L$ 为平均采样区间长度，也称为本征长度。

因为地形地物在一段时间内基本固定，所以对于某一确定的基站，在某一确定地点的本地均值是确定的。该本地均值就是 CW 测试期望测得的数据，它也是与传播模型预测值最逼近的值。

CW 测试要求尽可能获取在某一地区各点地理位置的本地均值，即 $r(x)$ 与 $m(x)$ 之差尽可能小，因此要获取本地均值必须去除瑞利衰落的影响。对一组测量信号数据 $r(x)$ 进行平均时，若本征长度 $2L$ 太短，则仍有瑞利衰落的影响存在；若 $2L$ 太长，则会把正态衰落也平均掉。因此，根据李氏理论，测试采样要求在 40 个波长的距离内有 36～50 个采样点，因此根据 Scanner 的采样频率，设置测试车速为 40km/h。

测试得到的数据需要进行一定的处理之后才能用于模型校正。

数据处理最主要的目的是将测试中带入的不合理数据进行滤除，完成地理化平均和数据偏移修正的处理操作，然后转换成模型调校所需要的文件格式。

数据处理由预处理、地理平均及数据偏移修正 3 步组成。预处理是完成不合理数据的过滤和数据的离散操作；地理平均是对数据作地理化的平均处理，以求得特定长度上的区域均值；数据的偏移修正是修正数据的属性，将那些位置出现偏移的点进行修正。

数据预处理主要是对测试数据在距离上和电平值大小上进行过滤，同时删除经纬度不准或受到严重阻挡的数据等。地理平均主要是为了获取特定长度上的区域均值，然后用这些均值来对该区域的模型加以校正。区域均值的长度选择需遵循慢衰落的变化规律，通常取 40λ；对于 TD-LTE 所使用的 2.6GHz 频段来说，40λ 约为 6m，即采用 6m 为地理化的平均长度。数据偏移的修正，由于测速电平经纬度和电子地图经纬度常常存在一些误差，会导致测试数据在电子地图上偏移原来的路线，落到其他地物上面，从而导致数据的地理属性出现差异，因此必须将这些数据加以修正以达到匹配。

3. 传播模型校正

经过数据预处理和删除部分坏数据后，借助规划软件利用各场景下校正站点的 CW 测试数据进行联合校正，可以得到校正后各场景模型参数值。其流程如图 6-2 所示。

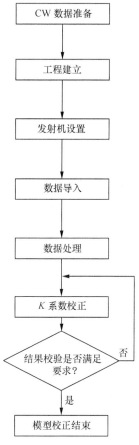

图 6-2 模型校正流程

根据处理好的 CW 测试数据，在校正软件中通过工程建立、发射机设置、数据导入、数据处理、K 系数校正、结果校验等多个步骤，得到适合该区域的 TD-LTE 传播通用模型。

通用传播模型是建立在下面的公式基础上的：

$$L_{\text{model}} = K_1 + K_2 \log(d) + K_3 \log(H_{\text{Txeff}}) + K_4 Diffractionloss +$$
$$K_5 \log(d) \log(H_{\text{Txeff}}) + K_6 H_{\text{Rxeff}} + K_{\text{clutter}} f(\text{clutter})$$

其中，K_1 为常数（dB），其值与频率有关；K_2 为 $\log(d)$ 的乘数因子（距离因子），该值表明了场强随距离变化而变化的快慢；d 为发射天线和接收天线之间的水平距离（m）；K_3 为 $\log(H_{\text{Txeff}})$ 的乘数因子，该值表明了场强随发射天线高度变化而变化的情况；H_{Txeff} 为发射天线的有效高度（m）；K_4 为衍射衰耗的乘数因子，该值表明了衍射的强弱；$Diffractionloss$ 为经过有障碍路径引起的衍射损耗（dB）；K_5 为 $\log(H_{\text{Txeff}}) \log(d)$ 的乘数因子；K_6 为 H_{Rxeff} 乘数因子，该值表明了场强随接收天线高度变化而变化的情况；H_{Rxeff} 为接收天线的有效高度（m）；K_{clutter} 为 $f(\text{clutter})$ 的乘数因子，该值表示地物损耗的权重；$f(\text{clutter})$ 为因地物引起的平均加权损耗。

考虑到通用传播模型各参数校正的难易程度和实用性，并结合 CW 测试的实际情况，校正参数一般均定为 K_1、K_2、$f(\text{clutter})$。

从工程角度来说，传播模型校准应满足标准方差<8dB，中值误差<0。即便传播模型校正达到这个标准，传播预测值与实际值也同样存在差异，这个差异与位置、地貌和方差大小密切相关。模型校正后的方差越小，意味着该模型对实际采样环境的描述越精确，但模型的通用性降低。如果模型校正的方差过大，那么模型的通用性虽好，但与实际环境的差异也很大。因此模型校正中对误差值的要求为：误差均值<2；标准方差<8dB（市区）或标准方差<11dB（农村）。

6.2.2　链路预算

通过链路预算，可以估算出各种环境下的最大允许路径损耗，从而估算出目标区域需要的 LTE 覆盖站数。在进行链路预算分析时，需确定一系列关键参数，主要包括基本配置参数、收发信机参数、附加损耗及传播模型。

1. 基本配置参数

基本配置参数主要包括 TDD 上下行时隙配置、特殊时隙配置、系统总带宽、RB 总数、分配 RB 数、发射天线数、接收天线数、天线使用方式等。具体说明如下。

（1）上下行时隙及特殊时隙配置

目前通常选择上下行采用 2：2 时隙配置，特殊子帧采用 10：2：2 配置。

（2）系统总带宽

LTE 网络可灵活选择 1.4MHz、3MHz、5MHz、10MHz、20MHz 等带宽，目前通常选取 20MHz 带宽。

（3）RB 总数及分配 RB 数

20MHz 带宽 RB 总数为 100 个，考虑同时调度 10 个用户，边缘用户分配 RB 数为 10 个。

（4）天线数量及天线使用方式

根据目前技术发展情况，天线主要采用 8 阵元双极化天线，边缘用户主要使用波束赋形方式。

2. 收发信机参数

收发信机参数主要包括发射功率、天线增益、接头及馈线损耗、多天线分集增益、波束赋形增益、热噪声密度、接收机噪声系数、干扰余量、人体损耗、目标 SNR 等，具体说明如下。

（1）发射功率

下行方向，在系统带宽为 20MHz 情况下取 46dBm（主要有 2 通道 20W 和 8 通道 5W 两类产品）；上行方向，终端功率可取 23dBm。

（2）天线增益

8 天线 D 频段产品的增益通常为 15～17dBi。

（3）接头及馈线损耗

BBU＋RRU 产品的损耗通常在 0.5～1dB 之间。

（4）多天线分集增益、波束赋形增益

选择不同的发射模式，如发射分集或波束赋形，其增益有一些差异。

① 接收侧：基站为 8 天线时取 7dB，终端为 2 天线时取 3dB。

② 发送侧增益介绍如下。

a．终端为单天线发送，因此无发送分集增益；

b．基站业务信道：8 天线采用波束赋形方式，增益取 7dB；

c．基站控制信道：8 天线和 2 天线相同，采用发送分集方式，增益取 3dB。

（5）热噪声密度

热噪声密度取 -117dBm/Hz。

（6）接收机噪声系数

基站侧接收机噪声系数通常为 2～3dB，终端侧接收机噪声系数通常为 7～9dB。

（7）干扰余量

TD-LTE 系统小区间的同频干扰依然存在，网络负荷上升，小区间的干扰也会相应增加，从而影响 TD-LTE 边缘覆盖效果。在链路预算中通常采用干扰余量来反映这一特点，干扰余量可分为上行干扰余量和下行干扰余量，通常要借助干扰公式和系统仿真平台得到。

（8）人体损耗

数据业务移动台可以不考虑人体损耗的影响。

（9）目标 SINR

在 36.213-880 规范中，定义了不同 MCS、RB 承载下的数据块数量，根据边缘速率，可以推导出数据块数量，然后找到承载的 RB 数量，就可以方便地查找出对应的 MCS，并根据具体 MCS 和 SINR 对应表格得到 SINR，MCS 和 SINR 的对应关系需通过链路仿真得到。

（10）附加损耗

附加损耗主要包括设计规划中应考虑的其他损耗，主要有建筑物穿透损耗和阴影衰落余量。

① 穿透损耗：市区建筑物穿透损耗典型值通常取 15～20dB。

② 阴影衰落余量：在城区环境下，通常取 8.3dB。

6.2.3　业务模型

3GPP 协议定义了会话类、交互类、流类、背景类 4 类业务，各类业务都有相应的典型应用和 QoS 要求，其带宽要求最大为 384kbit/s，端到端的单向时延最低为 75ms，LTE 网络应该可以较好地满足上述需求。

随着移动互联网业务的迅猛发展，传统有线宽带业务和移动网络呈现快速结合的态势，LTE 网络预计在 3GPP 定义上述业务之外还会承载更多的高带宽业务，见表 6-1。

表 6-1   LTE 网络承载的宽带业务

业务类型	业务名称	基本描述	业务体验要求	下行/上行带宽
音/视频节目	手机视频节目流媒体（普通屏幕）	用手机或其他手持终端观看标清的视频节目（流媒体）	下行满足 VGA 分辨率要求	800kbit/s/64kbit/s
	高清视频节目流媒体（大屏幕或手机投影仪）	用手机或其他手持终端观看高清的视频节目（流媒体）	下行满足 720P 分辨率要求	1.6Mbit/s/64kbit/s
视频通话	标清视频通话	用手机与其他手机以较高清晰度进行视频通话	上、下行均满足 VGA 分辨率要求	800kbit/s/800kbit/s
中高速上网	手机上网浏览	用手机浏览互联网网站	3 秒下载完成 150KB 的网页文件	400kbit/s/64kbit/s
	计算机的移动上网	大屏幕终端（如笔记本等）上网，提供与固定网络相当的用户体验	基本达到固定宽带的使用体验	1Mbit/s/256kbit/s
视频监控	视频监控	分布广泛的摄像头传输视频内容到中央服务器，由后者进行人脸识别等数据简化、行为模式等分析与挖掘，从而起到安全预警等作用。多用于政府公共安全	VGA 分辨率	64kbit/s/800kbit/s
	家庭监控	用计算机或手机通过视频远程查看家中的情况，或通过家庭网络的传感器上报家中的情况	在手机上观看 VGA 分辨率的家庭视频	800kbit/s/64kbit/s

各业务特性及承载方式见表 6-2。

表 6-2   业务特性及承载方式

业务类型	业务特性	承载方式（上行/下行）
图铃下载	交互式业务	64kbit/s/128kbit/s
WAP 浏览	交互式业务	64kbit/s/128kbit/s
WWW 浏览	交互式业务	64kbit/s/128kbit/s
音频流	流业务	64kbit/s/128kbit/s
视频流	流业务	64kbit/s/384kbit/s
E-mail	背景类业务	64kbit/s/64kbit/s
MMS	背景类业务	64kbit/s/64kbit/s
信息服务	背景类业务	64kbit/s/64kbit/s

6.2.4 覆盖规划

TD-LTE 规划，首先需要确定网络建设的覆盖目标，可以用业务类型、覆盖区域、覆盖概率等指标来表征。

1. 业务类型

在 TD-LTE 系统中，只有 PS 域业务。不同 PS 数据速率的覆盖能力不同，在进行覆盖规划时，要首先确定边缘用户的数据速率目标。不同的目标数据速率的解调门限不同，导致覆盖半径也不同，因此确定合理的业务类型是进行覆盖规划的前提。

2. 覆盖区域

针对目标网络的地理情况，进行覆盖规划时需从面、线、点等多个方面展开分析，确定不同建设层面的覆盖需求。

（1）面覆盖

各主要覆盖区域，建设初期一般为各主要城区和部分郊区，网络发展阶段可延伸至各县城及重点乡镇。

（2）线覆盖

连接各主要城区及重要枢纽的高速公路、铁路等。

（3）点覆盖

需要重点或单独覆盖的数据业务热点区域。

3. 目标区域类型分类

根据本地网业务区的建筑特点、地理情况、无线传播环境以及类型，将目标区域划分为密集市区、一般市区、郊区、农村、铁路、高速公路。

4. 覆盖参数

由于 LTE 网络的数据业务特性，密集市区、一般市区和郊区的 TD-LTE 业务以室内场景为主，所以取定模型为室内（3km/h），进行链路预算时需充分考虑建筑物所导致的穿透损耗给无线信号传播带来的影响。

在郊区、农村以及铁路区域内的高速场景下，由于建筑物相对稀疏，根据 LTE 业务对象的特点，以上场景下的 LTE 业务将会以高速移动的移动台为主，所以取定模型为车内（120km/h），从而在考虑穿透损耗的时候只需要考虑车体损耗。但值得注意的是，目前在国内广泛使用的动车组和高铁列车的穿透损耗（24dB 以上）远大于传统意义上的车体损耗（7dB），并且移动速度大于 120km/h，所以在铁路场景下设置穿透损耗以及相关参数的时候须根据动车组及高铁的以上特性特别考虑。

密集市区相对取定了最大的面覆盖率，根据不同场景的业务需求以及人口密度依次从大到小的特点，一般市区、郊区等的覆盖率参数取定可以参考表 6-3。

表 6-3　　　　　　　　　　　　不同区域类型覆盖率要求

覆盖区域	场景补充说明	面覆盖率	边缘覆盖率
密集市区	室内（3km/h）	95%	85%
一般市区	室内（3km/h）	90%	75%
郊区	室内（3km/h）	85%	65%
农村	车内（120km/h）	90%	75%
高速公路	车内（120km/h）	90%	75%
铁路	车内（120km/h）	90%	75%

结合覆盖目标和链路预算，可以得到不同区域完全覆盖所需的最少站点数。

6.2.5 容量规划

1. TD-LTE 容量特性

与 2G 和 3G（R4）不同，LTE 小区的容量与信道配置、参数配置、调度算法、小区间干扰协调算法、多天线技术选取等都有关系。2G 和 3G 的资源分配更多地考虑语音用户；而 TD-LTE 采用全 IP 的网络，按照调度算法的原则，基于完全的共享原则，设计上更多地考虑了数据业务的承载，资源分配方式上采用链路自适应方式。不仅根据用户的信道质量来调整编码方式以获得更高的频谱效率，同时依据当前小区总体资源的占用情况以及用户的位置和信道质量，动态调整用户业务对资源的占用，并在频域上进行选择性地调度。LTE 的容量规划需要根据系统仿真和实测统计数据相结合的方法，得到小区吞吐量和小区边缘吞吐量，以此确定网络规模。

TD-LTE 支持 1.4MHz、3MHz、5MHz、10MHz、15MHz、20MHz 带宽的灵活配置，运营商可以根据拥有的频谱资源进行相应的频率规划。在频谱资源允许的情况下，为了能够承载更多的语音业务并提高上下行分组的数据速率、减少时延，一般建议采用 10MHz、20MHz 大带宽进行实际组网部署。

2. TD-LTE 容量目标

衡量 TD-LTE 容量性能的主要指标有：平均吞吐量、边缘吞吐量、调度用户数、连接用户数、激活用户数以及 VoIP 用户数等，具体见表 6-4。

表 6-4　　　　　　　　　　　　　　　　LTE 容量指标

参数		定义
用户数	调度用户数	在同一个 TTI 中被调度（传输数据）的用户数
	连接用户数	建立了 RRC 连接的用户数
	激活用户数	在一定的时间间隔内，在队列中有数据的用户
	VoIP 用户数	进行语音通信的用户数
吞吐量	平均吞吐量（Mbit/s）	L1 忙时吞吐量
	边缘吞吐量（Mbit/s）	边缘用户统计的 L1 忙时吞吐量

TD-LTE 系统容量规划应达到以下目标。

① 使系统提供最大的数据吞吐量；

② 使用户体验到最高速率；

③ 支持最大的用户数目。

3. TD-LTE 理论峰值速率计算

理论峰值速率为：

$$(TBS \times (N_{子帧数} + P_{特殊子帧})) \times N_{流数} / 5ms$$

• TBS：传输块大小，根据 3GPP TS 36.213 协议查表取值，与调制编码方式、占用物理资源块数目等有关。

• $N_{子帧数}$：根据上下行子帧配比取值。

• $P_{特殊子帧}$：下行传输时，特殊子帧中 DwPTS 传送的数据块大小为正常子帧的 3/4，取值为 0.75；上行传输时，特殊子帧不传输数据，取值为 0。

● $N_{流数}$：下行双流，取值为 2，上行单流，取值为 1。

以下行 2：2 为例，理论峰值速率为：

（75 376×（2+0.75））×2/0.005=82.9136Mbit/s

各配置下的 TD-LTE 理论峰值速率见表 6-5。

表 6-5　　　　　　　　　　　　TD-LTE 理论峰值速率表

DL：UL	64QAM		
	1：3	2：2	3：1
2×2 DL	52.7632Mbit/s	82.9136Mbit/s	113.06Mbit/s
1×2 DL	45.2256Mbit/s	30.1504Mbit/s	15.0752Mbit/s

4. 影响 TD-LTE 容量性能的主要因素

影响 TD-LTE 容量性能的主要因素有以下几个：

① 单扇区频点的带宽；

② 时隙配置方式；

③ 频率使用方式；

④ 天线技术；

⑤ 资源调度算法；

⑥ 小区间干扰消除技术；

⑦ 网络结构和组网方式。

因此，TD-LTE 网络需要根据可用频率带宽、信道质量的实时检测反馈，动态调整用户数据的编码方式以及占用的资源，从系统上做到性能最优。

5. TD-LTE 容量评估指标

（1）最大同时调度用户数

TD-LTE 调度用户数主要受限于上、下行控制信道的可用资源数目。上行调度用户数主要受限于 PRACH（物理随机接入信道）、PUCCH（物理上行控制信道）、SRS（探测用参考信号），下行调度用户数主要受限于 PCFICH、PHICH 和 PDCCH 可用的 CCE 个数。此外，设备的硬件资源、处理能力也限制了单小区支持的激活用户数。综合各方面因素，在 20MHz 带宽下，不采用半持续性调度时，最大可支持的调度用户数为 70～80 个。

（2）小区平均吞吐量和小区边缘吞吐量

容量规划主要是考虑小区平均吞吐量，容量规划的建议值是在同频组网、实际用户占用 50%网络资源的条件下，单小区平均吞吐量达到 5Mbit/s（上行）/20Mbit/s（下行）；空载时，小区边缘用户可达到 250kbit/s（上行）/1Mbit/s（下行）；负载为 50%时，小区边缘用户可达 150kbit/s（上行）/500kbit/s（下行）。

（3）VoIP 用户数

VoIP 容量定义为：某用户在使用 VoIP 进行语音通信的过程中，若 98%的 VoIP 数据分组的 L2 时延在 50ms 以内，则认为该用户是满意的。如果小区内 95%的用户是满意的，则此时该小区中容纳的 VoIP 用户总数就是该小区的 VoIP 容量。

根据综合分析上下行信道，一般在 20MHz 带宽下，VoIP 最大用户容量约为 600 个。

（4）同时在线（激活）用户数

由于数据业务对时延相对不敏感，并且基于 IP 的数据业务在突发特性上并不是持续性地分布的，动态调度算法会保证用户需要数据传输时及时地为用户分配实际的空口资源。只要协议设计支持，并且达到了系统设备的能力，就可以保证尽可能多的用户同时在线。从设备能力的范畴，在 20MHz 带宽内，TD-LTE 单小区提供不低于 1200 个用户同时在线的能力。

6. 容量规划建议

在网络部署的初期，TD-LTE 系统致力于为用户提供高速的无线宽带数据业务，对于 VoIP，仅作设备能力的要求。在网络部署的中后期，在保证数据业务能力不断提高的基础上，以 VoIP 形式提供语音业务，并对其性能提出明确的优化要求。

6.2.6　站址规划

移动通信无线网络是一个完整的系统，基站站址选择的合理与否不仅关系到自身的效果，而且关系到全网的通信质量以及基站建成后的社会效益和经济效益。因此，在基站设置时应注意遵循以下原则。

（1）满足覆盖和容量要求

充分考虑基站的有效覆盖范围，使系统满足覆盖目标的要求，充分保证重要区域和用户密集区的覆盖，包括重要机关、高档宾馆、写字楼、机场和火车站等交通枢纽、企业办公楼、商业中心、居民小区等。在进行站点选择时应进行话务需求预测，将基站设置在真正有话务和数据业务需求的地区。根据用户密度分布数据及对覆盖区的要求，选择适当的基站站型、站间距离和天线类型，合理配置基站载频数量；充分考虑 TD-LTE 网络和 2G/3G 网络的现状和远期规划，以利于 2G/3G/TD-LTE 网络间的协调和发展。

（2）满足网络结构要求

基站站址在目标覆盖区内应尽可能平均分布，尽量符合蜂窝网络结构的要求，在具体落实的时候注意以下几个方面。

① 站点偏离规划点距离不超过 1/4 站距，市区不超过 1/8 站距。

② 在不影响基站布局的情况下，视具体情况尽量选择已有站址，以减少建设成本和周期。

③ 在市区选址时，可巧妙利用建筑物的高度，实现网络层次结构的划分。

④ 市区边缘或郊区及海拔很高的山峰一般不考虑作为站址，一是便于控制覆盖范围和干扰，二是为了减少工程建设和后期维护的难度。

⑤ 避免将小区边缘设置在用户密集区，良好的覆盖是有且仅有一个主力覆盖小区。

（3）避免周围环境对网络质量产生影响

天线高度在覆盖范围内基本保持一致、不宜过高，并应高于周围平均建筑物 5～8m，且要求天线主瓣方向无明显阻挡，同时在选择站址时还应注意以下几个方面。

① 新建基站应建在交通便利、市电可用、环境安全的地方，避免在大功率无线电发射台、雷达站或其他干扰源附近建站。

② 新建基站应设在远离茂密树林的地方以减少信号的快衰落。

③ 在高层玻璃幕墙建筑的环境中选址时要注意信号反射及衍射的影响。

④ 按相关标准远离加油站、高压电线、水域、机场等。

（4）建站时需考虑站点工程实施的便利情况

主要注意以下几个方面。

① 尽量共址，从机房空间、承重、天面空间、电源、传输、配套、异系统间隔离距离等几个方面考虑共址可行性。

② 市电引入方便。

③ 施工进场便利。

④ 基站维护方便。

⑤ 与市政规划相符。

⑥ 无明显居民纠纷。

在站址选择存在困难的情况下，可以根据周边的电波传播环境灵活地、有所创新地选择合适的站址、站型。

6.3　无线网络详细规划

6.3.1　频率规划

协议规定 TD-LTE 系统可支持多种载波带宽的灵活配置。理论上，带宽越大，基于 OFDM 的多用户频选调度性能越好。为了能够提高上下行分组数据速率、承载更多的业务、减少时延，在频谱资源允许的情况下，建议采用大带宽进行组网部署，这样更能体现系统的性能。

TD-LTE 采用 OFDM 技术，若采用同频组网方案，则系统中的干扰主要来源于小区间干扰；若采用异频组网方案，已有的无线频谱带宽将难以支持大带宽的连续组网部署。

1. TD-LTE 使用的频谱

3GPP 协议规定，LTE 频率划分为 FDD 频段和 TDD 频段。其中，FDD 频段包括 Band1～Band21，TDD 频段包括 Band33～Band41。TDD 频段分布见表 6-6。

表 6-6　　　　　　　　　　　　　　LTE TDD 频率规划情况

E-UTRA 工作频段	上行	下行
	$F_{UL\_low} \sim F_{UL\_high}$	$F_{DL\_low} \sim F_{DL\_high}$
33	1900～1920MHz	
34	2010～2025MHz	
35	1850～1910MHz	
36	1930～1990MHz	
37	1910～1930MHz	
38	2570～2620MHz	

E-UTRA 工作频段	上行	下行
	$F_{UL\_low} \sim F_{UL\_high}$	$F_{DL\_low} \sim F_{DL\_high}$
39	1880～1920MHz	
40	2300～2400MHz	
41	2496～2690MHz	

2. 频率组网方案

假定系统可用带宽为 40MHz。依据大带宽组网部署的建议，频率配置可考虑采用多种配置方案。各种频率组网方案优缺点见表 6-7。

表 6-7　　　　　　　　　　频率组网方案性能对比

频率组网方案	优点	缺点
同频组网 （载波带宽 20MHz）	频谱利用率高	小区边缘用户速率低
1×2 异频组网 （载波带宽 20MHz）	每个小区周围的 6 个小区中，有 4 个为异频点，同频干扰有所减小	每个小区周围的 6 个小区中，仍有 2 个为同频点，与这两个小区的边界区域同频干扰仍难以避免
1×3 异频组网 （载波带宽 10MHz）	每个小区周围的 6 个小区都为异频点，同频干扰减小	仅使用了 30MHz 带宽，尚有 10MHz 频谱资源没有充分利用（后期可用于局部热点小区的第二载波扩容）。每个小区的工作带宽只有 10MHz，小区吞吐率与单用户接入能力与 20MHz 带宽时有明显降低
1×4 异频组网 （载波带宽 10MHz）	每个小区周围的 6 个小区都为异频点，同频干扰减小	每个小区的工作带宽只有 10MHz，小区吞吐率与单用户接入能力与 20MHz 带宽时相比有明显降低。与 1×3 异频组网方式相比，同频干扰降低程度并不明显

综合表 6-7 对多种频率组网方式特点的分析，在工程应用中，同频组网与 1×3 异频组网是优先考虑且最常用的方式。

3. 同频干扰抑制

（1）同频干扰对 TD-LTE 业务信道性能的影响

在网络规划中，业务信道指标主要关注小区总承载速率、边缘用户速率。

TD-LTE 峰值速率表征了在理想条件下系统所能达到的最大用户数据速率，计算如下：

峰值速率=有效子载波速率×比特数/符号×MIMO 流数×数据符号块/子帧×每秒的子帧个数

在上下行时隙按 2：2 分配、不采用 MIMO 的情况下，不考虑各种公共信道开销，采用 20MHz 载波带宽时，TD-LTE 系统下行理论峰值速率见表 6-8。

表 6-8　　　　　　　　　TD-LTE 系统下行理论峰值速率

有效子载波个数	最高阶调制 （bit/Symbol）	数据符号块/子帧	每秒的子帧数	峰值速率 （Mbit/s）
1200	6	14	400	40.32

实际上，由于信号强度、底噪、干扰以及控制信道开销、编码效率的影响，TD-LTE 系统不可能工作在理论峰值速率下。3GPP 根据不同的无线环境质量，制定了 29 种编码调

制方案（MCS0～MCS28）。以下行为例，TD-LTE 系统的调制方式对信号质量变化非常敏感，信噪比（SINR）低于 22dB 时，信号质量每下降 1dB 左右，调制编码方式即下降 1 个档级，致使承载速率同时下降。

① 无线传输环境优良（$SINR>22.2dB$）时，TD-LTE 小区的下行总承载速率可达到峰值速率（30Mbit/s）。

② 无线传输环境恶劣（$SINR<-3.4dB$）时，TD-LTE 小区的下行总承载速率仅为 1.1Mbit/s。

不同的无线传播环境下系统性能相差可达近 30 倍，为发挥 TD-LTE 系统的性能，在进行无线网络规划时须确保信噪比合适。下面分析同、异频组网方式对小区内不同位置终端业务信道的影响程度。

TD-LTE 系统带宽为 20MHz、接收机噪声系数 N_f 为 9dB 时，TD-LTE 系统的底噪为：

$$-174dBm/Hz+10\log（20\times106）+N_f= -174+73+9= -92dBm$$

假定小区覆盖半径为 400m、小区边缘接收信号电平为−85dBm，在主瓣方向上距基站不同距离时，TD-LTE 小区的下行承载能力见表 6-9。

表 6-9　　　　　　　　　同频、异频组网方式下小区业务信道承载能力

距离 （m）	接收信号电平 （dBm）	异频组网		同频组网			
		SINR （dB）	承载速率 （Mbit/s）	邻小区干扰 （dBm）	总干扰 （dBm）	SINR（dB）	承载速率 （Mbit/s）
40	−50	42.0	30.2	−97.7	−91.0	41.0	30.2
80	−60.5	31.5	30.2	−96.5	−90.7	30.2	30.2
120	−66.7	25.3	30.2	−95.3	−90.3	23.6	30.2
160	−71.1	20.9	22.9	−94.0	−89.9	18.8	20.4
200	−74.5	17.5	18.8	−92.5	−89.2	14.8	14.7
240	−77.2	14.8	14.7	−90.9	−88.4	11.2	12.2
280	−79.6	12.4	12.2	−89.1	−87.3	7.8	7.9
320	−81.6	10.4	10.2	−87.1	−85.9	4.3	5.6
360	−83.4	8.6	9.2	−84.8	−84.0	0.6	2.9
400	−85	7.0	7.0	−82.0	−81.6	−3.4	1.4

与异频组网相比，不同情况下同频组网方式的小区业务信道承载能力叙述如下。

① 终端处于近点区域（距基站 120m 内）时，信噪比仅下降 1～2dB。但此时无论采用何种频率组网方式，小区下行承载能力都能达到最高值（30Mbit/s）左右，承载能力无损失。

② 终端处于中点区域（距基站 160～240m）时，信噪比下降 2～4dB。小区下行承载能力由 14～23Mbit/s 降至 12～20Mbit/s，承载能力损失 10%～20%。

③ 终端处于远点区域（距基站 280～360m）时，信噪比下降 5～8dB。下行承载能力由 10Mbit/s 左右下降至 3～8Mbit/s，承载能力损失 30%～70%。

④ 终端处于小区边缘区域（距基站 400m）时，信噪比下降 10dB。下行承载能力由

7Mbit/s 下降至仅 1.4Mbit/s，承载能力损失 80%以上。

假定终端在小区内均匀分布、各终端采用轮询调度算法时，采用异频组网时小区下行平均吞吐量约为 17.2Mbit/s，而采用同频组网时则为 13.8Mbit/s，小区平均下行吞吐量损失 20%左右。

（2）同频干扰抑制技术

业务信道同频组网干扰抑制技术有功率控制技术、调度、ICIC 技术等。通过功率控制，可减少干扰 RB 的发射功率，从而降低小区间的干扰；采用调度技术，可以尽量优先采用干扰低的 RB 资源，避免采用干扰高的 RB 资源，从而尽量避免小区间的干扰；ICIC 则以小区间协调的方式对各小区中无线资源的使用进行限制，从而抑制小区间干扰。

6.3.2　时隙规划

由于 TD-LTE 与 TD-SCDMA 均为 TDD 系统，当这两个系统间或同一系统内不同小区间上下行时隙未加协调而造成部分或全部重叠时，就会造成终端与终端之间的交叉时隙干扰。因此在网络规划时需要考虑 TD-LTE 系统内以及 TD-LTE 与 TD-SCDMA 系统间的时隙干扰，采取合理方式进行规划。

1.　系统内交叉时隙干扰

同一区域内 TD-LTE 基站同频组网而采用不同的时隙配置，由于时隙切换点不同，某个基站的发射信号被当作邻基站的接收信号，产生严重干扰，如图 6-3 所示。干扰强度取决于基站设备指标及其空间隔离度。

系统内交叉时隙干扰规避措施如下。

① 对于隔离良好的室内场景，可以根据业务需求配置不同的时隙比。

② 对于同一个基站下的所有小区，上、下行时隙配置应该一样。

③ 对于同频组网的室外场景，同一区域内成片配置统一的时隙比。

2.　系统间交叉时隙干扰

TD-LTE 和 TD-SCDMA 都是 TDD 系统，工作于邻频时，存在系统间交叉时隙干扰，无法在同一区域共存，需要配置调整使 TD-LTE 和 TD-SCDMA 间上下行信号实现同步，采取措施如下：

① TD-LTE 和 TD-SCDMA 时间同步，即两系统同时发送和同时接收；

② TD-LTE 和 TD-SCDMA 系统上、下时隙切换点对齐；

③ 在满足上述两个条件的前提下，除非特殊场景需求，确保传输效率最大。

对于 TD-LTE 和 TD-SCDMA 共存时的时隙配比，建议 TD-LTE 系统优先采用 2DL：2UL，其次选取 3DL：1UL 或 1DL：3UL。

6.3.3　干扰规划

6.3.3.1　系统内干扰

同频组网是 TD-LTE 系统大规模组网的挑战。小区间的同频干扰将导致系统的载干比（C/I）性能恶化。具体将影响业务面的系统吞吐量和边缘用户的吞吐量；影响控制面的公共信道解调、用户规模、用户 QoS 以及系统时延。因此需要采取干扰协调、干扰随机化、干扰抑制、功率控制及波束赋形等措施解决系统内的同频干扰问题。

6.3.3.2　系统间干扰

1．干扰的分类

（1）杂散干扰

杂散干扰是一个系统的发射频段外的杂散发射落入另外一个系统接收频段内造成的干扰，其发射电平可以降低而不致影响相应信息的传递；杂散发射包含谐波发射、寄生发射、互调产物及变频产物，但不包含带外发射。干扰基站在被干扰基站接收频段内产生杂散辐射，并且干扰基站的发送滤波器没有提供足够的带外衰减，会引起接收机噪声基底的增加而导致接收机灵敏度下降。

（2）互调干扰

互调干扰是指由于系统的非线性导致多载频合成产生的互调产物落到相邻系统的上行频段，使接收机信噪比下降的干扰情况。

（3）阻塞干扰

阻塞干扰是指当较强功率加于接收机端时，可能导致接收机过载，使其增益下降的干扰情况。为防止接收机过载，从干扰基站接收的总载波功率电平需要低于它的 1dB 压缩点。

2．系统间干扰隔离计算

（1）杂散隔离度计算分析

通常认为被干扰系统内部的热噪声在 6.9dB 以下时（此时被干扰系统的灵敏度恶化不到 0.8dB），干扰基站落入被干扰系统的干扰可以忽略不计。这样对应杂散所需的隔离度为：

$$\text{MCL} \geqslant P_{\text{spu}} - 10\log\left(W_{\text{Interfering}}/W_{\text{Affected}}\right) - P_n - N_f + 6.9$$

其中，MCL 为隔离度要求；P_{spu} 为干扰基站的杂散辐射电平，单位为 dBm；$W_{\text{Interfering}}$ 为干扰电平的测量带宽，单位为 kHz；W_{Affected} 为被干扰系统的信道带宽，单位为 kHz；$P_{\text{spu}} - 10\log\left(W_{\text{Interfering}}/W_{\text{Affected}}\right)$ 为干扰基站在被干扰系统信道带宽内的杂散辐射电平；P_n 为被干扰系统的接收带内热噪声，单位为 dBm；N_f 为接收机的噪声系数，基站的接收机噪声系数一般不会超过 5dB。

（2）互调隔离度计算

计算公式为：

$$\text{MCL} = \text{MAX}\left(P_1, P_2, P_3\right) + \text{合路器互调} - P_n - N_f + 6.9$$

其中，MCL 为隔离度要求；P_n 为被干扰系统的接收带内热噪声，单位为 dBm；N_f 为接收机的噪声系数，基站的接收机噪声系数一般不会超过 5dB；P_1 为干扰系统 1 的信号电平（dBm）；P_2 为干扰系统 2 的信号电平（dBm）；P_3 为干扰系统 3 的信号电平（dBm）；合路器的互调指标，这里取 -140dBc。这里计算的互调要求的隔离度是按最大的干扰信号进行计算的，实际上的互调信号电平都不大于这个值。

（3）阻塞隔离度计算

在多系统设计时，只要保证到达接收机输入端的强干扰信号功率不超过系统指标要求的阻塞电平，系统就可以正常工作。

假设接收机的阻塞电平指标为 P_b，干扰发射机的输出功率为 P_o，只要满足：

$$P_b \geq 接收的干扰电平 = P_o - MCL$$

这时，强干扰信号就不会阻塞接收机，这种情况下需要的系统间隔离度为：

$$MCL \geq P_o - P_b$$

3．系统间干扰隔离措施

（1）工程措施

一方面发射和接收天线保证足够的空间隔离，两者必须在距离上保持足够远；合理利用地形地物阻挡或使用隔离板；另外还可以通过调整干扰基站天线的倾角或水平方向角，以减少对被干扰系统的干扰，满足隔离要求。

（2）调整设备

除了采用工程措施外，还可以通过降低干扰基站的发射功率（会降低覆盖）、在干扰基站发射口增加外部带通滤波器（会增加额外的插损和故障点，同时增加成本）、在被干扰基站的接收端增加带通滤波器（会增加接收机的噪声系数，降低灵敏度）等手段实现各系统间的良好隔离。

（3）修改频率规划

修改频率规划是为了在干扰系统的下行频率和被干扰系统的上行频率之间保留足够的保护带。

6.3.4　邻区规划

邻区规划是网络规划的基本内容，邻区规划质量的高低将直接影响切换性能和掉话率。在 TD-LTE 系统中，邻区规划原理与 3G 网络基本一致，需要综合考虑各小区的覆盖范围及站间距、方位角等；同时需要关注 TD-LTE 与 2G、3G 等异系统间的邻区规划。

1．邻区配置原则

在进行邻区关系配置时，应尽量遵循以下原则。

① 一方面要考虑空间位置上的相邻关系；另一方面也要考虑位置上不相邻但在无线意义上的相邻关系，地理位置上直接相邻的小区一般要作为邻区。

② 邻区一般要求互为邻区，即 A 扇区把 B 扇区作为邻区，B 扇区也要把 A 扇区作为邻区；但在一些特殊场合，可能要求配置单向邻区。

③ 对于密集城区和普通城区，由于站间距比较近，应该多做邻区。目前同频、异频和异系统的邻区最大配置数量有限，因此在配置邻区时，需注意邻区的个数，把确实存在邻区关系的配进来，不相干的一定要去掉，以避免占用邻区名额。实际网络中，既要配置必要的邻区，又要避免邻区过多。

④ 对于市郊和郊区的基站，虽然站间距很大，但一定要把位置上相邻的作为邻区，保证及时切换，避免掉话。

2．异系统邻区规划

在 TD-LTE 网络大规模投入使用后，一方面，TD-LTE 网络可以承担大部分的 2G/3G 业务（尤其是数据业务方面），大大减轻 2G/3G 网络的负荷；另一方面，TD-LTE 网络也增加了网络系统的复杂度，特别是在 LTE 与 2G/3G 切换方面，需要对 TD-LTE 与现网的 2G/3G

小区进行合理的邻区配置，以降低小区间由于切换而导致的掉话率，提高网络服务质量。

根据已有的 TD-LTE、2G 和 3G 小区信息，规划 TD-LTE/2G/3G 邻区。在规划中主要考虑的因素是站点的地理位置和网络拓扑结构。

对于室外小区，TD-LTE 与 2G/3G 邻区规划原则如下。

① TD-LTE 连续覆盖区内部，与 2G/3G 网室外小区互配同覆盖及第一层相邻小区为异系统邻区。

② TD-LTE 连续覆盖区边缘，与 2G/3G 网室外小区互配同覆盖、第一层及第二层相邻小区为异系统邻区。

对于 TD-LTE/2G/3G 共室内站点，室内站之间互配邻区，与室外站之间配置第一层异系统邻区。

6.3.5　PCI 规划

在 LTE 系统中共有 504 个物理层小区 ID（PCI，Physical Cell Identity），这些物理层小区 ID 被分成 168 个小区 ID 组，每组包含 3 个不同的 ID，每个 PCI 属于并且只属于其中的一个小区 ID 组。一个 PCI 由下式唯一表示：

$$N_{ID}^{cell} = 3N_{ID}^{(1)} + N_{ID}^{(2)}$$

其中，$N_{ID}^{(1)}$ 表示小区 ID 组，范围为 0～167；$N_{ID}^{(2)} \sqrt{b^2 - 4ac}$ 表示在这个小区 ID 组内的物理层 ID，范围是 0～2。N_{ID}^{cell}、$N_{ID}^{(2)}$、$N_{ID}^{(1)}$ 分别决定了小区识别参考信号、第一同步信号、第二同步信号伪随机序列的生成。

网络中的小区数通常都远多于 504 个，因此 PCI 需要进行复用。在规划时，需要保证使用相同 PCI 的小区之间的距离足够大，使得接收信号在另外一个使用同一个 PCI 的小区覆盖范围内低于门限电平。

确定可使用同一 PCI 的 eNode B 之间的最小距离是码规划的一个基本问题。具体复用距离由基站频率、发射功率、覆盖区地形地貌等决定，实际规划时，可根据 CW 测试得到的传播模型算出各典型地形条件下的 PCI 复用距离。在满足 PCI 复用距离的前提下，同一 PCI 可以在不同的基站间进行复用。通常把复用距离内使用不同 PCI 的一组 eNode B 称为一个簇，PCI 以簇的方式进行复用。

保证采用同一 PCI 小区的复用距离有时并非绝对不可改变，比如对于采用三扇区基站覆盖方式进行覆盖时，由于扇区覆盖的方向性，在 PCI 复用距离内的两扇区可能在覆盖上并没有交叠的范围，因此也可以复用一个 PCI。此外，被山体、大楼等隔离的两个基站也可以突破复用距离的限制使用相同的 PCI。

在进行 PCI 码分配时要遵循以下原则。

① 频率规划和码规划需要相互结合。

② PCI 复用距离内的小区不要同频同 PCI。

③ 在不同省（市）的边界，需要对 PCI 规划进行协调，以避免 PCI 冲突。

④ 规划软件一般具有 PCI 和邻区分配的功能，可借助规划软件，结合现网情况，设置 PCI 和邻区列表。

在实际操作时，一般将 504 个 PCI 分为若干个 PCI 集，分别应对各基站的第一扇区、第二扇区、第三扇区、室内覆盖、边界协调，并保留一部分备用。如果网络采用异频组网，那么需要先进行频率规划，根据频率规划的结果在同频的小区中进行 PCI 规划。

6.3.6　TA 规划

在 LTE 系统中，跟踪区（TA，Tracking Area）是 UE 漫游的最小颗粒度。一个 TA 可以包含若干个小区，属于一个 eNode B 的几个小区可以分属不同的 TA，但一个小区只能属于一个 TA。

UE 在漫游时有两种可能，一种是终端处于激活状态，这时小区与 UE 之间保持着信令连接，系统可以实时响应 UE 的需求进行资源调配，此时系统精确掌握着 UE 的位置。但在系统中大多数 UE 是处于空闲状态的，UE 与系统之间不保持信令连接，但系统仍然需要了解 UE 的大概位置，以进行信息推送和对 UE 发起呼叫等。根据 2G/3G 的经验来看，移动终端的位置更新信令消耗了 SGSN/MSC 的大部分处理能力，LTE 系统为了减少这些位置更新信令，进一步降低网络设备不必要的负荷，采用了与 2G/3G 系统不同的位置更新方法。当 UE 开机并在 LTE 系统中注册后，系统会给 UE 分配一个 TA List，而不是像 2G 和 3G 系统那样只给用户分配一个路由区识别码（RAI，Route Area Identity）。一个 TA List 中包含多个跟踪区识别码（TAI，Tracking Area Identity），只要 UE 当前所在 TA 的 TAI 还处在这个 TAI List 中，UE 就不必执行跟踪区更新（TAU，Tracking Area Update），这样就达到了减少 TAU 的目的。但是，LTE 系统中对 UE 的寻呼过程也是在 TA List 范围内的多个 TA 中进行的，增加了对寻呼信道的占用。LTE 规定 TA 之间不可重叠，但是 TA List 之间可以重叠。

根据网络覆盖区的实际情况，TA 和 TA List 划分的合理与否对于系统信令负荷具有很大的影响。但是由于允许同一个 eNode B 的不同小区分属不同的 TA，而同一个 TA 可以分属若干个 TA List，多个 TA List 之间可以相互重叠，因此在 TD-LTE 网络中 TA 划分的自由度很高，难度相比 TD-SCDMA 中的 RA 和 LA 的划分要低很多。

在进行 TA 和 TA List 划分时需要遵循以下基本原则。

① 同一个 TA 中的小区应连续，同一个 TA List 中的 TA 要连续。

② TA 和 TA List 的规模要适宜，不宜过大也不宜过小。过大的 TA List 会造成寻呼过载，导致寻呼成功率下降；而过小的 TA List 又会造成 TA 更新频率过高，加重 MME 的负荷。建网初期，因话务量较小，可以把 TA List 设置得大一些，随着网络扩容和调整，再根据网络的实际情况对 TA 规划进行调整。

③ 在进行 TA List 的划分时，应尽量降低 TA 更新的频率，充分利用地理边界进行 TA List 的划分。TA 和 TA List 的边界区域尽量不要选择话务量高、人流量大的地方。

④ 如果在划分 TA List 的边界时不能避开高人流量或高话务量的区域，相邻的 TA List 宜在高话务量或者高人流量的 TA 进行重叠。

6.4　规划仿真

仿真（Simulation）是使用项目模型将特定于某一具体层次的不确定性转化为它们对目

标的影响评估，该影响是在项目整体层次上表示的。项目仿真利用计算机模型和某一具体层次的风险估计，一般采用蒙特卡罗法进行。

在网络规划中，利用无线网络仿真软件对网络性能进行模拟，根据预测得到的用户和业务量情况，以及获得的有关设备性能、业务量及需求等信息，模拟实际网络建成的情况，发现问题，同时起到指导网络规划及建设的作用。

6.4.1　无线仿真流程

无线网络仿真是通过无线网络规划模拟软件进行的，不同仿真软件在功能和实现上有所区别，但基本上都具有最基本和一般化的仿真步骤。

1. LTE 网络仿真步骤

仿真操作中，建立一个 LTE 网络工程并进行网络规划、仿真、生成报告的步骤如下。

① 新建一个工程；

② 导入三维地图；

③ 选择投影方式；

④ 选择、校正传播模型；

⑤ 导入网络数据（Site、Antennas、Transmitters、Cells）；

⑥ 参数设置（MIMO 设置、LTE Parameters 设置、标准差与穿透损耗设置、传播损耗预算）；

⑦ 邻区规划；

⑧ 频率规划；

⑨ 建立话务地图；

⑩ 蒙特卡罗仿真；

⑪ 生成报告。

2. 仿真流程

由于技术特点，LTE 涉及高速数据业务、频率规划等，仿真流程如图 6-3 所示。

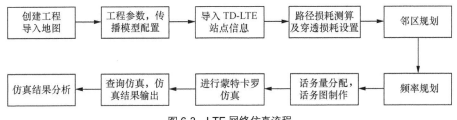

图 6-3　LTE 网络仿真流程

6.4.2　仿真相关参数及设置

1. 三维地图

三维地图包括一个地区的海拔、区域属性、地物高度等信息，这对仿真的效果和准确性至关重要。根据不同区域和不同仿真精度的要求，一般采用 20～50m 精度的仿真地图，对于精度要求特别高的区域，甚至会采用 5m 精度地图。在时效性要求上，国内大城市发展迅速，城市建筑变化快，一般来说须尽可能采用近期的三维地图。若时间久远，则许多区域的地物属性会与实际情况大相径庭。建议至少每两年对地图进行一次更新。

在网络仿真时，要进行三维数字地图的坐标体系设置。首先需要知道由于地球为椭球体，需采用与地球表面相贴合的椭球体进行坐标体系设置，典型的有 WGS-84 椭球体，在局部区域可采用不用的椭球体贴合局部区域地球表面，我国西安 80 坐标系采用的椭球体就是实测的适合中国的椭球体。

根据不同椭球体，可以进行坐标体系设置，我国有北京 54 和西安 80 两大坐标系。国际上有 WGS-84 等坐标系，GPS 卫星采用的即为 WGS-84 坐标系。

由于通常使用的地图都是二维平面地图，椭球体坐标系的三维地图转变为二维，需要进行投影。在投影方式上，常见的有高斯—克吕格投影。在我国，1∶10 000 至 1∶500 000 地形图全部采用高斯—克吕格投影，1∶25 000 至 1∶500 000 的地形图采用 6 度分带方案，全球有 60 个投影带；1∶10 000 比例尺采用 3 度分带方案，全球有 120 个投影带。常见的投影方式还有 UTM 投影，UTM 投影需注意将比例因子设为 0.9996。

使用三维地图时必须根据地图信息正确设置坐标系、地图投影等参数，这样才能保证位置的正确性。

2. 网络信息

网络信息包括一些重要的工程参数信息，是网络仿真的基础，重要数据包括经纬度、天线方向角等。示例见表 6-10。

表 6-10　　　　　　　　　　无线仿真需要收集的网络信息

Cell ID	小区 ID（字符）	小区名称	基站名称	基站经度	基站纬度	方位角	机械下倾角	天线挂高（m）
1	574A	横塘 A	横塘	120.576°	31.2722°	0	8°	47.3
2	574B	横塘 B	横塘	120.576°	31.2722°	120°	9°	47.3
3	574C	横塘 C	横塘	120.576°	31.2722°	240°	11°	47.3

基站的工程参数信息是网络仿真的重要输入项，是后续仿真进行的基础，这些参数极大地影响了最终的仿真结果，输入时要特别注意其准确性。

3. 传播模型设置

传播模型是在某种特定环境或传播路径下颠簸的传播损耗情况，其主要研究对象是传播路径上障碍物阴影效应带来的慢衰落。传播模型是网络规划的基础数据，关系到小区规划的合理性，在仿真进行之前需通过 CW 测试或路测数据对仿真模型进行校正，确定模型的各个参数值。在校正中可以采用不断地迭代处理，得到预测值与路测数据差异最小的校正后参数。

标准差和穿透损耗设置是对传播模型设置的重要补充。标准差主要考虑针对快衰落进行功率预留及覆盖补偿，满足大部分用户的需求。穿透损耗设置主要模拟 70% 的室内用户人群，除了传播损耗，还存在信号由室外到室内的穿透损耗。对于穿透损耗的设置既有一般的经验值可供参考也可以进行实地的现场测试。不同类型的建筑具有不同的穿透损耗值，一般来说，大型建筑损耗大，中小型建筑损耗小。

考虑实际进行模型校正所用的 CW 测试或者一般路测数据都是在封闭的车内测得的，相对于室外信号已有一定的衰减。在测试场景选择中，部分损耗极大的大型建筑，未来必然或已经建设室内分布系统。综合考虑这些因素，在 LTE 网络的仿真中，可以考虑采用 20dB 作为信号的室内穿透损耗。

在穿透损耗的参数设置中，对不同场景和密度的建筑设置不同的合理值，可增加仿真的准确性。

4. 业务及参数设置

LTE 的业务类型主要包括话音业务、视频电话、移动电视和网上冲浪。仿真过程中，还需要设置用户行为、终端、用户分布环境等参数，通过设置这些参数可以得到无线规划区域内的无线网络用户及业务分布情况，模拟无线网络承载的负荷，着重考虑网络建设三大问题：覆盖、容量以及干扰中的容量问题。

用户数量、分布等数据需要专业的预测获得，可以本地区人口数或现有 2G/3G 网络用户数及业务量等为参考和基础数据，预测 LTE 网络的容量负荷。

根据预测和相关参数可以生成仿真所需的话务地图，常见话务地图的建立方法有以下几类。

（1）基于话务密度

① 注册用户数；

② Erlang；

③ 吞吐量；

④ 激活信道。

（2）基于话务量

① 注册用户数；

② Erlang；

③ 吞吐量；

④ 激活信道。

生成的话务地图可用于后续的仿真参数输入。

还有一些仿真相关参数需要进行设置，例如 LTE 的特色技术 MIMO 也需要对其使用模式进行设置，这些参数的设置对仿真结果及网络规划均有重大影响。

5. 邻区规划

邻区规划可以模拟用户在运动状态下的切换问题，对于动态仿真具有重要意义。

邻区规划数据量较大，纯人工准备相关数据难度大，需要辅助工具。常见仿真软件均已提供自动邻区规划辅助工具，可自动生成相关邻区。可以基本满足仿真阶段的要求；而对于优化阶段，该数据还需进行人为检查和修正。

6. 频率规划

在进行频率规划时，可以直接输入已规划好的结果。如果之前没有规划，也可以利用仿真软件自带的自动频率规划来进行。频率规划影响无线网络规划中的干扰和容量问题，需重点把握。

需要充分考虑频率分组和频率复用方式，在干扰和容量之间寻找平衡点。由于 LTE 技术使用 20MHz 带宽，频点少，规划相对简单，与 2G/3G 相比，频点数量及频点规划复杂度已极大地降低。

6.4.3 仿真运行

当以上参数和相关操作都完成以后，就可以进行蒙特卡罗仿真了，蒙特卡罗方法又称计算机随机模拟方法，是一种基于"随机数"的计算方法，以事件发生的频率来决定事件发生的概率。

仿真分为静态仿真和动态仿真。在静态仿真中，系统是静止的，在系统的某一特定时刻进行仿真，较适宜仿真无线网络的覆盖及容量，适用于一般的网络规划。动态仿真则是对系统连续的一段时间进行模拟仿真，适用于一些变化持续进行的状态仿真，例如切换算法、切换成功率等。动态仿真算法复杂度较高。

设置仿真次数、仿真精度、话务图和仿真区域等参数后即可进行仿真计算，仿真计算结果依赖于之前步骤中仿真相关参数的设置，待仿真计算完成后即可得到仿真结果。

仿真受各种参数影响较大，在分析仿真结果之后常需要对相应规划或参数设置进行修改，反复进行仿真操作。

6.4.4 仿真结果分析

1. 仿真统计报表查看

在仿真输出中可以得到各项仿真数据和单项统计报表，例如手机发射功率、小区吞吐量、小区负载等。

对于整网的栅格分析，一般重点关注的有覆盖电平、信号干扰和数据业务速率。在 LTE 的规划仿真中，要关注峰值速率的仿真情况，对于高数据业务需求区域，须尽可能满足用户高速率业务的需求。

不同业务对信号强度的需求有所区别，需分别考虑各业务的有效覆盖范围，满足不同区域的不同业务需求。

借此可以对无线规划网络的各项性能进行分析，发现规划中存在的问题，指导规划工作的进行。

2. 生成仿真覆盖图

对于仿真覆盖图层也可以进行可视化的显示。

对于定义的栅格图层，可以设置显示区间范围以及显示颜色。

可视化的图层可较为直观地表现网络覆盖状况，例如信号强度、话音业务覆盖范围；可直观显示网络的有效覆盖区域，指导无线网络规划的修改和调整。

6.5 无线网络规划实务

6.5.1 规划概述

某大学城占地面积约为 18km^2，现总人口约为 35 万人，是国家一流的大学园区，是高级人才培养、科学研究和交流的中心，是产、学、研一体化发展的城市新区。

该大学城建筑物普遍不高，大多在 3～6 层之间，只有少数地铁沿线商业区建筑较高；整个大学城总体建筑密度不高，绿化带等开阔地较多。部分区域可能在规划期内有新的高层建筑，如南北商业区的在建楼宇以及可能新建的空地，规划选点时需要特别注意此区域。

该大学城移动用户大多为学生、教师等高素质、高学历人员，他们对数据业务需求较多，数据业务使用时间长，流量高，且对新事物的接受能力强，因此对 LTE 的相关业务使用需求较为旺盛。

本次 LTE 网络规划仅考虑室外覆盖，不作室内深度覆盖要求。

6.5.2　无线网络建设目标

（1）覆盖指标

要求在室外覆盖区域内，TD-LTE 无线网络覆盖率应满足 $RSRP>-110\text{dBm}$ 的概率大于 90%。

（2）业务质量指标

在同频组网、实际用户占用 50%网络资源的条件下，业务质量达到如下指标要求。

① 无线接通率大于 95%；

② 掉线率小于 4%；

③ 系统内切换成功率大于 95%。

（3）承载速率指标

① 小区吞吐量：要求在同频网络、20MHz 条件下，单小区平均吞吐量达到 20Mbit/s（下行）/5Mbit/s（上行）。

② 边缘速率：要求在同频网络、20MHz 带宽、10 用户同时接入、邻小区空载条件下，小区边缘用户达到 1Mbit/s（下行）/250kbit/s（上行）；如邻小区负载达到 50%，小区边缘用户达到 500kbit/s（下行）/150kbit/s（上行）。

（4）容量目标

网络容量应满足未来 3 年用户发展需要。根据本期工程容量目标满足表 6-11 的需求。

表 6-11　　　　　　　　　　　　本期工程容量目标

年份	××年	××年	××年
LTE 用户数（万人）	1.04	2.24	3.48
其中：终端类用户（万人）	0.208	0.784	1.566
其中：数据卡用户（万人）	0.832	1.456	1.914
忙时数据流量（Mbit/s）	873.6	1612.8	2227.2

6.5.3　无线网络规划方案

6.5.3.1　覆盖规划

1．无线网络覆盖目标

本期工程 TD-LTE 无线网覆盖区域主要以南北商业区、教学区、生活区等区域为核心区域的成片连续覆盖为主。

本期工程各覆盖区域用户数据业务覆盖要求见表 6-12。

表 6-12 　　　　　　　　　　　　数据业务覆盖等级

区域类型	室外小区边缘用户数据业务覆盖要求（下行/上行）	室外覆盖率
商业区	1Mbit/s/250kbit/s	97%
宿舍区	1Mbit/s/250kbit/s	97%
教学区	1Mbit/s/250kbit/s	97%
大型场馆	500kbit/s/150kbit/s	95%
城中村	500kbit/s/150kbit/s	95%
开阔地	500kbit/s/150kbit/s	95%

2. 宏基站链路预算

（1）参数取值

链路预算是评估 TD-LTE 无线通信系统覆盖能力的主要方法。通过链路预算，可以估算出各种环境下的最大允许路径损耗，从而估算出目标区域需要的 TD-LTE 覆盖基站数。在进行链路预算分析时，需确定一系列关键参数，主要包括基本配置参数、收/发信机参数、附加损耗及传播模型等。

TD-LTE 系统前向链路预算详情见表 6-13。

表 6-13 　　　　　　　　　　　　2.6GHz 系统前向链路预算

		下行								
	参数	PBCH	PDCCH	PCFICH	PHICH	PDSCH				
系统参数	调制方式	QPSK	QPSK	QPSK	BPSK	QPSK	QPSK	QPSK	QPSK	16QAM
	码率					1/9	1/4	1/3	1/2	1/2
	占用资源	6RB	8CCE	16RE	12RE	10RB	10RB	10RB	10RB	10RB
	用户速率（kbit/s）					128	256	384	580	1160
发送侧	发射功率（dBm）	46	46	46	46	46	46	46	46	46
	天线增益（dBi）	15	15	15	15	15	15	15	15	15
	赋形增益（dB）	0	0	0	0	4	4	4	4	4
	馈线损耗（dB）	1	1	1	1	1	1	1	1	1
	ERIP（dB）	48	47	41	40	54	54	54	54	54
接收侧	天线增益（dBi）	0	0	0	0	0	0	0	0	0
	噪声系数（dB）	7	7	7	7	7	7	7	7	7
	接收噪声（dBm）	−114	−112	−120	−121	−111	−111	−111	−111	−111
	SNR 目标值（dB）	−11.3	−1.8	−2.1	−5.4	−4.7	−1	2.3	4.2	9.6
	接收机灵敏度（dBm）	−118.3	−106.8	−115.1	−119.4	−108.7	−105	−101.7	−99.8	−94.4
余量	阴影衰落（dB）	6.8	6.8	6.8	6.8	6.8	6.8	6.8	6.8	6.8
	快衰落（dB）	2	2	2	2	2	2	2	2	2

	参数			下行							
		PBCH	PDCCH	PCFICH	PHICH			PDSCH			
余量	干扰余量（dB）	2	5	5	3	4	4	5	7	8
	人体损耗（dB）	0	0	0	0	0	0	0	0	0
	穿透损耗（dB）	20	20	20	20	20	20	20	20	20
覆盖	路径损耗（dB）	135.5	120	122.3	127.6	129.9	126.2	121.9	118	111.6
	半径（m）	1344	504	583	815	943	746	569	444	296

采用 2×2 MIMO，LTE 下行 580kbit/s 业务（10RB）的路径损耗为 118dB，考虑 TD-LTE 的工作频率为 2600MHz，基站天线有效高度为 30m，移动台有效高度为 1.5m，通过校正的无线传播可知，建筑物密集区的下行覆盖半径为 440m。

（2）反向链路预算

反向链路预算结果见表 6-14。

表 6-14　　　　　　　　　　2.6GHz 系统反向链路预算表

项目	PUCCH				PUSCH
	format 1	format 2	format 2a	format 2b	10RB 250kbit/s
路径损耗	148.2	141.9	139.6	137.0	122
覆盖半径	3001	2014	1742	1478	572

采用 2.6GHz 系统进行室外覆盖时，LTE 上行 250kbit/s 业务的路径损耗为 122dB，上行覆盖半径为 570m。

（3）基站站距

本期工程考虑 2.6GHz 系统进行室外覆盖，根据链路预算表可以得到 TD-LTE 基站站距设置应达到以下原则。

① 建筑密集区：平均站间距为 450～600m，站址密度约为 5 个/km²。

② 开阔地：平均站间距可放宽至 600～750m，站址密度为 2～3 个/km²。

（4）站址数量估算

大学城占地面积 18km²，其中建筑覆盖区域与其他开阔区域（道路、绿化区域、景点等）各占 9km² 左右，由链路预算可计算得出，该大学城需要 63～72 个基站。

6.5.3.2　容量规划

（1）小区承载速率

各配置下 TD-LTE 系统的理论峰值速率见表 6-15。

表 6-15　　　　　　　　　　TD-LTE 系统的理论峰值速率

	64QAM		
DL：UL	1：3	2：2	3：1
2×2 DL	52.7632Mbit/s	82.9136Mbit/s	113.06Mbit/s
1×2 UL	45.2256Mbit/s	30.1504Mbit/s	15.0752Mbit/s

TD-LTE 试验网测试各配置下实际速率见表 6-16。

表 6-16   TD-LTE 实际速率

基站状态	时隙配置	上行总速率（Mbit/s）	下行总速率（Mbit/s）	上下同传速率（上行/下行，Mbit/s）
宏基站无扰（单站测试，周围基站不开启）	2∶2	16.5	52	12.3/40
	3∶1	7	75.1	6.1/56.7
宏基站加扰（周围基站加载70%）	2∶2	14.5	37.4	11.7/30.2
	3∶1	6.9	51.3	5.7/43

本期工程综合取定 TD-LTE 宏基站小区单载扇上下行数据容量为 5/20Mbit/s。

（2）容量规划结果

大学城现网无线网络使用情况见表 6-17。

表 6-17   现网话务量统计

	忙时数据平均速率（Mbit/s）	忙时话务量（Erl）
3G 网络	15	140
2G 网络	57	7400
总量	72	7540

现网忙时 2G 网络话务量约为 7400Erl，按照忙时话务量 0.03Erl 计算，2G 用户约为 25 万户。未来三年，TD-LTE 渗透率分别约为 4%、8%、12%，估算 TD-LTE 规划期内网络容量见表 6-18。

表 6-18   TD-LTE 用户容量规划结果

	XX 年	XX 年	XX 年
TD-LTE 用户数（个）	10 400	22 400	34 800
终端类占比	0.2	0.35	0.45
数据卡类占比	0.8	0.65	0.55
终端类数量（个）	2080	7840	15 660
数据卡类数量（个）	8320	14 560	19 140
激活比	20.00%	20.00%	20.00%
终端类单用户业务量（kbit/s）	100	100	100
数据卡类单用户业务量（kbit/s）	500	500	500
终端类忙时数据流量（Mbit/s）	41.6	156.8	313.2
数据卡类忙时数据流量（Mbit/s）	832	1456	1914
TD-LTE 忙时数据流量（Mbit/s）	873.6	1612.8	2227.2
LTE 单载频承载数据流量（Mbit/s）	20	20	20
LTE 网络目标利用率指标	50%	50%	50%
LTE 载扇数（个）	87.36	161.28	222.72

从容量规划结果来看，在 TD-LTE 载扇平均负荷为 50%的情况下，截至 201×年该区域需配置 223 个载扇，如采用 S111 配置，则需 75 个基站。

6.5.3.3　参数规划

（1）频率规划

本期 TD-LTE 工程工作频段为 2575～2635MHz。

（2）时隙配置

时隙转换点可以灵活配置是 TD-LTE 系统的一大特点，非对称时隙配置能够适应不同业务上下行流量的不对称性，提高频谱利用率，但如果基站间采用不同的时隙转换点，则会带来交叉时隙的干扰。因此，在网络规划时，需利用地理环境隔离、异频或关闭中间一层的干扰时隙等方式来避免交叉时隙干扰。

本期工程新建 D 频段的室外宏站和室内分布系统原则上全部采用 DL：UL 为 2：2 的时隙配置，特殊子帧采用 10：2：2 配置。但设备需要具备时隙调整的能力，便于进行不同时隙配置或交叉时隙干扰等验证项目。

（3）天线设置

主要采用支持 FAD 频段的 8 阵元双极化天线。

（4）站型配置

宏基站的配置原则为：TD-LTE 网络建设初期以 S111 为主，每载波 20MHz 带宽，单载波发射功率为 46dBm。

6.5.3.4　站址获取

基站设置时应注意遵循以下原则：

① 满足覆盖和容量要求；

② 满足网络结构要求；

③ 避免周围环境对网络质量产生影响；

④ 建站时需考虑站点工程实施的便利情况。

在站址选择存在困难的情况下，可以根据周边的电波传播环境，灵活地、有所创新地选择合适的站址、站型。

6.5.3.5　仿真

为满足大学城 TD-LTE 网络覆盖，由链路预算可知，该大学城需要 63～72 个基站进行覆盖。

从建网成本角度考虑，尽可能复用现有资源既可以节省投资，又可以加快建网速度，因此采用原 3G 的 49 个基站为规划基础。

2.6GHz 系统网络仿真的方案介绍如下。

（1）基础方案

基础方案首先采用原 3G 的 49 个基站为 TD-LTE 备选站址进行覆盖预测。仿真结果如下。

① 下行 RSRP 覆盖（室外）如图 6-4 所示，下行 RSRP 覆盖（室外）统计结果见表 6-19。

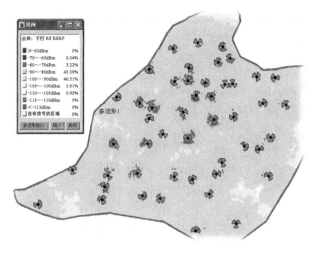

图 6-4　下行 RSRP 覆盖（室外）

表 6-19　　　　　　　　　　　　　　下行 **RSRP** 覆盖（室外）统计结果

下行 RSRP（dBm）	全区域 RSRP 统计百分比
$-70 \leqslant RSRP$	0.04%
$-80 \leqslant RSRP < -70$	3.22%
$-90 \leqslant RSRP < -80$	43.39%
$-100 \leqslant RSRP < -90$	46.51%
$-105 \leqslant RSRP < -100$	5.91%
$-110 \leqslant RSRP < -105$	0.93%
$-115 \leqslant RSRP < -110$	0
$RSRP < -115$	0

② 下行 SINR 覆盖（室外）如图 6-5 所示，下行 SINR 覆盖（室外）统计结果见表 6-20。

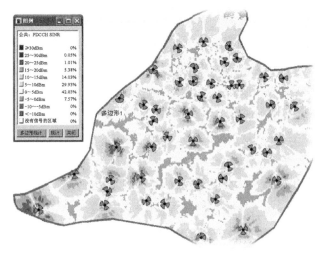

图 6-5　下行 SINR 覆盖（室外）

表 6-20　　　　　　　　　　　　下行 SINR 覆盖（室外）统计结果

下行 SINR（dB）	百分比
25≤SINR<30	0.05%
20≤SINR<25	1.01%
15≤SINR<20	5.38%
10≤SINR<15	14.03%
5≤SINR<10	29.93%
0≤SINR<5	42.03%
−5≤SINR<0	7.57%
−10≤SINR<−5	0

由仿真结果可知，下行 RSRP 大于−110dBm 的区域为 100%，下行 RSRP 大于−105dBm 的区域为 99.07%，室外覆盖情况良好，满足要求。

（2）弱覆盖区及解决方案

基础方案覆盖整体效果较差，尤其对于室内覆盖比较欠缺，有许多弱覆盖区域，如图 6-6 所示。

由图可知，考虑室内穿透损耗时，全区范围内下行 RSRP 大于−110dBm 的区域为 89.32%，下行 RSRP 大于−105dBm 的区域为 82.21%。无覆盖区域主要在大型建筑区，这些建筑穿透损耗在 18～20dB 之间。单独对这 3.7km² 重点建筑区进行统计时，建筑区室内下行 RSRP 大于−110dBm 的区域仅为 48.95%，RSRP 大于−105dBm 的区域仅为 18.02%，重点区域室内覆盖效果不够理想。

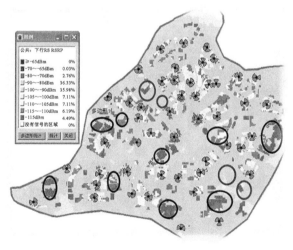

图 6-6　基础方案弱覆盖区域

如图 6-7 所示，黑色区域为比较严重的弱覆盖区域，对于以上区域，需要增加站点以解决覆盖问题。

（3）推荐方案

根据基础方案仿真结果，仍有部分建筑密集区域深度覆盖不够理想，根据仿真结果主要针对这些区域（宿舍区、城中村、教学区）增加了 23 个基站，共有 77 个基站。

推荐方案宏基站室外覆盖情况如下。

① 下行 RSRP 覆盖（室外）如图 6-7 所示，下行 RSRP 覆盖（室外）统计结果见表 6-21。

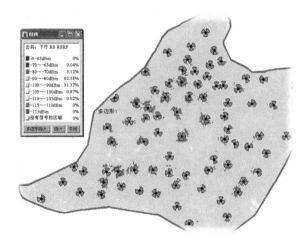

图 6-7　下行 RSRP 覆盖（室外）

表 6-21　　　　　　　　　　　　　　下行 **RSRP** 覆盖（室外）统计结果

下行 RSRP（dBm）	全区域 RSRP 统计百分比
$-70 \leqslant RSRP$	0.04%
$-80 \leqslant RSRP < -70$	5.12%
$-90 \leqslant RSRP < -80$	62.58%
$-100 \leqslant RSRP < -90$	31.37%
$-105 \leqslant RSRP < -100$	0.87%
$-110 \leqslant RSRP < -105$	0.02%
$-115 \leqslant RSRP < -110$	0
$RSRP < -115$	0

② 下行 SINR 覆盖（室外）如图 6-8 所示，下行 SINR 覆盖（室外）统计结果见表 6-22。

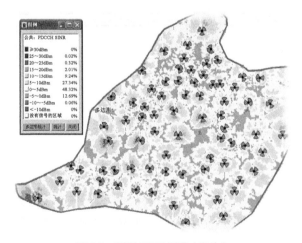

图 6-8　下行 SINR 覆盖（室外）

表 6-22 下行 SINR 覆盖（室外）统计结果

功率值范围（dBm）	百分比
25≤SINR<30	0.02%
20≤SINR<25	0.32%
15≤SINR<20	2.01%
10≤SINR<15	9.24%
5≤SINR<10	27.34%
0≤SINR<5	48.32%
−5≤SINR<0	12.69%
−10≤SINR<−5	0.06%

由图 6-8 可知，室外覆盖时下行 RSRP 大于−110dBm 的区域为 100%，下行 RSRP 大于−105dBm 的区域为 99.98%，室外覆盖情况良好。

6.6　小基站部署原则

6.6.1　小基站概述

小基站（Small Cell）是低功率的无线接入节点，工作在国家授权的、非授权的频谱，是利用智能化技术对传统宏蜂窝网络的补充与完善。小基站信号可以覆盖 10～200m 的区域范围，与小基站相比较，传统宏蜂窝的信号覆盖范围可以达到数千米。小基站融合了 Femtocell、Picocell、Microcell 和分布式无线技术，与传统通信网基站的一个共同点是小基站也由运营商进行管理，并且小基站支持多种标准，包括 2G 通信的 GSM，3G 通信的 cdma2000、TD-SCDMA、WCDMA，以及 4G 通信的 LTE 和 WiMAX。

从功能定位上来说，目前小基站的作用主要有两个：一个是用于室内覆盖，在不适合建设室分系统的室内场景提供有效的网络覆盖；第二就是对宏基站的覆盖盲点进行补盲覆盖或对网络的热点进行话务吸收。总的来说，小基站是对传统网络覆盖方案拾遗补缺的选择。小基站的发射功率一般在 5W/通道以下，小基站配套的天线增益一般也远小于宏基站。即使不受宏基站的压制，小基站的覆盖半径最大一般也不超过几十米。较小的覆盖半径使得在对小基站进行布放时站址定位必须足够精准，否则很难发挥小基站的效能。

在网络建设初期，小基站的作用主要体现在室外或者室内的覆盖补盲上。在这个时期，网络测试是发现网络盲点的主要手段。由于网络覆盖盲点一般处于楼宇密集区域的支路上，单纯依靠 DT 往往无法实现深入的测试，所以在进行网络补盲测试时，需要首先利用网络覆盖仿真对网络覆盖较薄弱的区域进行初步排查，查找潜在覆盖不足的区域，然后利用 DT 或步测对网络覆盖薄弱区域进行比较细致的定位。

在网络中用户数量达到一定规模后，还可以通过网管来对网络覆盖的盲点进行初步排查，如果在网管中发现某个小区中用户出现"乒乓"切换、从 LTE 向 3G 网络的切出次数较多等问题时，则这个小区中存在覆盖盲区的可能性较大，可以利用网络测试来对这个小区的覆盖情况进行进一步排查。用户投诉也是发现网络覆盖盲区的重要手段，用户投诉有助于迅速地对网络覆盖盲点进行定位。

在网络建设初期，除了那些可以从规划层面发现的网络热点区域，如火车站、会展中心等之外，一般不需要使用小基站来进行热点话务分流。但是，随着用户规模的提升和用户行为模式的改变，LTE 网络也必然会出现网络负荷过重的问题。由于 LTE 网络支持层叠网，利用小基站对热点进行业务分流往往可能比加密宏基站经济且更有效率。对网管数据进行分析可以发现网络中的热点，比如对小区的平均激活用户数、上下行数据吞吐量、激活用户的上下行平均速率等指标进行分析和排序很容易就可以发现哪些小区网络负载较重，然后对这些小区的覆盖范围进行实地查勘，可以确定最佳的业务分流地点。

6.6.2 小基站部署原则及要点

在利用小基站进行网络覆盖补盲或者业务分流时要考虑以下几个方面的问题。

（1）覆盖区域的分析

在确定了需要使用小基站的区域后，需要对小基站的覆盖区域进行进一步分析，要明确需要小基站进行覆盖区域的特点，比如是室内覆盖还是室外覆盖，覆盖区域的大小，周边可以利用的小基站安装配套设施、周边宏基站的位置等。这些工作一般需要由勘察设计人员进行现场查勘和测试。

（2）小基站设备的选择

相比宏基站，小基站的设备形态比较灵活，从发射功率上看大概有 100mW 级、200mW级、W 级、10W 级等；从设备处理能力上来看可以分为基带处理与射频处理一体设备、微RRU 设备、多系统集成设备等。因此，根据具体需要覆盖的区域和当地的配套资源情况可以灵活进行选择。如进行室内覆盖，则优先选择室内覆盖设备在室内进行安装，以保证覆盖效果并减少与室外宏站之间的相互干扰。在选择设备发射功率时，要注意与覆盖区域大小、覆盖区域的地形特征相匹配。

（3）小基站的建设方式

小基站的设备形态灵活多样，设备安装方式也是灵活多样的，选择合适的设备安装方式可以极大降低工程难度、缩短施工时间并有利于后期的维护。在进行室内安装时，小基站可以采用挂墙、置顶等多种安装方式，在回传上一般可以利用光纤或者五类线接入运营商的 IP 回传网。

在室外安装时可以采用壁挂安装，也可以利用灯杆、交通杆、广告牌等市政公共设施报杆安装。室外安装的小基站要根据安装位置与目标覆盖区的位置关系合理选择天线，可以根据实际情况采用全向或定向天线对目标覆盖区进行最优覆盖。同时必须要注意规避宏基站的天线主瓣覆盖方向，尤其是不能被宏基站信号直射；否则，强烈的宏基站信号会对小基站的信号产生强烈干扰，使得小基站的覆盖能力受到极大的压缩。室外安装的小基站在回传时可以根据运营商的回传网资源选择光纤、五类线、无线等多种回传方式。

（4）性能监测及优化调整

小基站开通后，需要通过步测来对小基站的覆盖进行确认，以保证投入运营的小基站在覆盖上达到预期的同时与宏基站之间互操作良好。在实际运营过程中，也需要通过网管关注小基站及其之上的宏基站小区性能,通过查看小基站和宏基站小区的PRB资源利用率、平均激活用户数、切换次数等网管指标,并与历史数据进行对比分析来检验小基站是否达到了预期的建设目标。

6.6.3　小基站部署案例

6.6.3.1　案例一:微 RRU(AAU3240)+路灯杆

1. 方案描述

基站采用拉远建设,把 BBU 设备安装于上游信源站点工艺公司基站,AAU 天线安装在路灯杆上,覆盖道路及两侧商铺,完成覆盖目标建设。简化天馈施工界面,降低基站施工敏感度。

2. 方案特点

隐蔽性高,施工周期短,简化天馈施工界面天线安装于路灯杆上,以市政城建作掩护,不易被阻挠。此外,AAU 天线集成度高,外形美观,可接 220V 交流电快速部署,BBU 拉远建设,有效保障备电,且减少天线端工程量。但是小型化天线功率较小,覆盖范围会相应地减小。

3. 示范站点

某站点属于历史黑点,附近居民由于担心辐射等原因,对通信发射设施极其敏感抵触,长期阻扰建站,选址困难,因此长久以来都无法在区域顺利建站。站点周边环境如图 6-9 所示。

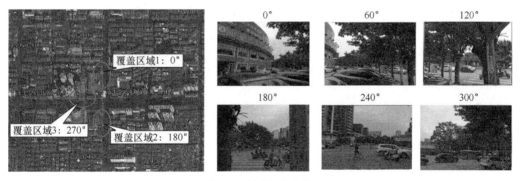

图 6-9　站点周边环境

本基站的设计方案为:租用市建 15m 路灯杆,使用华为 DBP530 设备,通过 BBU+AAU 天线方式进行建设。通过拉远方式把 BBU 设备安装于上游信源站点工艺公司基站,BBU 端引电与传输都利旧,客户端 AAU 天线安装在路灯杆上,AAU 使用市电引入,覆盖道路及两侧商铺,完成覆盖目标建设,方向角为 0°/180°/270°的站点建设方案如图 6-10 所示。

4. 方案效果

(1)RSRP 仿真对比

RSRP 仿真如图 6-11 所示,RSRP 仿真统计结果见表 6-23。

图 6-10　站点建设方案

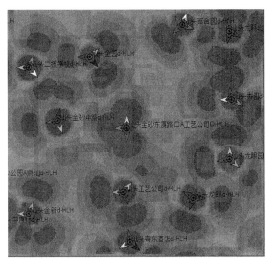

（a）常规方案 RSRP 值　　　　　　　　　　　　（b）非常规方案 RSRP 值

图 6-11　RSRP 仿真

表 6-23　　　　　　　　　　　　　　　　　　**RSRP 仿真统计结果**

RSRP 取值范围（dBm）	常规方案	非常规方案
$RSRP \geqslant -70$	29.39%	28.22%
$-75 \leqslant RSRP < -70$	56.38%	54.84%
$-80 \leqslant RSRP < -75$	83.58%	81.99%
$-85 \leqslant RSRP < -80$	96.93%	96.12%
$-90 \leqslant RSRP < -85$	99.75%	99.75%
$-95 \leqslant RSRP < -90$	99.96%	99.96%
$-98 \leqslant RSRP < -95$	99.98%	99.98%
$-101 \leqslant RSRP < -98$	100.00%	100.00%
$-103 \leqslant RSRP < -101$	100.00%	100.00%
$-140 \leqslant RSRP < -103$	100.00%	100.00%

（2）SINR 仿真对比

SINR 仿真如图 6-12 所示，SINR 仿真统计结果见表 6-24。

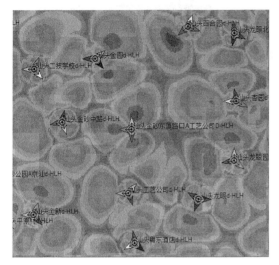

常规方案 SINR 值　　　　　　　　　　非常规方案 SINR 值

图 6-12　SINR 仿真

表 6-24　　　　　　　　　　　　SINR 仿真统计结果

SINR 取值范围（dB）	常规方案	非常规方案
$SINR \geqslant 20$	0.31%	0.23%
$15 \leqslant SINR < 20$	3.31%	3.07%
$10 \leqslant SINR < 15$	12.17%	11.84%
$6 \leqslant SINR < 10$	25.98%	25.66%
$3 \leqslant SINR < 6$	41.52%	41.25%
$0 \leqslant SINR < 3$	60.99%	60.65%
$-3 \leqslant SINR < 0$	84.03%	83.91%
$-5 \leqslant SINR < -3$	95.18%	94.95%
$-20 \leqslant SINR < -5$	100.00%	100.00%

如上所示，常规建站覆盖的 RSRP 和 SINR 都略大于非常规建站，但非常规建站指标可以达标。

6.6.3.2　案例二：小基站（Atom BTS3205E）+挂墙/挂杆

1. 方案描述

将模块化的基带、射频、传输、天线、供电和安装件等高度集成在一个小的设备中，可以在不同的场景下灵活安装在墙壁、路灯杆等不同的建筑物上。华为 AtomCell 小基站产品将以其精致小巧的外形、灵活安装的优势为众包小蜂窝的开发和网络快速部署提供便利。

本方案拟在已有的物业资源天面快速部署安装 AtomCell 小基站，支持多频段，重量轻，体积小，敏感度低，安装便捷，设备外观如图 6-13 所示。

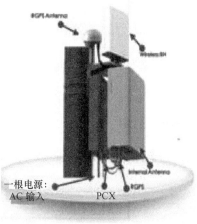

图 6-13　设备外观

2．方案特点

① 美化外观，紧凑小巧，降低公众辐射担忧，隐蔽性高，施工周期短；

② 集成化高，AtomCell 小基站集合了 BBU、RRU、天线；

③ 支持多频段，包括 GSM、TD-SCDMA、LTE 频段；

④ 一体化 OneBox 设计，体积小、重量轻，易于快速部署；

⑤ 适用各种场景，适应任何站址资源。

3．示范站点

某站点地处城中村，建设敏感度非常高，进场施工时严重受阻。

本基站采用 AtomCell 小基站楼面快速部署方案，在业主楼面快速安装 AtomCell 小基站，由于天线体积小、集成度高、重量轻、隐蔽性高、施工简便，周边居民并无反对，目前运行良好，现场施工如图 6-14 所示。

4．方案效果

（1）RSRP 仿真对比

RSRP 仿真统计结果见表 6-25。

图 6-14　现场施工

表 6-25　　　　　　　　　RSRP 仿真统计结果

RSRP 取值范围（dBm）	常规方案	非常规方案
$RSRP \geqslant -70$	2.92%	2.21%
$-75 \leqslant RSRP < -70$	8.96%	7.37%
$-80 \leqslant RSRP < -75$	21.31%	16.28%
$-85 \leqslant RSRP < -80$	36.18%	26.65%
$-90 \leqslant RSRP < -85$	51.27%	39.73%
$-95 \leqslant RSRP < -90$	66.99%	55.76%

续表

RSRP 取值范围	常规方案	非常规方案
$-98{\leqslant}RSRP{<}-95$	76.72%	65.47%
$-101{\leqslant}RSRP{<}-98$	84.69%	74.11%
$-103{\leqslant}RSRP{<}-101$	88.06%	79.03%
$-140{\leqslant}RSRP{<}-103$	100.00%	100.00%

（2）SINR 仿真对比

SINR 仿真统计结果见表 6-26。

表 6-26　　　　　　　　　　SINR 仿真统计结果

SINR 取值范围（dB）	常规方案	非常规方案
$SINR{\geqslant}20$	4.40%	6.90%
$15{\leqslant}SINR{<}20$	11.20%	14.90%
$10{\leqslant}SINR{<}15$	23.20%	29.30%
$6{\leqslant}SINR{<}10$	38.00%	45.00%
$3{\leqslant}SINR{<}6$	53.80%	58.40%
$0{\leqslant}SINR{<}3$	73.70%	72.80%
$-3{\leqslant}SINR{<}0$	88.80%	83.30%
$-5{\leqslant}SINR{<}-3$	92.90%	87.00%
$-20{\leqslant}SINR{<}-5$	95.10%	100.00%

　　采用 AtomCell 基站楼面快速部署后，RSRP 相对原规划方案覆盖效果降低 10%，但仍然可较好地替代宏站的覆盖，有效解决了盲点区域的覆盖问题，整体信号较好，能满足原覆盖方案中周边居民对于道路覆盖的需求。

优化篇

第7章
TD-LTE 网络优化概述

7.1 网络优化概念

网络优化是对运营商无线网络进行优化、维护，以提高无线网络质量，从而提升用户满意度的行为。通过对现有已运行的网络进行话务数据分析、现场测试数据采集、参数分析、硬件检查等，找出影响网络质量的原因，并通过参数的修改、网络结构的调整、设备配置的调整和采取某些技术手段，确保系统高质量运行，使现有网络资源获得最佳效益，以最经济的投入获得最大的收益。随着中国移动 LTE 规模试验网络的建设、优化及测试，一张具有竞争力的 LTE 网络将逐渐展开。面对 WCDMA、cdma2000 以及 LTE FDD 的竞争，TD-LTE 网络的优化和网络质量也面临前所未有的挑战。因此需要不断优化网络提高网络质量，建设 4G 精品网络。

众所周知，网络优化是一项复杂、艰巨而又意义深远的工作。作为一种全新的 4G 技术，TD-LTE 网络优化的工作内容与其他标准体系网络优化既有相同点又有不同点：网络优化的工作目的都是相同的；具体的优化方法、优化对象和优化参数不同。

7.2 网络优化目标

网络优化的价值是通过提升移动网络性能有效满足客户需求，提升客户感知，从而提升公司综合竞争力。

在不断深化改革和移动互联网的竞争形势下无线网络运营面临着诸多挑战。宏观环境方面，全球经济增速明显放缓，要求企业必须通过管理提升来提高企业的效率和效益，传统通信行业发展趋缓，行业增长性正遭受移动互联网等新兴行业的挑战；行业环境方面，移动互联网、LTE、IPv6、光网络、云计算等新技术、新产品、新业务不断推出，市场饱和度增加，全业务竞争加剧，导致营销、维护等成本增加；企业环境方面，对于运营商网络运营，集约化的运营维护体系成为必然发展趋势，外部环境对企业管理水平要求不断提高，在运营管理领域的队伍建设、资源管理等方面需进行深化提升。经济增长趋缓，迫使企业寻找新的经济增长点，对维护提出新的要求，行业带来的挑战迫使运营商更关注维护效益的问题，前端的市场竞争已延伸至后端网络质量、服务保障竞争，新网络新业务的发展对维护能力的多元化、运维体系、网络安全提出新要求。

随着传统运营商的转型发展，在运维模式、标准化的运维体系、信息系统建设、资源的精确调配等层面需进行不断的突破和创新。因此，通过网络优化提升网络性能，有效满足客户需求，提升客户感知，从而提升公司综合竞争力——是无线运营商的必然选择。

无线网络优化是整个运营过程中极其重要的关键阶段，决定了系统的性能及资源利用率，高效的网络优化工作开展可以达成以下目标。

① 快速适应网络的动态变化；

② 提升建设后的网络运营最佳效益；

③ 覆盖、容量和质量需要平衡；

④ 提高网络服务等级和用户满意度。

7.3　网络优化类型

网络优化是移动通信系统实际运营过程中的重中之重，通过有效、不断的网络优化，可以使网络性能得到逐步改善，充分利用网络系统的现有配置为用户提供稳定、优质的服务，同时提高系统设备利用率、提高系统容量，以接纳越来越多的潜在用户。网络优化按优化类型的不同可分为工程优化、专题网络优化和运维期网络优化。

（1）工程优化

工程优化是指在建网初期的优化，主要目的是改善网络规划的缺陷，解决网络中存在的基本问题，保障网络正常入网商用。工程优化是整个网络建设期间能够大幅度提升网络质量的最关键的阶段，直接影响该区域的用户体验，减少用户投诉。其既是后期网络质量和 KPI 提升的基础；也是优化工作量最大最集中、网络质量提升最快的阶段。工程优化主要通过路测、定点测试的方式，结合天线调整，邻区、频率和基本参数优化提升网络 KPI。

工程优化的主要工作内容有：单站验证、设备告警处理、频率优化、RF 簇优化、邻区优化、RF 全网络优化、基本系统参数优化、基本 KPI 优化提升等。

（2）专题网络优化

专题网络优化是指网络正常入网商用后，为了提升网络性能、改善网络质量、加强用户感知，针对特定的场景和需求而进行的优化。专题网络优化需要通过全面的数据采集，结合系统性能、话务统计、网络参数和用户投诉等数据，进行较深入的系统分析，找出影响网络运行质量的根本原因，并制定、实施完整的优化方案，从而提高目标优化区域网络运行质量和用户满意度。

中国电信可提供的专题网络优化内容包括：覆盖类优化、吞吐率优化、干扰类优化、掉线类优化、接入优化、切换类优化、时延类优化、2G/3G/4G 互操作优化等。

（3）运维期网络优化

运维期网络优化是指网络商用后，为了保障其良好运行而进行的一个持续维护改善的优化过程。这个过程会一直持续到现有网络被新的网络淘汰。

运维期网络优化的主要工作有：后台 KPI 分析、设备故障告警处理、客户投诉处理、路测以及拨打测试发现并解决网络中存在的问题等。

7.4 网络优化项目流程

网络优化项目流程总体分为项目启动、网络评估、方案制订及实施、验证总结和项目验收及推广 5 个阶段，各阶段的工作内容如图 7-1 所示。

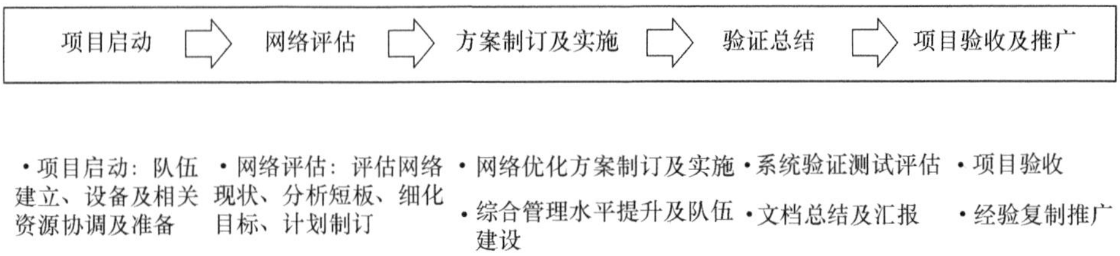

项目启动 ⇨ 网络评估 ⇨ 方案制订及实施 ⇨ 验证总结 ⇨ 项目验收及推广

・项目启动：队伍　・网络评估：评估网络　・网络优化方案制订及实施　・系统验证测试评估　・项目验收
建立、设备及相关　现状、分析短板、细化　・综合管理水平提升及队伍　・文档总结及汇报　・经验复制推广
资源协调及准备　目标、计划制订　建设

图 7-1　网络优化项目流程

（1）项目启动

项目启动阶段的主要工作包括项目筹备、资源协调、项目启动会、资料准备、客户初步联系及项目组进场，项目启动工作划分见表 7-1。

表 7-1　　　　　　　　　　　　项目启动工作划分

工作	主要内容
项目筹备	确定项目经理、项目组成员
资源协调	内部沟通协调人力和设备等项目需求资源
项目启动会	召开内部项目启动会、内部职责分工
资料准备	收集行业资料、领先运营商案例等外部资料
客户初步联系	与项目组成员沟通，并落实进场准备
项目组进场	客户现场项目启动会、工作环境准备

（2）网络评估

网络评估针对网络运营商需求，对现有网络有针对性地进行性能测试及评估，并结合网络运营商的业务需要，提出一个改进网络效率的方案或开发一套全新的网络基础架构，并且使网络安全地过渡到未来的业务需求中。测评和规划过程主要涉及功能定义、网络分析、网络审计、网络安全、对网络 QoS 的评估并提出相应的解决方案。为网络运营商提供一个安全、高效的网络运作系统，无线网络的摸底基本上是围绕着网络覆盖、容量和质量 3 个方面进行的。

（3）方案制订及实施

方案制订及实施阶段的工作主要是根据现场网络情况和项目资源制订具体工作计划，主要分为 4 个阶段：优化前期工作、全网网络评估、全面系统优化、项目总结报告编制。方案制订及实施工作划分见表 7-2。

表 7-2　　　　　　　　　　　　方案制订及实施工作划分

工作	主要内容
优化前期工作	协调客户资源，组织项目人员进场，明确项目成员分工，收集相关资料
全网网络评估	评估全网性能寻找网络短板，制订优化方案

续表

工作	主要内容
全面系统优化	制订具体实施方案，并根据方案进行网络基础优化，同时针对网络短板进行专项优化，提升整体性能
项目总结报告编制	总结项目经验教训，输出最终优化结果并推广优化经验

（4）验证总结

验证总结阶段的工作主要是提交规范的项目输出成果，验证实施方案的实际效果，总结项目实施过程中的经验教训并对客户进行培训，协助客户提高相关能力，并根据需要进行必要的修改和完善，验证总结工作划分见表 7-3。

表 7-3　　　　　　　　　　　　　验证总结工作划分

工作	主要内容
网络优化成果验证	体现对网络性能和网络短板进行优化后的效果
网络优化技能培训	项目组还需帮助客户提升现场网络优化技能，编制配套的培训材料

（5）项目验收及经验推广

项目验收及经验推广阶段的工作主要是提交可交付成果并通过客户验收，提升客户网络性能，推广相关经验并形成指导性文件指导其他项目，项目验收及经验推广工作划分见表 7-4。

表 7-4　　　　　　　　　　　　项目验收及经验推广工作划分

工作	主要内容
项目验收编制	项目主报告体现对网络评估分析、优化目标和指导思路以及方案配置实施等要点
指导文件编制	为配合主报告，项目组还需与客户一起提炼项目经验，编制配套的指导性文件来指导其他项目

第8章
TD-LTE 网络优化流程

8.1 TD-LTE 网络优化总体流程

8.1.1 网络综合评估分析流程

网络综合评估是一项系统、持续性的分析过程，通过不断将客户现网的关键网络运营指标与标杆基准进行比较，以获得协助改善网络运营效能的信息。在项目中运用指标分析的方法，目的是使客户通过指标分析，认识自身的差距，以先进标杆为尺度，寻找网络运营体系的改进点。

1. 网络综合评估体系建立内容

开展网络性能评估分析需建立网络性能指标综合评估体系，评估网络现状、分析短板、细化目标，同时为后续计划制定提供决策参考。综合评估体系应包含以下方面。

（1）网络结构评估

分析网络运营商的网络结构及采用的路由协议设计。通过网络设备的测试命令收集网络拓扑信息及网络路由结构信息，为网络运营商现有网络提供分析报告及改进措施和建议。

（2）网络负载评估

通过专用网络测试设备模拟网络流量，人为地对网络增加负载，与此同时，对网络的各种流量参数进行统计、分析，从而为网络运营商提供网络负载性能的分析数据。

（3）网络吞吐量评估

通过网络吞吐量测试，可以在一定程度上评估网络设备之间的实际传输速率以及交换机、路由器等设备的转发能力。

（4）网络流量评估

实时监测网络 7 层结构中各层的流量分布，进行协议、流量的综合分析，从而有效地发现、预防网络流量和应用上的瓶颈，为网络性能的优化提供依据。

（5）网络安全评估

安全顾问服务包括安全评估及漏洞分析、安全体系构建及结构、安全策略实施、安全管理等。此项服务可以帮助网络运营商了解自身网络安全现状，并利用网络安全专家的报告和建议方案进行投资预算。可采用网络安全的入侵检测和脆弱性扫描等方式来完成。

（6）网络 QoS 评估

网络技术专家可通过各种测试手段进行实验，对网络运营商的网络进行 QoS 评估。

（7）网络 KPI 评估

结合客户的发展阶段，需要对语音业务 KPI 和数据业务 KPI 进行分析。语音业务 KPI 包含呼叫建立成功率、覆盖率、坏小区比例、业务信道阻塞率、业务信道掉话率、话务掉话率、寻呼成功率、无线系统接通率等；数据业务 KPI 包含分组业务建立成功率、平均分组业务建立时延、分组业务掉话率和 FTP 吞吐率。

2. 网络综合评估体系建立方法

建立网络性能指标综合评估体系需要从覆盖、网络容量、网络质量 3 个维度进行。

第一步：通过数据采集、资料收集、数据分析及内部访谈等方式开展网络性能评估分析，以了解网络性能的现状和未来优化方向。

第二步：根据已经得到的资料和数据，借助相关分析工具，深度分析网络性能现存的主要问题。借助思维图、鱼骨图、流程图等分析工具，深度分析网络性能现存的主要问题及其成因。

利用思维图对网络性能进行评估，分析短板和不足，如图 8-1 所示。

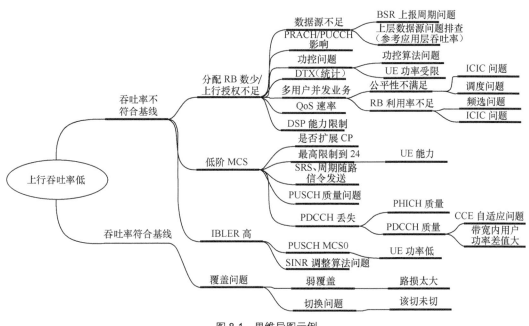

图 8-1　思维导图示例

利用鱼骨图对关键问题进行评估，分析定位关键问题节点，如图 8-2 所示。

利用流程图对网络性能进行分析，根据不同情况采取相应措施定位和处理关键问题，如图 8-3 所示。

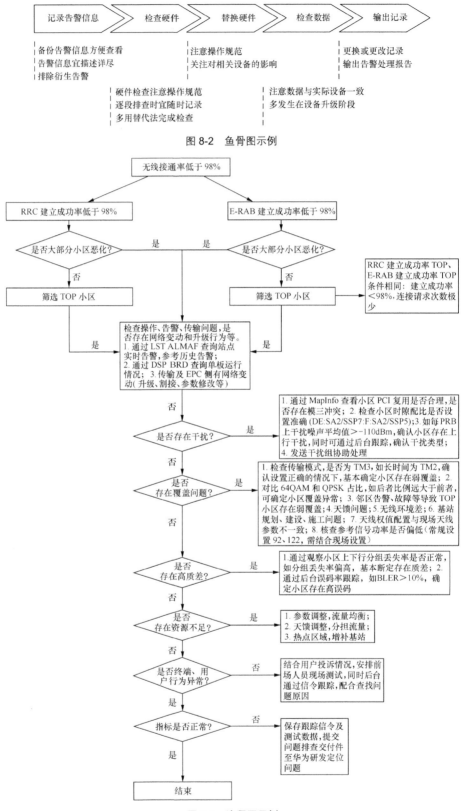

图 8-2　鱼骨图示例

图 8-3　流程图示例

第三步：形成评估分析结论，如图 8-4 所示。

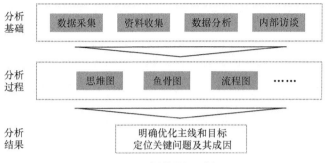

图 8-4　评估分析示例

最后收集网络性能信息，其主要来源于以下方面：运营商网络性能优化指标体系，运营商各地市网络性能运营数据，其他友商网络性能指标。

8.1.2　网络优化方案流程

网络优化也称为网络运维优化，其主要目的是要解决全网服务的性能；优化的重点在于网络性能指标、用户满意度、网络覆盖率、设备利用率；优化时间为网络建设期间以及后续运行期间。网络优化方案流程如图 8-5 所示。

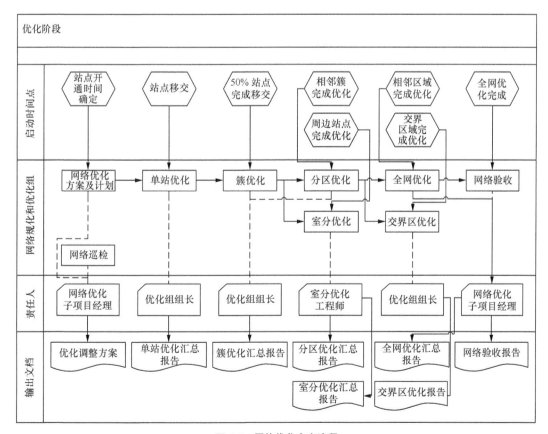

图 8-5　网络优化方案流程

（1）网络评估测试

了解网络现实情况，对优化区域进行网络评估测试，包括 OMC 统计、DT、CQT、用户投诉等。

（2）问题的初步定位

根据系统调查的数据，寻找影响网络指标较大的因素，以便进行网络评估和问题的初步定位。主要包括：排查设备的告警、排查性能指标异常的小区和传输、排查设备可用率异常的小区和传输、排查覆盖异常的区域和干扰区域。

（3）数据采集

通过 OMC 统计、DT、CQT、信令分析等有针对性地采集数据。

（4）网络问题分析

通过网络性能指标分析、路测数据、干扰源查找等技术手段分析定位网络问题。

（5）优化方案制订

在网络问题分析的基础上确定优化方案，主要有：硬件排查、RF 调整、PCI 优化、邻区优化、系统参数优化等。

（6）优化方案实施

根据第（5）步制订的优化方案实施调整。

（7）验证性测试

在实施网络优化方案后，需要对网络进行数据采集，以验证优化后系统性能指标是否提高达到预期目的。

（8）优化验证总结

对全网性能做评估，从而判断网络的各项性能指标是否达到要求，达到后可进行验收，输出网络优化总结报告。

衡量网络性能的指标主要包括以下内容。

（1）覆盖指标

反映覆盖的指标有 RSRP/CINR 覆盖率、发射接收功率等。RSRP/CINR 是反映覆盖质量的关键指标，具体指标以和当地运营商签订的 DT 指标为准。覆盖的问题主要有：无（弱）覆盖、越区覆盖、导频污染等；覆盖异常容易导致掉话和接入失败现象，是工程阶段优化的重点。

（2）质量指标

反映业务质量的指标主要有吞吐率、时延、误块率等。

（3）接入指标

反映接入指标的是业务接入成功率。终端发起接入请求，如果在规定时间内终端不能建立相应的业务连接，则认为接入失败。导致接入失败的主要原因有无覆盖、越区覆盖、邻区设置不合理、干扰等。

（4）保持类指标

反映保持类指标的是业务的掉线率。导致掉线的主要原因有：覆盖较差、无主小区、邻区设置不合理、干扰等。

（5）切换指标

反映切换指标的是业务切换成功率。

优化即为围绕上述指标的具体情况制订具体的网络优化方法进行指标性能提升，其需保证各类指标均能满足制定的目标值。

8.2　TD-LTE 网络优化实施流程

由于网络优化工作在网络规划、设备开通之后，并且在基站连片开通达到一定规模后才能进行，所以，为了缩短优化时间，确保网络商用时间，需要对网络规划、基站开通和网络优化工作进行整体规划。

8.2.1　网络规划

网络规划的特点在于通过一系列科学的、严谨的流程来获得具体的网络建设规模、网络建设参数等，这些输出将直接用于指导网络建设。网络规划的结果将直接影响网络优化的工作量及网络的性能。网络规划需要规划并提供如下内容：规划基站信息表（包括站点经纬度、天线方位角、下倾角、挂高、PCI、频率、RS 功率）、邻区关系表和仿真报告。

8.2.2　基站开通

网络优化工作的正常开展需要基站的开通维护满足以下要求。

（1）基站正常运行无告警，业务正常

① 基站开通后，由设备开通人员检查设备运行是否正常，消除设备告警；

② 进行基本业务测试，保证业务运行正常，提供测试开通记录。

（2）无线规划参数及天馈参数按照网络规划结果进行安装及配置

① 无线规划参数 PCI、频率、功率等参数，按照网络规划的结果进行配置；

② 天线挂高、方位角、下倾角严格按照网络规划的结果进行安装；

③ 天馈安装完成后，提供实际测量的天线方位角、下倾角、挂高等信息。

（3）基站按照区域进行连片开通

① 基站建设计划按照连片建设的原则进行，保证优化工作能够尽快介入；

② 提供基站的建设计划，方便网络优化计划的制订。

（4）提供基站信息表

基站建设完成后提供实际的基站信息表，包含 eNode B ID、Cell ID、小区信息、经纬度、天线方位角、天线挂高、机械下倾角和天线型号等参数信息。

8.2.3　工作计划

网络优化工作开始前，需要针对具体的网络规模、网络覆盖区域、基站建设计划、网络验收日期等制订详细的网络优化计划，包括工具、人力、车辆的配置以及网络的具体优化计划。项目工作计划划分见表 8-1。

表 8-1 项目工作计划划分

项目	开始时间	计划完成时间	实际完成时间	目前进展及原因
规划工作	***	***	***	完成/未完成/受阻
优化准备	***	***	***	*
参数核查	***	***	***	*
单站优化（如 PO 中有）	***	***	***	*
簇优化	***	***	***	*
片区优化	***	***	***	*
边界优化	***	***	***	*
全网络优化	***	***	***	*
项目验收	***	***	***	*

优化计划需要包括以下内容。

① 各个簇、区域、全网络优化完成时间计划及需要提交的相关报告。

② 人力资源、测试工具、车辆配置。

根据资源模型配置表、网络优化工作计划完成时间、站点建设计划确定具体的优化人力、工具、车辆配置。

③ 站点区域划分图。

根据具体的站点建设计划进行区域划分，一般 30 个站点左右划分为一个簇，保证簇内的站点在较短时间内集中进行建设开通；相连的簇合成为一个区域，将全网划分为几个区域。

④ 工作汇报。

优化日报、周报内容及发送范围：项目组内所有成员及部门主要领导；提供计划给客户并发优化周报。

项目工作计划划分实例见表 8-2。

表 8-2 项目工作计划划分实例

工作大类	工作内容	工作量清单	单位	备注	工程量计算公式
簇（片区）优化					
TD-LTE 网络优化	基站簇优化	网络后台参数和告警检查	人天	侧重全网参数，邻区关系检查（按照簇）	$0.01 \times N$
TD-LTE 网络优化	基站簇优化	DT 测试	人天	进行基站簇的 DT 测试，采集测试数据，验证基站簇区域的覆盖、呼叫、切换、通话质量、语音感知情况	$0.1 \times N$
TD-LTE 网络优化	基站簇优化	测试数据分析及参数优化	人天	整理汇总 DT 测试中采集的数据，进行基站簇区域覆盖分析、切换分析、呼叫情况分析，综合分析基站簇区域无线网络性能，输出参数调整方案，主要包含基站簇越区覆盖小区处理方案	$X \times (0.15 \times N)$

工作大类	工作内容	工作量清单	单位	备注	工程量计算公式
TD-LTE 网络优化	基站簇优化	基站簇优化报告	人天	整理汇总 DT 测试和复测采集的测试数据，参照优化效果，输出簇优化报告	3

8.2.4　优化准备

网络优化工作开始前，需要做好如下准备。

① 基站信息表：包括基站名称、编号、MCC、MNC、TAC、经纬度、天线挂高、方位角、下倾角、发射功率、频率信息、PCI、ICIC、PRACH 等。

② 基站开通信息表，告警信息表。

③ 地图：网络覆盖区域的 MapInfo 电子地图。

④ 路测软件：包括软件及相应的 License。

⑤ 测试终端：和路测软件配套的测试终端。

⑥ 测试车辆：根据网络优化工作的具体安排，准备测试车辆。

⑦ 电源：提供车载电源或者 UPS 电源。

⑧ 天馈调整人员到位。

⑨ 网络优化人员到位。

8.2.5　参数核查

在网络优化工作开始前，首先需要对优化区域的站点信息进行重点参数核查，确认小区配置参数与规划结果是否一致，如不一致需要及时进行修改。重点参数包括：频率、邻区、PCI、功率、切换/重选参数、PRACH 相关参数等。目前针对国内的优化参数基线参数暂未发布，对非组网类参数与当前版本的默认参数或是研发发布的基线进行对比核查。

8.2.6　簇优化

根据基站开通情况，对于密集城区和一般城区，选择开通基站数量大于 80% 的簇进行优化。对于郊区和农村，只要开通的站点连线，即可开始簇优化。在簇优化开始之前，除了要确认基站已经开通外，还需要检查基站是否存在告警，确保优化的基站正常工作。

通常，簇优化是网络优化开始的重要阶段，是全面及后续区域、边界、全网络优化工作的重要依托。簇优化工作一般包括：覆盖优化、SINR 优化、重叠覆盖优化（切换带控制）、导频污优化、针孔覆盖优化、模拟加载优化。

覆盖优化是优化的第一步，也是最重要、最基础的一步。覆盖优化重点考查 RSRP、CINR。主要的优化方式是调整工程参数和功率以及邻区关系。覆盖优化进行工程参数和 RS 的功率后，需要及时更新工程参数表。覆盖优化包括：弱覆盖、覆盖空洞、越区覆盖、导频污染。

在覆盖优化满足指标要求后，再对规划要求的各项业务进行优化。先测试 Ping 分组业务，查看时延及成功率；再次测试各项基本业务的长呼，考查切换成功率、数据业务速率等是否满足指标要求；后测试各项基本业务的短呼，考查接入成功率和掉话率。针对业务不满足指标要求的情况，需要分析原因并进行优化调整。进行优化调整后，及时更新工程参数表和参数调整跟踪表。

8.2.7　区域优化

在所划分区域内的各个簇优化工作结束后，进行整个区域的覆盖优化与业务优化工作。优化的重点是簇边界以及一些盲点。优化的顺序为：先覆盖优化，再业务优化，流程和簇优化的流程完全相同。簇边界优化时，最好是相邻簇的人员组成一个网络优化小组对边界进行优化。在优化过程中，注意及时更新工程参数表和参数调整跟踪表，及时总结调整前后的对比报告。

8.2.8　边界优化

区域内优化完成之后，开始进行区域边界优化。由相邻区域的网络优化工程师组成一个联合优化小组对边界进行覆盖和业务优化。当边界两边为不同厂家时，需要由两个厂家的工程师组成一个联合网络优化小组对边界进行覆盖优化和业务优化。覆盖和业务优化流程与簇优化流程完全相同。在优化过程中，注意及时更新工程参数表和参数调整跟踪表，及时总结调整前后的对比报告。

8.2.9　全网络优化

全网络优化即针对整网进行整体的网络 DT 测试，整体了解网络的覆盖及业务情况，并针对客户提供的重点道路和重点区域进行覆盖和业务优化。覆盖和业务优化流程和簇优化流程完全相同。在优化过程中，注意及时更新工程参数表和参数调整跟踪表，及时总结调整前后的对比报告。

8.2.10　项目验收

按照验收标准，对要求的网络性能指标进行验收测试。验收测试的测试路线和测试点、呼叫方式等内容需根据合同或需求分析阶段确定的原则设置，原则上要求验收测试必须有客户参加。

验收是对优化效果的检验，验收结果对项目成败有很大影响，要高度重视。优化工程师在验收阶段的主要任务如下。

① 全面参与验收条目的讨论与制定。

② 根据验收条目和优化效果，给出预期的验收指标。

③ 若客户已经指定，则省去任务①、②。

④ 制订验收路测路线，并进行预测试。

8.3　TD-LTE 网络优化具体步骤

具体优化实施工作主要包括以下内容。

① 数据采集：搜集网络优化数据，为发现问题点和弱项指标提供材料。

② 问题分析及优化方案制订：根据前期收集到的测试数据进行定位分析，提出优化方案。

③ 优化验证：通过修改参数、调整天面设置来解决网络问题。

④ 报告编写：总结优化过程经验案例及后续计划方案。

⑤ 沟通汇报：进行项目内部沟通、客户汇报工作。

1. 数据采集

• 目的：完成对网络性能数据的采集工作，供网络优化工程师进行分析。

• 负责人：测试工程师。

• 输入：电子地图、基站信息表、测试计划。

• 输出：DT/CQT/后台数据。

• 工作内容：根据网络优化的具体项目，制订具体的优化测试计划，并获取相关的测试数据，并将数据提供给网络优化工程师进行问题分析定位。

2. 问题分析及优化方案的制订

• 目的：通过网络性能评估和问题分析和定位，制订和实施优化方案。

• 负责人：优化工程师。

• 输入：数据分析报告、问题定位结果。

• 输出：网络优化方案及计划。

• 工作内容：根据数据分析和问题定位，制订相应的处理措施，汇总出网络优化调整方案。协同项目组所有成员或指定人员对调整方案进行评审，避免或调整不当操作。

3. 优化方案的实施

• 目的：根据网络优化方案进行网络优化实施。

• 负责人：设备工程师。

• 输入：优化调整方案。

• 输出：优化调整记录。

• 工作内容：执行网络优化方案中的各项要求，并根据实际情况记录实施结果及必要的过程。优化方案的实施需要注意以下事项。

① 需要设备工程师操作的，依照优化调整方案的内容，整理调整单，以邮件方式发给设备工程师，抄送项目经理、本人及相关人员。调整项目务必明确，如：1011 小区增加邻区，新增邻区 ID＝1042。

② 路测过程中直接打电话到网管机房执行的调整，要准确记录下来。

③ 需要第三方操作的（如调整天线），形成正规调整表格并打印一式三份，工程队、项目经理、本人各保留一份。

④ 提前打电话预约工程队。

⑤ 优化方案实施后及时验证效果。

⑥ 必要时可恢复至调整前的状态。

4. 优化验证

• 目的：在网络优化方案实施完成后，通过各项测试验证优化方案的实施效果。

- 负责人：测试工程师。
- 输入：优化调整记录、调整前网络性能数据。
- 输出：调整前后网络性能对比数据。
- 工作内容：在实施优化方案后，根据要求针对性地实施数据采集步骤，并对调整前后的数据进行对比分析。为保证验证效果的准确性，尽可能选择相同网络环境作测试对比。根据调整前后网络性能数据对比，确定网络问题是否解决或者网络性能是否满足要求，如果不能满足要求，返回数据采集步骤重复整个过程。

注意事项如下。

① 优化前后尽量采用同一个测试工具。

② 优化前后选用相同的测试路线。

③ 检查测试区域是否正在进行负载测试。

④ 在相同的时间段内测试，确保测试在一天当中相同的时间段进行，以获得基本相同的无线网络环境。

⑤ 尽量保证 UE 移动速度基本一致。

5. 优化报告的编写及评审

- 目的：编写网络优化报告、记录本次优化过程中采取的措施以及达到的效果。
- 负责人：优化工程师。
- 输入：优化过程中的所有数据。
- 输出：网络优化报告（包含优化调整方案、优化前后工程参数表）。
- 工作内容：编写网络优化报告，记录优化过程中采取的措施及优化结果，作为项目验收的重要依据，也是优化项目的成果展示。协同项目组所有成员或指定人员对网络优化报告进行内部评审并及时修正。

6. 沟通汇报

- 目的：项目成员内部交流，客户汇报。
- 负责人：优化工程师、网络优化经理。
- 输入：优化过程案例、经验共享。
- 输出：网络优化报告—客户版。
- 工作内容：编写网络优化报告，记录优化过程中采取的措施及优化结果，作为项目验收的重要依据，也是将优化项目的成果展示给客户，并提出后续性能提升计划及遗留问题处理建议。协同项目组所有成员或指定人员对网络优化报告—客户版进行内部评审并及时修正。

第 9 章
TD-LTE 网络优化方案

9.1 工程优化方案

9.1.1 单站优化方案

单站验证是网络优化的基础性工作，其目的是保证站点各个小区的基本功能（接入、Ping、FTP 上传下载业务等）和信号覆盖正常，保证安装、参数配置等与规划方案一致，将有可能影响到后期优化的问题在前期解决，另外还可以熟悉优化区域内的站点位置、无线环境等信息，获取实际基础资料，为更深层次的优化打下良好基础。

单站验证主要完成下列任务。

① 检查天线方向角、下倾角、挂高、安装位置；

② 天馈连接问题；

③ 基站经纬度确认；

④ 建站覆盖目标验证（是否达到规划前预期效果）；

⑤ 空闲模式下参数（PCI 等）配置检查，基站信号（RSRP 和 SINR）覆盖检查；

⑥ 基站基本功能（切换、Ping、FTP 上传下载）检查。

单站验证的流程应严格按照本指导书的要求进行，在每个基站验证结束后，按照规定输出相应结果和报告。

1. 单站流程

单站优化包括测试前准备、验证测试、问题分析处理、单站验证报告输出 4 部分。如果测试过程或结果显示有明显问题，需要把这些问题记录在单验问题跟踪表中，并给出问题分析。硬件安装问题交由工程队解决，功能性问题由 eNode B 工程师配合解决，等问题解决后再次进行验证测试，直到测试过程以及结果分析没有发现明显问题，才能依据测试结果输出单站验证报告。单站验证流程如图 9-1 所示。

2. 室外宏站单站优化

（1）测试前准备

• 站点状态检查：在站点测试前，首先需要准备待测区域多个基站或单个基站的小区清单，并确认这些待测小区状态正常。

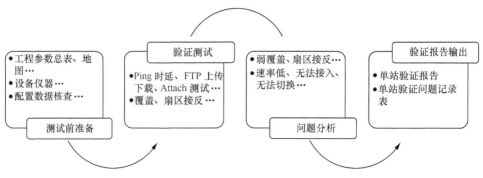

图 9-1 单站验证流程

● 配置数据检查：在站点测试前，需要采集网络规划配置的数据以及基站数据库中配置的其他数据，并检查实际配置的数据与规划数据是否一致。在测试前必须取得待测站点各小区的站点位置、TA、UARFCN 和 PCI 等。

● 测试站点选择：为了保证测试的业务由待测小区提供，在选择测试点时，选择目标小区信号强度较强且其他小区信号相对较弱的位置进行小区设备功能测试。

（2）Idle 模式下的验证工作

● 频率检查：在路测软件上检查各小区频点是否正确。

● PCI 检查：在路测软件上检查各小区 PCI 是否正确。

● TA 检查：在路测软件上检查各小区 TA 是否正确。

● 小区重选：在路测软件上测试检查小区重选参数是否设置正常，并进行站内小区重选。

（3）Connect 模式下的验证工作

● Attach 激活成功率：终端随机接入网络并进行 Attach 激活，需要统计终端 Attach 激活成功率，如果存在问题，需要定位解决后重新测试。

● 随机接入成功率：终端随机接入网络，MSG5 完成后认为随机接入成功，需要统计随机接入成功率，如果存在问题，需要定位解决并重新测试。

● 寻呼测试：网络侧下发寻呼指令，检查终端是否可以从 Idle 状态顺利进入 Active 状态。

● 切换测试：利用 UE 进行不间断测试，切换是否正常。

● 上传/下载业务测试：终端进行指定 FTP 业务，保持 3min，统计上传下载速率。

3. 室内分布单站优化

（1）测试前准备

● 信息准备：测试前需要先期获取测试点的相关信息，包括站点名称、位置、室内分区、室外邻区、楼层平面图、系统设计图、物业联系人和联系方式、测试点承建集成商的信息等。

● 测试设备准备：测试终端及数据线一套、其他终端（含充电器）8 部、测试软件和软件狗一套、笔记本电脑一部、数据卡 2～3 张、SIM 卡（对应所有终端和数据卡数量）、信令跟踪分析仪一部（如 K1297）、SiteMaster 一部、蓄电池和逆变器及多用插座一套。

- 测试人员准备：参加测试的人数一般为 2～3 人，并提供相应的联系方式。

（2）覆盖性能测试

- 选择室内测试路线，测试路线应遍历室内主要覆盖区。

- 根据测试路线，抽样选取典型天线点位，使用频谱仪对该点位天线口 RSRP 进行测试。每层抽样数量不少于该层总数的 30%。

- 打开路测软件，在室内以步行速度沿测试路线测试。路测仪记录接收的 RSRP、SINR、PCI 等数据。

- 打开路测软件，在室外 20m 周边范围内以步行速度环绕建筑物，测试终端锁定室内目标小区进行测试，路测仪记录接收的 RSRP、SINR、PCI 等数据。

（3）覆盖指标要求

- 满足国家有关环保要求，电磁辐射值必须满足国家《电磁辐射防护标准》要求的室内天线载波最大发射功率小于 15dBm。

- 室内 90%区域 $RSRP>-85$dBm，$SINR>15$dB。

- 室内用户应由室内覆盖系统提供主导频，并比室外最强信号高 5dB 以上。

- 室内泄露控制：楼外 20m 处 $RSRP<-90$dBm。

- 各天线出口功率≥65dBm，且天线口 PCCPCH 功率在 0～5dBm，考虑覆盖要求，部分场合可达 7dBm，且与设计值偏差不大于 3dB。

覆盖性能详细指标列举见表 9-1。

表 9-1 覆盖性能详细指标列举

测试指标	测试项	指标要求
覆盖指标	$RSRP$ 和 $SINR$	$RSRP>-85$dBm，90%区域； $SINR>15$dB，90%区域； 室内信号应作为主导，信号电平大于室外最强信号 5dB 以上； 室外 20m 处，室内泄露信号的 $RSRP<-90$dBm； 室内天线 $MCL≥65$dB，天线口 $RSRP$ 在 0～5dBm，部分场合可达 7dBm

（4）系统性能测试

- Attach 激活成功率：测试统计 PS 附着（Attach）成功率、平均附着（Attach）时间，选择室内测试路线，测试路线应遍历室内主要覆盖区。

- 使用一部 UE 发起 PS 附着（Attach），如不能成功，等候 20s 后重新附着；如成功，保持 30s，去附着，等候 20s 后重新附着。在每个点记录附着尝试次数、成功次数、成功附着时间，总的附着次数不小于 200 次。

- 系统内切换测试：在室内小区内以及室内外交界处选取能发生室内小区间和室内外小区间切换的测试点（如建筑物出入口处、地下停车场出入口处、电梯等）。

- 使用一部 UE 激活，如不能成功，等候 20s 后重新激活，直到成功。

- 进行 FTP 下载一个大文件。

- 网络侧（OMCR）统计切换时延，切换次数不小于 200 次。

- Ping 测试。在室内小区内选择几个典型的测试点，在每个点进行以下测试：近点

（*RSRP*> –65dBm）、中点（*RSRP*> –75dBm）、远点（*RSRP*> –85dBm）；每个测试点使用一部 UE 发起 PDP 激活，激活成功后使用网络命令 Ping 事先指定的服务器，Ping 命令包大小为 500Bytes，发送 100 次；记录发送次数、成功次数、成功情况下的平均时延。

- 上传下载业务测试。在室内小区内选择几个典型的测试点，在每个点进行以下测试：近点（*RSRP*> –65dBm）、中点（*RSRP*> –75dBm）、远点（*RSRP*> –85dBm）。
- 路测仪记录业务信道下行 BLER，在网络侧记录业务信道上行 BLER。
- 打开 DuMeter 记录下载速率；每个测试点用一部测试 UE 发起业务，如不能成功，等候 20s 后重新激活，直到成功；下载一个大文件，记录 FTP 上传/下载速率和上下行 BLER、MCS、调度测试。每个点重复 3 次。

9.1.2 簇优化方案

1. 簇优化目标

簇一般包含 20～30 个站点。根据基站开通情况，对于密集城区和一般城区，选择开通基站数量大于 80%的簇进行优化；对于郊区和农村，只要开通的站点连线，即可开始簇优化。

在开始簇优化之前，除了要确认基站已经开通外，还需要检查基站是否存在告警，确保优化的基站正常工作。

2. 簇优化流程

簇优化流程如图 9-2 所示。

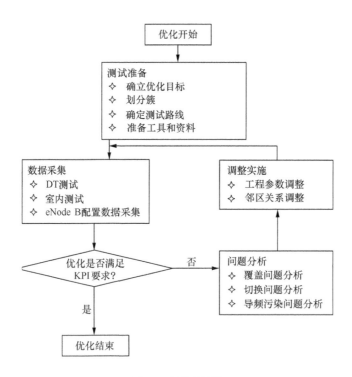

图 9-2 簇优化流程

（1）测试前的准备工作

① 测试软件和工具。

在 TD-LTE 无线网络测试中，主要采用 CDS 前台数据采集测试软件。在网络建设初期，可根据实际需要采用 Scanner 进行扫频测试以净化信号排除干扰。测试终端使用海思或创毅的相应测试终端，具体型号和版本参照移动公司相关拉网测试标准。

② 车辆供电问题。

测试时的笔记本电脑、测试终端、Scanner 都需要供电。笔记本电脑、手机可以用电池，但电池性能往往不能满足长时间测试的需求，因此推荐车辆供电方式如图 9-3 所示。

图 9-3 车辆供电示意

汽车蓄电池、汽车点烟器是一般车辆都有的。12V 直流电到 220V 交流电逆变器需要购买，功率一般建议达到 500W 以上，保证各种测试设备同时正常供电，并需要配备插线板，最好能有多个插口（包括两项和三项），这样，笔记本电脑、测试终端、Scanner 等能通过插线板充电。

③ 基站工程参数和电子地图。

使用基站工程参数，在测试过程中可以知道当时处在哪几个小区中间、服务小区是否合理等。路测软件导入基站工程参数的基本内容有：基站名、小区名、Cell ID、小区经纬度、天线方位角、频点、PCI、小区邻区信息等。数据制作时需要严格参照测试软件导入模板的格式，数据制作完成后在路测工具软件中导入基站工程参数即可使用。

路测工具软件一般使用 MapInfo 电子地图，可通过购买、扫描纸件后选点校准或从其他数字地图转换获取。

④ 测试设备连接注意事项。

在测试设备连接安装完成后，要确认测试设备是否正常，如果开机后不能正常工作，一般进行如下检查。

• 确认测试设备是否正确加电，各个开关是否已经打开，各指示灯是否显示正常。

• 串口线或网口线是否接触良好，是否存在虚接错接的现象。

• 串口是否连接到指定 PC 的正确串口位置。

• 确认 GPS 信息是否接收正常，如果没有收到，则需确认与 GPS 设备的连接以及 GPS 天线放置位置是否合理。

• 在操作系统里是否对该接口按要求进行了正确设置并选择了相关选项。

• 测试软件的 License 是否存在且有效。

⑤ 测试中的注意事项。

测试之前要确保手机电量充足，尤其是在进行 VP 业务时，由于耗电量比较大，如果电量不足，可能会出现充电赶不上耗电的情况。

测试手机的数据线和便携机的连接是否牢固，在测试过程中注意不能用力拉扯，否则会造成接触不良从而影响测试。测试手机必须设置在 USB 端口上。

（2）测试路线选择

测试路线的选择需囊括该测试区域的所有场景，例如，高架、隧道、高速公路、密集城区街道等，对于双行道也要尽可能保证双方向都能涉及，避免出现遗留问题区域。

在测试路线确定后，需要和客户沟通测试路线的合理性，确保测试路线中包含客户的关注点。

测试中需要确定一个固定的起点和终点，测试也要尽量保持每次测试时行走方向以及路线的先后次序一致，一般建议测试车辆最大速度不超过 60km/h。

为保证测试效果，测试之前需与司机充分沟通，确保测试车辆能按照前期制订的测试路线行驶。

（3）簇优化数据采集

正确采集数据是做好优化工作的前提，没有正确采集数据会给发现网络问题及解决问题带来困难。RF 优化阶段重点关注网络中无线信号分布的优化，主要的测试手段是 DT 测试和室内测试。测试之前应该和机房维护工程师核实待测基站是否存在异常，比如关闭、闭塞、拥塞、传输告警等；判断是否会对测试结果数据的真实性产生负面影响，如果有，需要排除告警后再安排测试。

数据采集以 DT 测试为主，通过 DT 测试，采集 Scanner 或 UE 的无线信号数据，用于对室外信号覆盖、切换和无主导频等问题进行分析。

室内测试主要针对室内覆盖区域（如楼内、商场、地铁等）、重点场所内部（体育馆、政府机关等）以及运营商要求测试区域（如 VIC、VIP 等）等进行信号覆盖测试，以发现、分析和解决这些场所的 RF 问题。其次用于优化室内、室内户外同频、异频或者异系统之间的切换关系。

① DT 测试。

DT 测试的具体方法需要参照运营商提出的相关规定及要求进行。

路测路线选取原则如下。

- 穿越尽可能多的基站；
- 包含网络覆盖区的主要道路；
- 在测试路线上车辆能以不同的速度行驶；
- 包含不同的电波传播环境——直射、反射、深衰落；
- 路线应穿越基站的重叠覆盖区。

路测测试方法如下。

- DT 测试采用 2 部 UE 进行长呼和短呼测试，Scanner 进行导频测试；
- 建议长呼测试通话保持在 1h 以上；
- 建议短呼测试通话保持 90s，空闲 20s。

Scanner 设置为采用默认设置，业务常保速率。

② 基站侧数据采集。

在 RF 优化中，需要采集网络优化的邻区数据以及基站数据库中配置的其他数据，并检查当前实际配置的数据与前期检查数据/规划数据是否一致。

（4）簇优化覆盖问题分析

覆盖问题分析是 RF 优化的重点，重点关注信号分布问题。弱覆盖、越区覆盖、上下行不平衡、无主服务小区属于覆盖问题分析的范畴。

覆盖问题分类及常用措施如下。

① 弱覆盖。

弱覆盖指的是覆盖区域导频信号的 RSRP 小于–100dBm。比如凹地、山坡背面、电梯井、隧道、地下车库或地下室、高大建筑物内部等。如果导频信号低于全覆盖业务的最低要求，或者刚能满足要求，但由于同频干扰的增加，SINR 不能满足全覆盖业务的最低要求，将导致全覆盖业务接入困难、掉话等问题；如果导频信号的 RSRP 低于手机最低接入门限的覆盖区域，手机通常无法驻留小区，无法发起位置更新和位置登记而出现"掉网"的情况。

这类问题通常采用以下应对措施。

● 可以通过调整天线方向角和下倾角，增加天线挂高，更换更高增益天线等方法来优化覆盖。

● 对于相邻基站覆盖区不交叠部分内用户较多或者不交叠部分较大时，应新建基站，或增加周边基站的覆盖范围，使两基站覆盖交叠深度加大，保证切换区域的大小，同时要注意覆盖范围增大后可能带来的同邻频干扰。

● 对于凹地、山坡背面等引起的弱覆盖区可用新增基站，以延伸覆盖范围。

● 对于电梯井、隧道、地下车库或地下室、高大建筑物内部的信号盲区可以利用 RRU、室内分布系统、泄漏电缆、定向天线等方案来解决。

② 越区覆盖。

越区覆盖一般是指某些基站的覆盖区域超过了规划的范围，在其他基站的覆盖区域内形成不连续的主导区域。比如，某些大大超过周围建筑物平均高度的站点，发射信号沿丘陵地形或道路可以传播很远，在其他基站的覆盖区域内形成了主导覆盖，产生了"岛"的现象。因此，当呼叫接入远离某基站而仍由该基站服务的"岛"形区域上，并且在小区切换参数设置时，"岛"周围的小区没有设置为该小区的邻小区，则一旦移动台离开该"岛"，就会立即发生掉话。而且即便配置了邻区，由于"岛"的区域过小，也容易造成切换不及时而掉话。还有就是像港湾的两边区域，如果不对海边基站规划作特别设计，就会因港湾两边距离很近而造成这两部分区域互相越区覆盖，形成干扰。

这类问题通常采用以下应对措施。

● 对于越区覆盖情况，需要尽量避免天线正对道路传播，或利用周边建筑物的遮挡效应，减少越区覆盖，但同时需要注意是否会对其他基站产生同频干扰。

● 对于高站的情况，比较有效的方法是更换站址，但是通常因为物业、设备安装等条件限制，在周围找不到合适的替换站址。而且因为极大地调整天线的机械下倾角会造成天线方向图的畸变，所以只能调整导频功率或使用电下倾天线，以减小基站的覆盖范围来消除"岛"效应。

③ 上下行不平衡。

这里，上下行不平衡是指目标覆盖区域内，上下行对称业务出现下行覆盖良好而上行覆盖受限（表现为 UE 的发射功率达到最大仍不能满足上行 BLER 要求）或下行覆盖受限（表现为下行专用信道码发射功率达到最大仍不能满足下行 BLER 要求）的情况。上下行不平衡的覆盖问题比较容易导致掉话，常见的原因是上行覆盖受限。

这类问题通常采用以下应对措施。

● 对于上行干扰产生的上下行不平衡，可以通过监控基站的 ISCP 的告警情况来确认是否存在干扰，如何处理参照相关指导书。

● 其他原因也可能造成上下行不平衡的问题：比如直放站和干放等设备上下行增益设置存在问题；收发分离系统中，收分集天馈出现问题；eNode B 硬件原因，如功放故障等；这类问题一般应该检查设备工作状态，可采用替换、隔离和局部调整等方法来处理。

④ 无主导小区信号。

没有主导小区或者主导小区更换过于频繁会导致频繁切换，进而降低系统效率，增加掉话的可能性。

针对无主导小区的区域，应当通过调整天线下倾角和方向角等方法，增强某一强信号小区（或近距离小区）的覆盖，削弱其他弱信号小区（或远距离小区）的覆盖。

（5）簇优化切换分析

在 RF 优化阶段，涉及的切换问题主要是邻区优化和切换区域控制。通过对 RF 参数的调整，可以对切换区的大小和位置进行控制，减少因为信号急剧变化导致的切换掉话，提高切换成功率。

① 邻区关系优化。

邻区优化包括邻区增加和邻区删除两种情况。漏配邻区的影响是强的小区不能加入邻区列表，导致干扰加大甚至掉话，这时需要增加必要的邻区；冗余邻区的影响是使邻区消息庞大，增加不必要的信令开销，而且在邻区满配时无法加入需要的邻区，这时需要删除冗余邻区。

在 RF 优化阶段，主要关注邻区漏配的情况，增加邻区的方法如下。

● 根据地理位置添加邻区。

● 根据地理位置通过软件检查添加缺邻区小区。

● 根据路测数据添加邻区。

● 根据 Scanner 数据添加邻区。

后台分析工具一般都提供漏配邻区检查的功能，它的原理是用 Scanner 扫描到的导频与当前配置的邻区列表进行比较，找出满足切换条件但是不在邻区列表中的导频扰码，作为漏配邻区报告列出。还需要对照地图上小区的位置信息加以检查才能确定是否要加入邻区列表。另外，对于越区覆盖造成的漏配邻区，其首要任务是解决覆盖问题，应该提 RF 调整建议。如果一时无法做射频调整解决越区覆盖问题，则可以暂时加作邻区以解决越区干扰问题。

● 根据 UE 测试数据添加邻区。

● 根据测试 RSRP 和 SINR 的分布情况，对掉话和起呼失败的一些事件进行分析，列出漏加邻区的小区。

② 冗余邻区删除。

必须非常慎重对待冗余邻区的删除，一旦必要的邻区被误删，就可能导致发生掉话，所以需要保证以下几点。

- 在删除邻区前，检查邻区修改记录，确认拟删除的邻区不是以前路测和优化中添加的邻区。
- 在删除冗余邻区以后，需要做全面的测试，包括路测和重要室内地点拨测，确保没有异常发生，否则需要改回数据配置。

RF 优化阶段，在以下情况下可以删除邻区。删除越区覆盖的邻区关系，前提是越区覆盖问题已经处理完毕，且没有增加新的弱覆盖区域；参考网络拓扑结构凭经验删除邻区，这种情况适用于原有邻区表已满，还需加入新的邻区关系，删除后应安排测试，确认删除的邻区关系不会造成更大的问题，否则，需要重新选择待删除邻区。

（6）簇优化调整分析

① 根据 Scanner 测试数据调整。

根据 Scanner 测试网络每个小区的 RSRP 分布，如果发现有小区同码或模三相等的重叠覆盖区域，就需要做相应的调整。

② 根据 UE 测试数据调整。

通过分析 UE 测试数据，对 SINR 突然跳变的地方进行重点分析，如果有同码小区重叠覆盖会导致 SINR 变差，BLER 陡升，甚至导致发生掉话。

③ 通过软件进行检查。

根据 PCI 规划规律，可以通过软件来检查规划的合理性。要求同码复用距离大于 3km；若同码复用距离小于 3km 则规划有问题，需要重新调整。采用关键参数为小区经纬度、方位角、频点码字。

④ 呼通率的控制与接入有关的参数（控制呼通率）如下。

- 参考信号发射功率；
- 上行 PRACH 功率；
- 小区下行接入功率门限；
- SRS 周期。

⑤ 小区重选导致呼叫失败类。

当用户作为主叫或者被叫进行呼叫时，由于用户处在小区重选阶段，往往呼叫会失败，因此需要控制好小区重选的频度，尽量控制小区重选。与小区重选的参数如下。

- 小区选择/重选下行最小接入门限 $Q_{rxlevmin}$。
- 只有当 UE 接收到的 RSRP 达到这个最小门限，UE 才能驻留到该小区。
- 该参数的具体取值需要考虑网络覆盖区域内的小区平均电平接收情况。
- 参数设置的值较高有可能导致无法接入小区。
- 调整该参数的门限值，会对小区实际覆盖半径有所影响。

3. 同频小区重选的测量触发门限 $S_{intrasearch}$

该参数的意义在于通过比较该值来获取小区重选测量的启动判决。

通过比较接收到的 RSRP 与最小门限的差值来启动对同频小区的 RSRP 的测量。

（1）在 UE 接收相同的 RSRP 的情况下

减小触发门限就意味着 UE 可以更容易启动测量流程；增大触发门限就意味着 UE 可

以减小启动测量流程的频率；该参数的取值与具体的网络环境有关。

（2）在最小接入门限相同的情况下

如果网络 RSRP 均值较高，该参数的值就不能设置得太低，否则 UE 会频繁启动测量；如果网络 RSRP 均值较低，该参数的值就不能设置得太高，否则 UE 难以启动测量，从而难以完成小区重选。

（3）频间小区重选的测量触发门限 $S_{intersearch}$

该参数的意义在于通过比较该值来获取小区重选测量的启动判决。通过比较接收到的 RSRP 与最小门限的差值来启动对异频小区的 RSRP 的测量。其意义等同于同频小区重选测量触发门限。

（4）服务小区重选迟滞 Q_{hyst1}

该参数的意义在于增加小区重选的难度，通过增加驻留小区的 RSRP 值来抑制小区重选。该参数是小区级别参数，用来对每个小区的重选判决进行细微调整，从而使网络性能最优化。

增大该参数的值，可以抑制所在小区向目标小区驻留；减小该值，则效果相反。

该参数的应用场景通常是在网络环境中，小区中的 RSRP 值相当，UE 有可能发生来回的小区重选。使用该参数可以增加小区重选的难度。

（5）小区重选时延 T_{resel}

小区重选时延不为 0 时，当发现更好的小区并且持续一段时间，则重选到该小区。这段时间即为小区重选时延。一般情况下，设置该参数的意义在于减少小区重选的次数，避免乒乓重选。该参数的值不能设置得过大或者过小，否则容易出现重选不及时或者乒乓重选的现象。典型重选参数配置见表 9-2。

表 9-2　　　　　　　　　　　　　　　　典型重选参数配置

$Q_{rxlevmin}$	$-101dBm$
Q_{hyst1}	4dB
$Q_{offset1}$	0
$S_{intersearch}$	51
$T_{reselections}$	1s

4．切换成功率的相关无线参数

（1）小区个性偏移

该参数是小区级别参数，用来对每一个小区的切换进行微调。它的意义在于对每一个小区测量到的 RSRP 值增加或者减少一个增量，从而改变切换的判决条件。

通过增加一个增量的方式，如果源小区增量为正，目标小区增量为负，那么有可能抑制切换；如果源小区增量为负，目标小区增量为正，那么就可能鼓励切换。

该参数的取值与具体的网络环境有关。

（2）切换时延

该参数的意义在于推迟 UE 上报测试事件的时间。在一个容易发生乒乓切换的区域，推迟每次切换上报的时间就等于减少了切换次数，抑制了乒乓切换。该参数的值也不能设置得过大，否则会出现 UE 切换不及时的现象。

调整切换时延可以有效规避乒乓切换、减少切换次数。但如果该参数的值设置得较大，有可能造成 UE 无法及时完成切换，导致掉话。

（3）切换 RSRP 迟滞量

通过比较源小区和目标小区的 RSRP 的差值与迟滞量来进行切换判决，这是切换触发的重要判决条件。切换区域内，该值不能设置得过小，否则会导致乒乓切换。

在切换区域内，该值不能设置得过大，如果设置得偏大（比如 6dB），所带来的好处是抑制了乒乓切换，坏处是切换迟滞，切换带已经深入目标小区，切换时源小区受到目标小区的干扰会比较大。但是，此时如果调整最大发射功率，则可以提升源小区的下行发射功率，使 SINR 保持稳定。

5．掉话的控制

（1）覆盖弱引起

大部分的掉话均是由覆盖的弱场发生切换而引起的。改善这种掉话有两种方法：一是改善覆盖场强；二是按照上述介绍的切换参数设置原则对切换参数进行优化。

（2）上行干扰引起

上行干扰分为网外干扰和网内干扰。网外干扰是频率被其他设备占用而导致射频污染。网内干扰有两种情况：一种是基站越区覆盖，下行信号落入上行时隙导致干扰；另一种是基站不同步导致干扰。

9.1.3　片区优化方案

在所划分区域内的各个簇优化工作完成后，进行整个区域的覆盖优化与业务优化工作。优化的重点是簇边界以及一些盲点；优化的顺序是先进行覆盖优化，再进行业务优化；片区优化流程和簇优化的流程完全相同。在进行簇边界优化时，最好是相邻簇的人员组成一个网络优化小组对边界进行优化。在优化过程中，注意及时更新工程参数表和参数调整跟踪表，及时总结调整前后的对比报告。

9.1.4　不同厂家交界优化方案

区域内优化完成之后，开始进行区域边界优化。当边界两边为不同厂家时，需要由两个厂家的工程师组成一个联合网络优化小组对边界进行覆盖优化和业务优化。覆盖和业务优化流程和簇优化流程完全相同。在优化过程中，注意及时更新工程参数表和参数调整跟踪表，及时总结调整前后的对比报告。

9.1.5　全网络优化方案

全网络优化即针对整网进行整体的网络 DT 测试，整体了解网络的覆盖及业务情况，并针对客户提供的重点道路和重点区域进行覆盖和业务优化。覆盖和业务优化流程和簇优化流程完全相同。在优化过程中，注意及时更新工程参数表和参数调整跟踪表，及时总结调整前后的对比报告。

9.2 日常优化方案

9.2.1 室外宏覆盖优化方案

1. 室外宏覆盖优化内容

覆盖优化主要消除网络中存在的 4 种问题：覆盖空洞、弱覆盖、越区覆盖和导频污染。覆盖空洞可以归纳到弱覆盖中，越区覆盖和导频污染都可归结为交叉覆盖，所以，从这个角度和现场可实施角度来看，优化主要有消除弱覆盖和交叉覆盖两方面的内容。

覆盖优化目标的制订，就是为了结合实际网络建设，最大限度地解决上述问题。

2. 解决覆盖问题的手段

① 调整天线下倾角；

② 调整天线方位角；

③ 调整 RS 的功率；

④ 升高或降低天线挂高；

⑤ 站点搬迁；

⑥ 新增站点或 RRU。

3. 覆盖优化的原则

原则 1：先优化 RSRP，后优化 PDCCH SINR。

原则 2：覆盖优化的两大关键任务——消除弱覆盖；净化切换带、消除交叉覆盖。

原则 3：优先弱覆盖、越区覆盖、再优化导频污染。

原则 4：优先调整天线的下倾角、方位角、天线挂高和迁站及加站，最后考虑调整 RS 的发射功率和波瓣宽度。

9.2.2 热点覆盖优化方案

1. 高端写字楼场景

高端写字楼楼层高，多为玻璃外墙，内部隔间多，公共区域在楼层中部，电梯数量多。业务上高端用户较多，话务在时间上呈现一定的规律性，高峰时段话务密度较大。对于高端写字楼通常采用室外 8 通道宏站加室内分布系统对全楼进行连续覆盖。对于话务量大的楼宇可以按楼层垂直划分小区，电梯和低层共小区，此外窗边可采用定向吸顶天线控制外泄。

2. 商场及购物中心场景

商场及购物中心一般为 10 层以下，平层占地面积较大，外墙多为玻璃结构。用户业务以话音业务为主，话务在时间上呈现一定的规律性，高峰时段话务密度较大。因此，如果存在两个以上 RRU 覆盖，则采用多 RRU 合并小区，减少小区间切换和干扰。

3. 高层住宅场景

高层住宅场景一般楼层较高，多带有地下车库及多部电梯，往往对无线设备敏感，其业务活动时间长，体验要求高。目前，对于高层住宅楼宇，通常考虑采用楼道、电梯、地下车库室内分布系统覆盖，走廊天线靠近防盗门部署，采用小型化天线及高举低打或楼间对打等方式进行深度覆盖。

4. 校园场景

校园场景多可按照功能区划分为多个建筑群，大部分区域通过室外基站能保证良好覆盖。其话务比较集中且存在很强的规律性，宿舍区与教学区的话务错峰，办公区存在一定的数据业务，用户集中，因此需大容量解决方案。通常采用室外覆盖室内和在宿舍区域采用室外分布系统进行校园场景深度覆盖。

9.2.3　高速铁路优化方案

高速铁路场景在无线网络覆盖场景中是比较特殊的，主要具有以下特征。

① 列车车速快，正常运营速度为 200～350km/h；

② 列车车体穿透损耗大，各种车型穿透损耗为 10～27dB；

③ 切换频繁。

高速铁路覆盖优化具有一定的特殊性，主要从以下两个方面进行覆盖设计。

（1）精确的链路预算

高速铁路链路预算需要考虑列车车体的穿透损耗，基站与列车之间无遮挡，可以采用 COST231-Hata 传播模型，根据链路预算表比对，F 频段专网在使用高增益双通道天线的条件下，TD-LTE 单小区覆盖半径约为 520m，在此基础上考虑重叠覆盖需求约为 120m，TD-LTE 高速铁路站间距约为 920m。

（2）多 RRU 小区合并组网

高速铁路宏站场景下，基站沿线覆盖以直视径为主。利用铁路线型覆盖的特点，高速铁路宏基站场景可采用链型小区连续覆盖的方案，考虑到高速铁路沿线地形多变，站址选择困难，多采用 BBU+RRU 光纤拉远型的分布式基站进行覆盖。由于 TD-LTE 双通道天馈的天线增益较强，因此多采用双通道组网，具体组网方式有单抱杆双 RRU 背靠背和单抱杆单 RRU 功率分配两种。

9.2.4　室内分布系统优化方案

室内覆盖建设主要遵循以下原则。

① 频率规划：室内主要使用 E 频段进行覆盖。

② 容量配置：单载波带宽为 20MHz，原则上配置为 O1，业务需求大的楼宇配置为 S11。

③ 室内分布系统：新增室内覆盖的楼宇建设双路室分系统，已建设室分系统的楼宇优先采用单路室分系统改造，当不能满足业务需求时则改造为双路室分系统。

④ 帧配置：原则上业务子帧配置为 1：3，特殊子帧配置为 10：2：2，上行业务需求大的楼宇可将业务子帧配置为 2：2，特殊子帧配置为 10：2：2。

9.2.5　体育场馆优化方案

大型场馆中的移动通信有以下特点：

① 对信号强度的要求较高；

② 对载频的需求量大；

③ 需要高速数据传输技术保障。

对于大型场馆的 TD-LTE 室内覆盖，通常采用 MIMO 技术，使用的天线一般为宽频吸顶天线及对数周期天线。

大型场馆的应急通信保障方法主要有以下两个方面。

（1）应对信号损耗的方法

在无线信号强度方面，可以在场馆附近建立宏基站，通过这种方式可以在覆盖场馆的范围内提升信号传输的功率，在信号传输时将信号强度提升到一个很高的程度，让信号传输到用户移动终端时仍保持优良程度。但该方法只能用于面覆盖，由于 TD-LTE 自身容易相互干扰，并且在 LTE 系统覆盖范围内会受到天线类型的影响，所以在场馆内部建设室内分布系统，通过该系统，信号在传输过程中会不断增强，而且这种方法不会造成信号相互干扰。但室内分布相对于宏站的面覆盖只能做到指定区域覆盖，建设成本较高。

（2）应对大话务量解决方法

通常情况下，可以通过载频扩容方法减少话务信道负荷应对话务激增，但由于频率资源受限，不可能建立大量室外宏蜂窝，且覆盖区域很容易受到用户分配的 RB 资源数影响，因此可以将场馆内部划分为若干个小范围，在不同范围内进行信号传输的重复利用，为减少信号间干扰，建议相邻范围内不重复利用信号。也可在场馆外部部署应急通信车以保证短时间内的通话效果。

9.2.6　地铁覆盖优化方案

由于地铁覆盖存在接入系统较多、覆盖要求高、设备安装空间有限的问题，一次采用多频分合路器对各系统进行合路后，通过同一套天馈进行覆盖。其中，站厅、站台采用柜式多频分合路器，隧道采用壁挂式多频分合路器。

（1）站厅、站台区域覆盖

在站厅及站台采用宽带全频段吸顶天线进行覆盖。天线间距为 $10 \sim 15m$，上、下行天线分开，间距为 10λ（约为 $1.25m$），垂直走廊布放。合理控制室内天线的出口功率，做到小信号均匀覆盖。

（2）隧道区间区域覆盖

采用泄露同轴电缆实现区间隧道无线信号覆盖，为保证足够的切换区域，建议 LTE 信源距离不超过 $500m$。

第 10 章
TD-LTE 网络优化专项案例分析

10.1 覆盖专项优化方法及案例

TD-LTE 网络一般采用同频组网，同频干扰严重，保持良好的覆盖和干扰控制是提升网络性能的关键。覆盖优化是网络优化的第一步，也是最基础、最重要的一步。覆盖优化的重点优化指标为 RSRP、RSRQ、CINR。主要的优化措施是调整工程参数和功率以及邻区关系。覆盖优化进行工程参数和 RS 的功率后，需要及时整理更新工程参数表。良好的无线覆盖是保障通信网络质量和指标的前提，结合合理的参数配置才能得到一个高性能的通信网络。

覆盖优化的主要流程如图 10-1 所示。

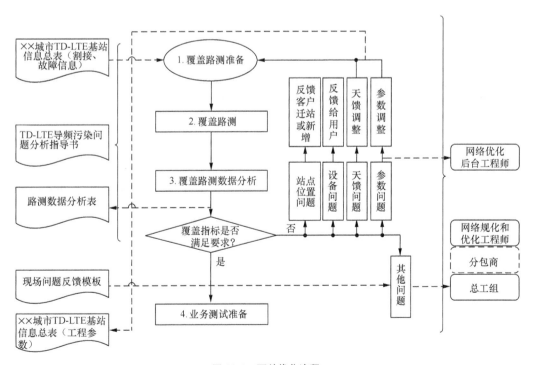

图 10-1 覆盖优化流程

覆盖优化除了对 PCI 和邻区参数进行调整外，主要对工程参数进行调整。大部分的覆盖和干扰问题能够通过调整如下站点工程参数加以解决。

① 天线下倾角；

② 天线方向角；

③ 天线类型；

④ 天线高度；

⑤ 天线位置；

⑥ 更改站点类型；

⑦ 站点位置；

⑧ 新增站点。

弱覆盖优化方法：优先考虑降低距离弱覆盖区域最近基站的天线下倾角，调整天线方位角，增加站点或 RRU，增加 RS 的发射功率。

1. 案例 1：重叠覆盖导致异常掉话

（1）问题现象

测试车辆沿 CN 街由西向东行驶，终端占 A 基站第二扇区（PCI=211）开展业务，随后切换至 B 基站第一扇区（PCI=133），业务保持正常。车辆继续向东行驶，终端又回切至 A 基站第二扇区（PCI=211），此时发生异常掉话。

（2）处理过程

UE 由 A 基站第二扇区（PCI=211）正常切换至 B 基站第一扇区后又出现回切情况导致掉话。两小区 RSRP 值均保持在–85dBm 以上，且两小区 RSRP 值的差在 3dB 以内，使得该路段为无主覆盖路段，发生频繁切换最终导致掉话。针对该路段无主覆盖问题，调整 B 基站第一扇区导频功率使其不会对该路段实行有效覆盖。

（3）优化成果

B 基站第一扇区作为主覆盖小区，其 SINR 值保持在 20dB 左右；在该路段反复验证、测试，发现无频繁切换情况、无掉话等异常事件发生。

覆盖测试图例如图 10-2 所示。

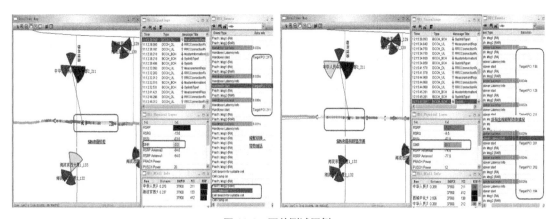

图 10-2　覆盖测试图例

2．案例 2：LTE 网络深度覆盖优化提升案例

（1）问题现象

某居民小区总占地面积 13.2284 公顷，总建筑面积 26.9357 万平方米，入住 1517 户，居住人口近 5310 人，其中西区为多层及中高层组成的综合型小区。该小区周边 4 个角落的 LTE 宏站仅能覆盖小区周边 2 栋高层楼宇，但深度覆盖不足。

（2）处理过程

现场实测分析、合理优化，在园区区域内采用天馈调整和异频滴灌的方式处理，同时调整合适的异频切换门限，上调滴灌的 RS（参考信号）功率，由 12.3dBm 提升至 18.3dBm，RRU 实际发射功率为 40W，机顶功率为 80W（双载波）。

（3）优化成果

调整后指标有大幅度提升，平均 RSRP：–96.7dBm→–87.8dBm；平均 SINR：8.1dB→16.0dB；平均下行吞吐率：35.9Mbit/s→57.4Mbit/s；整体覆盖率：76.2%→98.8%；下载速率大于 4Mbit/s，比例：94.6%→98.6%。满足该小区业务需求。

优化前后指标见表 10-1。

表 10-1　　　　　　　　　　　　　优化前后指标对比

指标	平均 RSRP（dBm）	平均 SINR（dB）	平均下行吞吐率（Mbit/s）	整体覆盖率	下载速率大于 4Mbit/s 的比例
优化前	–96.7	8.1	35.9	76.2%	94.6%
优化后	–87.8	16.0	57.4	98.8%	98.6%

3．案例 3：青岛路××附近弱覆盖及质差

青岛路××以南路段存在弱覆盖及质差，青岛××2 小区方向 240m 左右处 3 个小区在切换带区域的 RSRP 都较差，此路段无主控小区，SINR 也较差。优化前测试效果如图 10-3 所示。

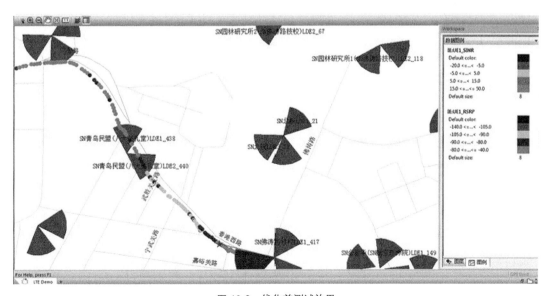

图 10-3　优化前测试效果

根据基站分布情况分析，该路段应该由青岛路××2 小区覆盖，2 小区天线方位角及下倾角不合理造成弱覆盖。现场勘查实际天线挂在西北角围墙角落 4m 左右木杆，覆盖效果差。

优化调整：根据现场实际情况进行天线调整，将青岛路××2 小区方位角由 140°调整至 120°，下倾角由 6°调整至 2°，加强青岛路××2 小区沿道路的覆盖，改善信号覆盖及信号质量。

对于导频污染和重叠覆盖区域的优化方法为：明确主导小区，理顺切换关系；调整下倾角、方位角、功率，使主服务小区在该区域 $RSRP>$-90dBm，降低其他小区在该区域的覆盖场强导频污染严重的地方，可以考虑采用双通道 RRU 拉远来单独增强该区域的覆盖，使得该区域只出现一个足够强的导频。

4. 案例 4：模三干扰案例

（1）问题现象

某地市精品簇优化项目；当测试车辆沿星火北路由北向南行驶，行驶至广电东路向东行驶，该路段信号稳定，切换正常，但 SINR 值较差。经分析发现，在该问题点路段主要由于××公寓 5#楼 S49（PCI=318），××家园三村 17#楼甲单元及丙单元 S49（PCI=300）都与主覆盖小区××布业 S49（PCI=294）成模三干扰，导致 SINR 较差。

（2）处理过程

① 将××公寓 5#楼 S49 的功率由 15.2dBm 调到 4.2dBm；

② 将××家园三村 17#楼甲单元及丙单元 S50 的功率由 15.2dBm 调到 6.2dBm；

③ 将××家园三村 14#楼甲单元及丙单元 S51 的功率由 15.2dBm 调到 6.2dBm；

④ 将××家园三村 14#楼甲单元及丙单元 S52 的功率由 15.2dBm 调到 6.2dBm。

（3）优化成果

RSRP 值提升明显，SINR 值由优化前的 4.7dB 提升至 14.8dB。

问题点现场优化前后对比如图 10-4 所示。

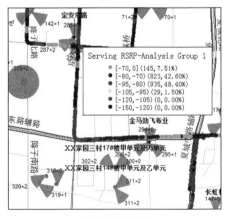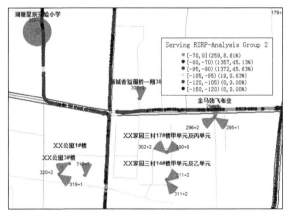

（a）优化前 RSRP　　　　　　　　　　（b）优化后 RSRP

图 10-4　问题点现场优化前后对比

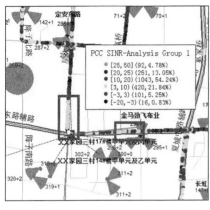

（c）优化前 SINR　　　　　　　　　　（d）优化后 SINR

图 10-4　问题点现场优化前后对比（续）

10.2　接入专项优化方法及案例

10.2.1　基本定位思路

接入失败的原因通常有三大类：无线侧参数配置问题、信道环境影响以及核心网侧配置问题。因此，如果遇到无法接入的情况，大致可以按以下步骤进行排查。

① 通过话统分析是否出现接入成功率低的问题，当前 RRC/E-RAB 接通率指标一般为98%，也可根据局点对接入成功率指标的特殊要求启动问题定位。

② 确认是否为全网指标恶化，如果是，则需要检查是否存在网络变动和升级行为。

③ 如果是部分站点指标恶化，拖累全网指标，需要寻找 TOP 站点。

④ 查询 RRC 连接建立和 E-RAB 建立成功率最低的 TOP10 站点和 TOP 时间段。

⑤ 查看 TOP 站点告警，检查单板状态、RRU 状态、小区状态、OM 操作以及配置是否异常。

⑥ 提取 CHR 日志，分析接入时的 MSG3 的信道质量和 SRS 的 SINR 是否较差（弱覆盖），是否存在 TOP 用户。

⑦ 针对 TOP 站点进行有针对性的标准信令跟踪、干扰检测分析。

⑧ 如果标准信令和干扰检测无异常，将一键式日志、标口跟踪、干扰检测结果返回给开发人员分析。

详细流程如图 10-5 所示。

10.2.2　配置类问题排查

1. UE 配置问题

（1）Test UE 频点配置

检查频点配置是否与 eNode B 一致，如果频点配置不正确，UE 表现为小区搜索失败。

（2）E398/E392 附着类型设置

LTE 核心网通常没有配置 CS 域的通道，只有 PS 域。当 E398 附着类型为 CS&PS

Combined Attach 时，就会导致只有 PS 域附着成功，CS 域一直附着失败，UE 最终被释放掉。将 E398 的附着方式修改为 PS_ONLY，就可以解决此问题。

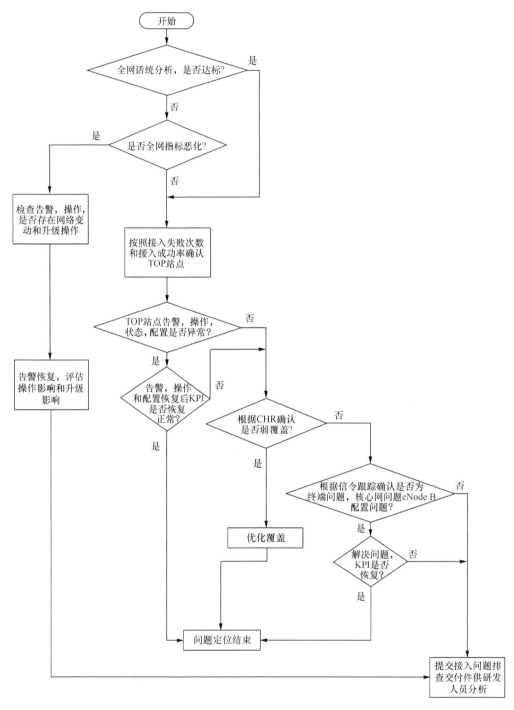

图 10-5　接入问题优化流程

（3）终端规格问题

现网部分终端只支持 Band38 和 Band40，如果小区设置为其他频带，终端将无法接入。

另外，需要确认部分终端对无线层加密算法的支持程度，如果小区配置中使用的终端不支持算法进行加密和完整性保护，终端可能会出现接入失败。

2. eNode B 配置问题

（1）PDCCH 符号数配置问题

测试局点为了尽可能提高下行吞吐率，PDCCH 通常固定 1 符号，但在 20Mbit/s 带宽以下，可能出现无法接入的问题。

10Mbit/s 小区，PDCCH 固定 1 符号，总共能使用的 CCE 为 8 个，受上下行配比约束，下行最多能用 5 个，而 10Mbit/s 小区公共信令的聚合级别为 8，需要 8 个，因此 CCE 资源受限所以无法接入。

5Mbit/s 小区，PDCCH 固定 1 符号，总共能使用的 CCE 为 3 个，同样由于 CCE 资源受限无法接入。

15Mbit/s 小区，PDCCH 固定 1 符号，总共能使用的 CCE 为 12 个，受上下行配比约束，下行最多能用 8 个，PDCCH 功控开关关闭时可以接入。

PDCCH 符号数配置见表 10-2。

表 10-2　　　　　　　　　　　　PDCCH 符号数配置

OFDM 符号 N_g	1.4Mbit/s			3Mbit/s			5Mbit/s			10Mbit/s			15Mbit/s			20Mbit/s		
	2	3	4	1	2	3	1	2	3	1	2	3	1	2	3	1	2	3
1/6	2	4	6	2	7	12	4	13	21	10	26	43	15	40	65	20	54	87
1/2	2	4	6	2	7	12	4	12	21	9	26	42	15	39	64	19	52	86
1	2	4	6	2	7	12	3	12	20	8	25	41	12	37	62	17	50	84
2	2	4	6	1	6	11	2	11	19	6	23	39	9	34	59	13	46	80

（2）IPPATH 配置问题

基站在完成了安全的配置、UE 能力的获取以及向小区申请资源后，会向 TRM 申请 GTPU 资源，如果申请资源失败则会向核心网返回初始上下文建立失败响应 INIT_CONTEXT_SETUP_FAIL，原因值填写 transport resource unavailable(0)，如图 10-6 所示。

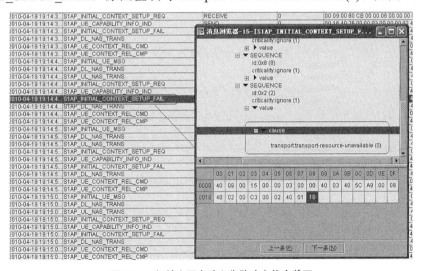

图 10-6　初始上下文建立失败响应信令截图

这种情况下，对照开站 summary 首先查看 MML 中的 IPPATH 配置是否正确；如果已经配置正确，则查看初始上下文建立请求消息（INIT_CONTEXT_SETUP_REQ 消息）中 transportlayeraddress 的信元值是否为配置的 IPPATH 值；如果不是，则需要确认是配置错误还是核心网填写错误；同时查看路由信息配置是否正确，如果 IPPATH 正确，但路由错误，同样会出现传输资源不可用的错误信息。初始上下文建立请求消息信令如图 10-7 所示。

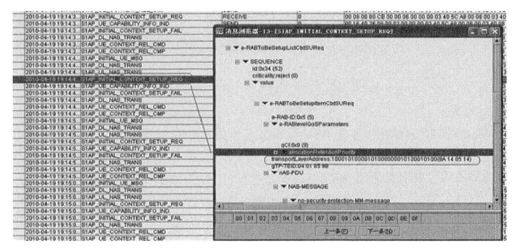

图 10-7　初始上下文建立请求消息信令

10.2.3　问题定位和性能优化

1．问题定位流程详述

（1）UE 无法驻留到小区问题定位指导

以 OMT 跟踪的 TUE 信令为例，分析定位方法如下。

UE 首先进行小区搜索，通过 UE OMT 的层间消息和关键事件消息查看是否成功驻留到小区。若 OMT 中出现图 10-8 所示的消息，则表示 UE 能驻留到小区，否则表示 UE 无法驻留到小区。

行号	序列号	时间戳	当前时间	关键事件名称
1	451	481535808	2010-11-23 18:17:50	protocol version match 8 0
2	452	481539278	2010-11-23 18:17:50	cell search begin
3	453	481539381	2010-11-23 18:17:50	plmn spec search start
4	454	481574295	2010-11-23 18:17:51	cell search end
5	455	481574392	2010-11-23 18:17:51	mib receive begin
6	456	481636612	2010-11-23 18:17:51	mib receive end
7	457	481636783	2010-11-23 18:17:51	sib receive begin
8	458	481737826	2010-11-23 18:17:51	sib receive end
9	459	481738689	2010-11-23 18:17:51	camped on suitable cell

图 10-8　UE OMT 关键时间跟踪消息

如果 UE 无法驻留到小区，通过 OMT 空口消息跟踪查看用户是否能收到系统消息。

① 确认 UE 是否能搜索到小区。通过 OMT 的层间消息跟踪查看"ID_RRC_ PHY_CELL_SEARCHING_IND"消息；打开消息，ueCellNumber 表示 UE 搜索到的小区数，接下去的列表中显示了小区 ID、RSRP 等信息。UE OMT 空口消息跟踪信息如图 10-9 所示。

图 10-9　UE OMT 空口消息跟踪信息

如果小区数为 0 或者搜索到的小区 ID 不是目标小区的小区 ID，则说明没有搜索到小区。

这可能是小区覆盖太差导致的，可以通过重新选点、核查覆盖参数的方式进行排查。也可能是频点等配置参数不正确导致的，可确认一下频点或者重新配置一下频点。具体查看方式如图 10-10 所示。

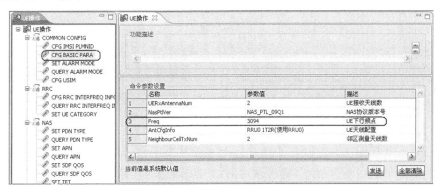

图 10-10　UE OMT 配置窗口

② 确认一下是否收到系统消息，判断是哪条消息的问题。

RRC_MASTER_INFO_BLOCK 表示 MIB 消息。RRC_SIB_TYPE1、RRC_SYS_INFO 为 SIB 消息。UE OMT 消息跟踪消息如图 10-11 所示。

当前时间	源模块名称	目的模块名称	消息类型	消息名称
2010-11-23 14:44:43	eNodeB	UE	UU Message	RRC_MASTER_INFO_BLOCK
2010-11-23 14:44:43	eNodeB	UE	UU Message	RRC_SIB_TYPE1
2010-11-23 14:44:43	eNodeB	UE	UU Message	RRC_SIB_TYPE1
2010-11-23 14:44:43	eNodeB	UE	UU Message	RRC_SYS_INFO
2010-11-23 14:44:43	UE	MME	Nas Message	MM_ATTACH_REQ

图 10-11　UE OMT 消息跟踪消息

③ 如果能收到系统消息,而用户没有发起 MM_ATTACH_REQ。用户配置了手动 Attach 模式，请修改为 Auto 模式，或手动进行 Attach 操作，如图 10-12 所示。

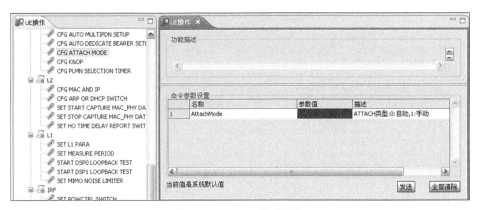

图 10-12　Attach 模式修改

小区被禁止，小区禁止信息在 SIB1 中，且为可选项，如果没有小区禁止信息，可认为小区未禁止。协议 36331 6.3.1 中小区禁止的消息描述如图 10-13 所示。

```
SystemInformationBlockType2 ::=      SEQUENCE {
    accessBarringInformation         SEQUENCE {
        accessBarringForEmergencyCalls      BOOLEAN,
        accessBarringForSignalling          AccessClassBarringInformation OPTIONAL, -- Need OP
        accessBarringForOriginatingCalls AccessClassBarringInformation    OPTIONAL  -- Need OP
        OPTIONAL,                                                         -- Need OP
    radioResourceConfigCommon        RadioResourceConfigCommonSIB,
    ue-TimersAndConstants            UE-TimersAndConstants,
    frequencyInformation             SEQUENCE {
        ul-EARFCN                        INTEGER (0..maxEARFCN)           OPTIONAL, -- Need OP
        ul-Bandwidth                     ENUMERATED {
                                            n6, n15, n25, n50, n75, n100, spare2,
                                            spare1}                       OPTIONAL, -- Need OP
        additionalSpectrumEmission       INTEGER (0..31)
    },
    mbsfn-SubframeConfiguration      MBSFN-SubframeConfiguration           OPTIONAL, -- Need OD
    timeAlignmentTimerCommon         TimeAlignmentTimer,
    ...
}
```

图 10-13　协议 36331 6.3.1 中小区禁止的消息描述

S 准则判决没通过，导致用户无法驻留到小区。协议规定了小区驻留电平，如果用户测量到小区的信道强度一段时间内小于小区配置的驻留电平，UE L3 会发起小区重选，重新选择可驻留的小区。小区驻留门限是保障用户在小区中正常开展业务的一个门限值。一般地，如果小区信号低于该门限值，可认为用户已经不能维持正常的业务了，即使驻留在小区也没有实际意义。在实际系统中，考虑到达用户会在网络中"永存"等，可能会将该值设置得较低。

小区驻留门限配置可以从 SIB3 消息中获取，具体的查看方式如图 10-14 所示。Q_{rxlevmin} 就是小区最小驻留电平，示例中的最小驻留门限为–128dBm。

在 UE 接收完系统消息后，UE L3 会指示 UE L1 进行小区 RSRP 的测量，L3 收到 L1 的测量信息后进行 S 准则的判决。通过 UE OMT 层间消息跟踪可查看 UE 的接收功率，具体查看方式如图 10-15 所示。"ID_RRC_PHY_CELLSEARCH_MEAS_IND"中包含了频点、小区 ID、RSRP 等信息。由于为内部接口消息，RSRP 需要通过表达式转换得到，具体表达式为

实际的 $RSRP=$ 上报的 $RSRP/256-93.3-18-\{21.1，24.1，27.1，30.1，33.1，33.1\}$（根据带宽选择 1.4Mbit/s、3Mbit/s、5Mbit/s、10Mbit/s、15Mbit/s、20Mbit/s）。

示例中的 $RSRP=15\,038/256-93.3-18-30.1=-82\text{dBm}$。

图 10-14　UE OMT 消息跟踪

图 10-15　UE OMT 消息跟踪

- 如果 RSRP 不满足 S 门限，说明信号覆盖较差，通过选点和覆盖核查解决。
- 如果无法重新选点，考虑降低驻留门限进行测试。

- 如果小区 RSRP 高于驻留门限但仍无法驻留，则请联系 IoT 人员协助定位。

（2）随机接入过程问题定位指导

随机接入过程是指 UE 发送 Preamble 到 eNode B 收到 MSG5 的过程。该过程问题定位主要通过 eNode B 小区跟踪、eNode B L1 TTI 跟踪、eNode B UU 口跟踪、UE TTI 跟踪、UE OMT 信令跟踪、UE OMT 层间消息进行对比分析。

图 10-16 为用户 Attach 流程中随机接入的时序图。由于上下行调度都是由 eNode B 控制的，其下行传输的信息都没有严格限制，一般只要满足定时器不超时即可。而 UE 侧上下行资源都是由 eNode B 控制的，所以对 UE 上行发送会有严格的时序控制（ACK 信息反馈是 4 个 TTI，UL Grant 到上行发 PUSCH 是 4 个 TTI，SRI 必须在分配的资源上发，MSG3 是收到 RAR 后的 6、7 个 TTI 发）。

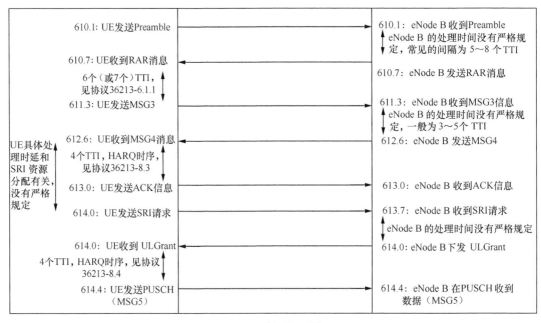

图 10-16　随机接入时序图

问题 1：UE 发起了 Attach，而 UE 没有收到 RAR 消息；UE 发起了 Attach，而 UE 却没有发送 RAR_SETUP_REQ；UE 发起了 Attach，而 eNode B 没有收到 MSG3 消息。

① 问题确认。确认 UE 发起了 Attach，通过 UE OMT 的空口消息进行确认，如图 10-17 所示。

行号	序列号	时间戳	当前时间	关键事件名称
16	70114	187396221	2010-11-23 14:44:43	rlc om ent cfg cmp
17	70115	187397465	2010-11-23 14:44:43	mac rrc trig random access 624 9
18	70116	187407785	2010-11-23 14:44:43	mac preamble ID and power gain: 42 67
19	70117	187407795	2010-11-23 14:44:43	mac send preamble succ,curr frame and subframe: 626 0
20	70118	187415178	2010-11-23 14:44:43	mac recv rar succ,curr frame and subframe: 626 7

图 10-17　UE 发起 Attach

② 确认 UE 是否收到 RAR 消息，出现 Mac recv rar succ 表示 UE 已经收到 RAR 消息，如图 10-18 所示。

行号	序列号	时间戳	当前时间	关键事件名称
16	70114	187396221	2010-11-23 14:44:43	rlc om ent cfg cmp
17	70115	187397465	2010-11-23 14:44:43	mac rrc trig random access 624 9
18	70116	187407785	2010-11-23 14:44:43	mac preamble ID and power gain: 42 67
19	70117	187407795	2010-11-23 14:44:43	mac send preamble succ,curr frame and subframe: 626 0
20	70118	187415178	2010-11-23 14:44:43	mac recv rar succ,curr frame and subframe: 626 7

图 10-18　UE 收到 RAR 消息

如果 UE 没有收到 RAR 消息，UE OMT 或串口一般会出现如下打印。

• 出现 RAR 超时：该信息表示 UE 没有收到 RAR 的 DL Grant（OMT 查看）。

• 出现 RAR CRC 错误：该信息表示 UE 收到了 RAR 的 DL Grant，但是 PDSCH 出现 CRC 错误（OMT 查看）。

• 出现 RAR 匹配失败，并出现超时。该信息表明 UE 收到了 RAR 消息，但与发送的 Preamble 信息不匹配，该信息并不包含自己的 RAR 信息。UE 在发送 RAR 消息后，会一直去盲检 PDCCH。如果有多个 UE 同时发起 RAR 信息，而 eNode B 并不是同时调度 RAR 信息；或者如果 UE 在发 Preamble 的时刻有其他 UE 同时接入或存在 RACH 虚警，而 eNode B 没有检测到该 UE 的 Preamble 信息（具体原因有很多，包括信道原因、发射功率等）；或者 eNode B 检测 Preamble 错误，此时就会出现 RAR 不匹配等信息（提交研发通过串口查看）。

比较容易出现的是 Preamble 错误，而且引起 Preamble 错误的原因为 UE 位置或 eNode B 上下行通道时延不对齐，该问题的典型现象为 eNode B 检测到的 Preamble ID 与 UE 实际发送的 Preamble ID 相差 1。一般可以通过设置 eNode B 接入范围来规避。

如果需要进一步定位和确认问题，可以通过以下方式，核对 eNode B 和 UE 的 TTI 级信息进一步进行定位。

① 核对 UE 和 eNode B 的 Preamble 信息，分析 eNode B 是否收到了 UE 发送的 Preamble ID。

具体查看方式为：用 LAE 打开 UE TTI 跟踪文件。查看 L2→PRACH→Preamble ID 字段（示例中 Preamble ID=29，发送时刻的帧号为 296，子帧号为 3，下面用 296.3 描述帧号子帧号），如图 10-19 所示。

用 LAE 打开 eNode B CELL DT 跟踪文件，查看 Preamble ID 为 29 的记录。如果无法查找到，则表示 eNode B 没有检测到 Preamble ID（文件中 Preamble ID、RID 对应的值为 Preamble ID）。如果找到相同的 Preamble ID，表明 eNode B 收到了 UE 发送的 Preamble。如果帧号与子帧号不匹配，说明这个记录不是正确的记录。如果 eNode B 没有收到 Preamble ID，确认 UE 发射功率是否正常，核对 PRACH 配置是否正确。

② 核对 eNode B 和 UE 的 RAR 消息，分析 UE 是否收到 eNode B 发送的 RAR 消息。

用 LAE 打开 CELL DT 跟踪文件，查看 Preamble ID 为 29 的 RAR。通过 LAE 分析 UE TTI 跟踪。如果 UE 检测到 RA-RNTI 加扰的 PDSCH 且 TTI 与 eNode B 侧相对应，表明 UE 收到了 RAR 消息。示例中 RAR TTI 为 296.9，如图 10-20 所示。

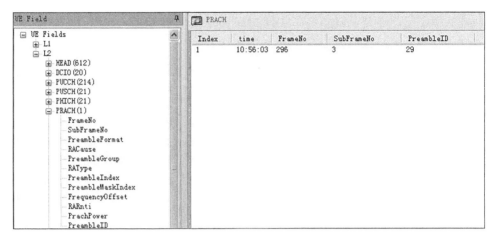

图 10-19　UE 侧 TTI 跟踪中 RACH 信息

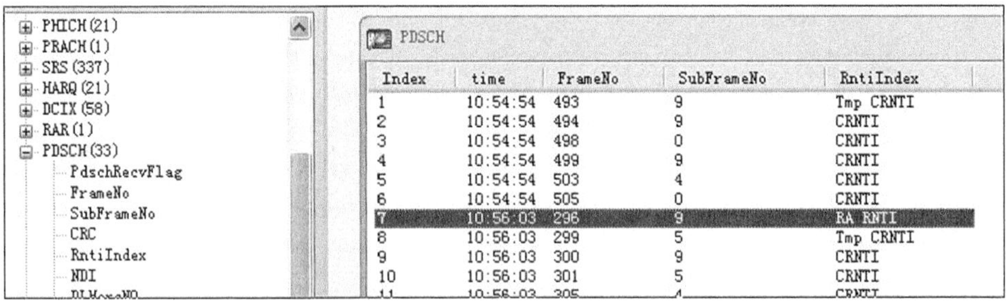

图 10-20　UE 下行接收 RAR 消息信息

如果 UE 没有收到 RAR 消息则通过 UE TTI 跟踪的测量信息进行进一步分析。在 UE 接收 RAR 消息前，TTI 跟踪没有记录相关测量值，无法进一步分析是什么原因导致无法收到 RAR 消息。

③ 核对 UE 和 eNode B MSG3 消息，确认 eNode B 是否收到 UE 发送的 MSG3 消息。

首先，通过 UE OMT 跟踪可以确认 UE 发送 MSG3（RRC_CONN_REQ）。该信息表明 UE L3 已经发送了 MSG3，但并不表明 UE L1 确实已经将消息发送给了 eNode B。例如：如果 UE 没有接到 UL Grant，UE 就无法发送 MSG3。可以通过 UE TTI 跟踪进行进一步分析。UE 在发送 RACH 后第一次上行 PUSCH 传输的数据就是 MSG3 消息，且 MSG3 是 Tmp C-RNTI 加扰的。可以从 UE TTI 跟踪观察到 492.7 上发送了 Tmp C-RNTI 加扰的 PUSCH，如图 10-21 所示。

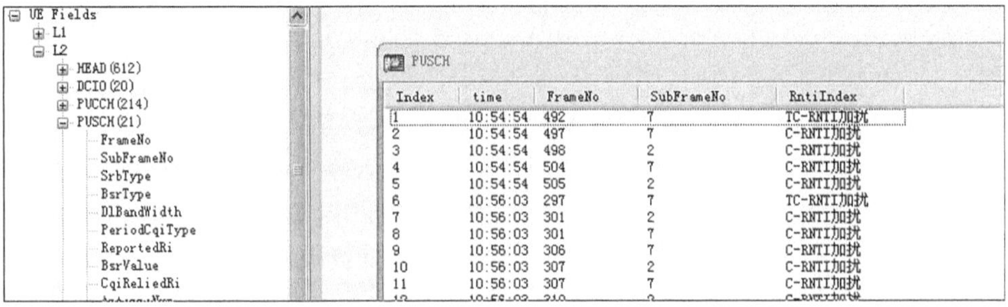

图 10-21　UE L1 TTI 上行跟踪信息

eNode B 侧查看是否收到 MSG3。eNode B 一般在发送 RAR 后的 10 个 TTI 内收到 MSG3 消息。

- 如果 MSG3 CRC 错误，可以比对一下 MSG3 的调度信息。eNode B 记录的信息包括：RB0_RB1_Num（RB 位置、RB 数），Modu（调制方式），SRS（存在 SRS 指示）。UE 侧信息包括：Prb0/Prb1（RB 位置），RbNum（RB 数），调制方式，CellSrs/UESrs（存在 SRS 指示）。
- 如果 MSG3 CRC 错误，通过测量值判断是否是由于 SINR 低导致 eNode B 无法解调。如果 SINR 低于–2dB，可认为已经低于解调门限。如果 RSRP 低于–130dBm，可认为接收功率接近底噪。如果 RSRP 与 SINR 的差明显高于底噪（–130dBm），则可认为干扰较大。

④ 核对 eNode B 和 UE MSG4 消息，确认 UE 是否收到 MSG4 消息。

首先通过 LMT UU 口跟踪可以查看 L3 是否发送了 MSG4，具体查看方式为：在 UU 口跟踪中当 eNode B 收到 MSG3（RRC_CONN_REQ）消息后，是否发送了 MSG4（RRC_CONN_SETUP），如图 10-22 所示。

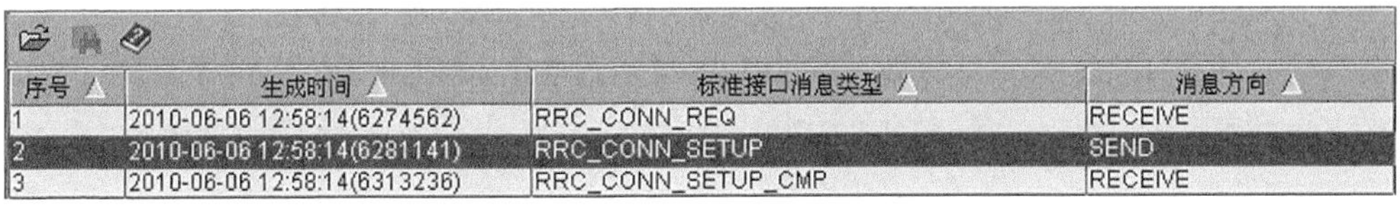

序号	生成时间	标准接口消息类型	消息方向
1	2010-06-06 12:58:14(6274562)	RRC_CONN_REQ	RECEIVE
2	2010-06-06 12:58:14(6281141)	RRC_CONN_SETUP	SEND
3	2010-06-06 12:58:14(6313236)	RRC_CONN_SETUP_CMP	RECEIVE

图 10-22　UE OMT 的空口消息

对于 MSG4，在系统中其调度优先级比较高，通常情况下若在 LMT 上观察到 MSG4，就可以认为 eNode B 已经发送给了 UE。当然，还可以通过以下方式确认 MSG4 是否被调度。

通过 LAE 打开 eNode B IFTS 跟踪，查看 TB0_RRC Message Type 字段为 RRC_CONN_SETUP 的记录。如图 10-23 所示，eNode B 在 299.5 调度了 MSG4。

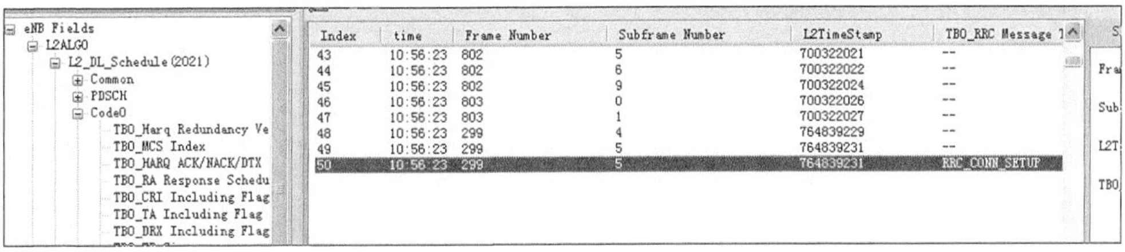

图 10-23　eNode B L2 TTI 下行跟踪信息

如果 eNode B 没有下发 MSG4 消息，通过采集 eNode B CHR 信息分析具体原因，建议交由研发人员进行定位分析。

- 确认 UE 收到了 MSG4 的方法有两种。

方法 1：通过 UE OMT 查看 UE 是否收到 MSG4（RRC_CONN_SETUP）。示例如图 10-24 所示。

如果 UE 没有收到 MSG4，可以通过 TTI 跟踪确认是 PDCCH 检测不到，还是 PDSCH CRC 错误导致。通过 UE 的 TTI 跟踪进行核对。一般来说，RAR 消息后的第一个 PDSCH

为 MSG4 调度，时刻点在收到 RAR 消息的 20ms 内。如果在收到 RAR 消息后的较长时间内没有接到 PDCCH，可认为 UE 没有检测到 PDCCH。

源模块名称	目的模块名称	消息类型	消息名称
eNodeB	UE	UU Message	RRC_MASTER_INFO_BLOCK
eNodeB	UE	UU Message	RRC_SIB_TYPE1
eNodeB	UE	UU Message	RRC_SIB_TYPE1
eNodeB	UE	UU Message	RRC_SYS_INFO
UE	MME	Nas Message	MM_ATTACH_REQ
UE	eNodeB	UU Message	RRC_CONN_REQ
eNodeB	UE	UU Message	RRC_CONN_SETUP
UE	eNodeB	UU Message	RRC_CONN_SETUP_CMP
eNodeB	UE	UU Message	RRC_DL_INFO_TRANSF

图 10-24　MSG4 指示

如果 UE 没有收到 PDCCH，可根据记录的 RSRP、SINR、频偏等测量量以及 CCE 个数等调度信息分析 PDCCH 漏检。

10Mbit/s、20Mbit/s 带宽下信令消息的 PDCCH 固定一般采用 CCE 个数为 4 进行调度，PDSCH 采用 MCS=1 阶调度。当 $SINR<-5dB$ 时可认为低于 PDCCH（CCE=4）的解调门限。

如果 RSRP 与-SINR 的差明显高于 UE 底噪（-124dBm），可认为干扰较大。

如果 UE 收到 PDCCH，可根据 UE TTI 跟踪查看 PUSCH CRC 校验结果。

图 10-25 所示的示例中表示 UE 在 299.5 接收到 MSG4 消息，且 CRC 正确。

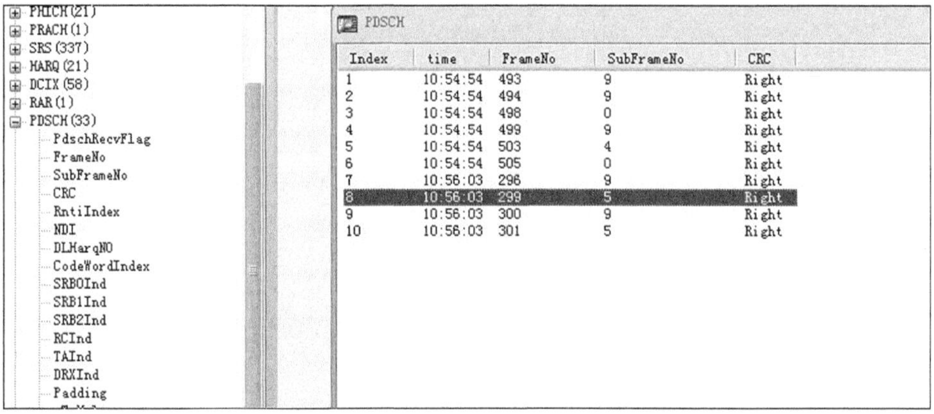

图 10-25　UE TTI 下行跟踪信息

方法 2：通过 eNode B 侧控制信道（PUCCH）上的 ACK 反馈信息进行分析。协议规定 eNode B 下发 PDSCH，UE 需要在 4 个 TTI 后（TDD 反馈方式参看协议 36.213）反馈 ACK 信息。如果 UE 正确接到 PDSCH，反馈 ACK；如果解调错误，则反馈 NACK。而 ACK 有两种方式传送，一种是随路，也就是在 PUSCH 上传输；一种是 PUCCH。

一般来说，如果反馈为 DTX，且 ACK PWR 接近底噪（-130dBm）或 ACK SINR 为-10dB 或更低，可认为 UE 没有收到 PDCCH。

注：ACK PWR 为 PUCCH RB 导频上的总功率，由于 PUCCH RB 可能为多用户码分复用，所以可能出现 ACK PWR 功率较高但 SINR 很低的情况，所以这里描述的在单用户情况下有效。

如果反馈的结果为 NACK，一般可认为 UE PDSCH CRC 错误。

PDSCH CRC 错误时，根据 UE 测量信息分析原因，如果 SINR 低于解调能力，排查是否是在小区边界，导致接收信号功率过低；排查是否存在邻区干扰。

图 10-26 表示 eNode B 在 300.2 收到 PUCCH 上反馈的 ACK。根据协议 36.213，bundling 模式下 299.5 的 ACK 应该在 300.2 反馈。

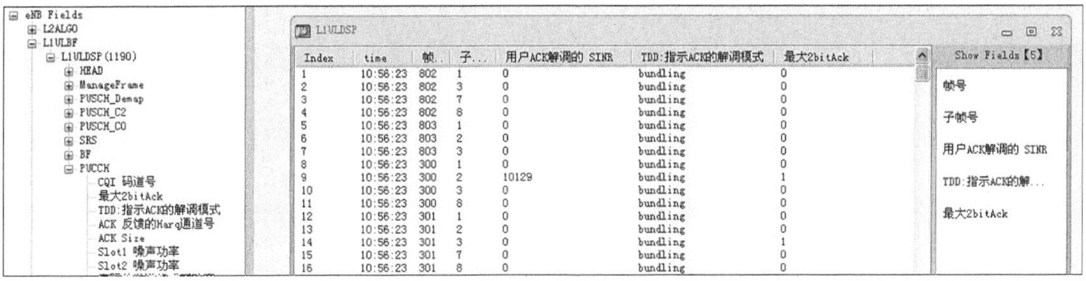

图 10-26　PUCCH 的 ACK 反馈

确认 UE L3 是否发送了 MSG5 消息。通过 OMT 空口信令跟踪，查看 UE 是否发送了 MSG5（RRC_CONN_SETUP_CMP），如图 10-27 所示。即使界面显示有 MSG5 消息，也并不表示 UE 已经发送了 MSG5 给 eNode B。这是因为 MSG5 为第 1 条上行动态调度，需要向 eNode B 发送 SRI 请求，eNode B 收到 SRI 后才会给 UE 调度。如果开了预调度，也有可能不发送 SRI。以下是预调度关闭的分析，预调度打开时可能没有 SRI。

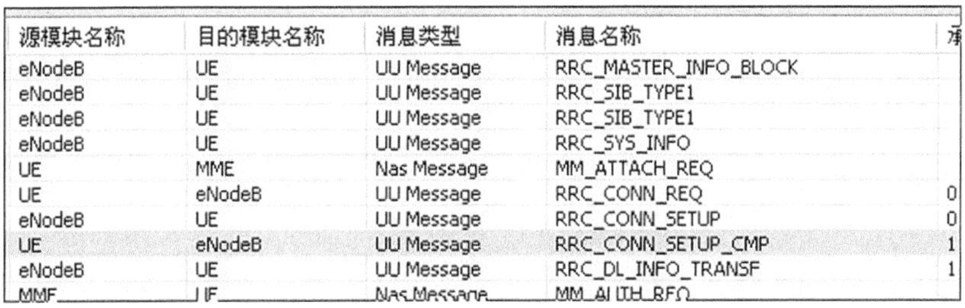

图 10-27　MSG5 指示

确认 UE 是否发送了 SRI 请求。通过 UE L1 TTI 上行跟踪的 SRI 是否为"有"。如图 10-28 所示，UE 在 300.3 发送了 SRI 请求。

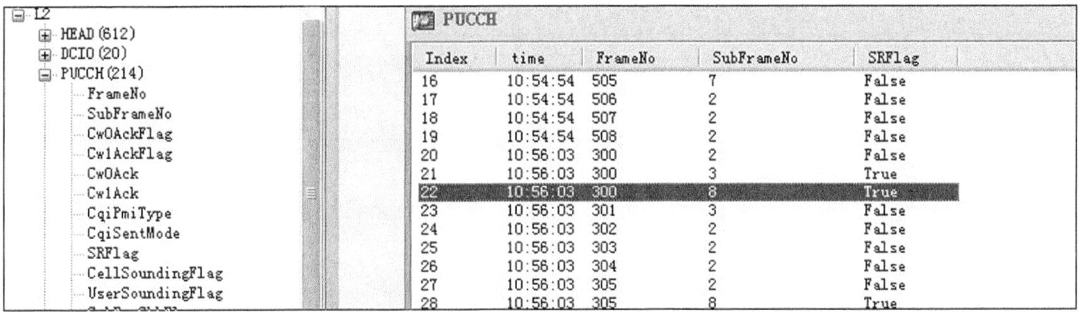

图 10-28　UE L1 TTI 上行跟踪

确认 eNode B 是否收到了 SRI 请求。通过 eNode B L1 TTI 上行跟踪观察检测到收到 SRI

跟踪，如图 10-29 所示，eNode B 在 300.3 中检测到了 SRI，说明 eNode B 收到了 SRI 请求。

图 10-29　eNode B L1 TTI 跟踪

确认 eNode B 是否进行了上行调度。通过 eNode B L1 TTI 下行跟踪观察是否发送了 UL Grant，或者通过 eNode B L1 TTI 上行跟踪观察上行调度结果。协议规定，eNode B 下发 UL Grant 后，UE 会在 4 个 TTI 后（TDD 为 4 个 TTI 后第一个上行 TTI）在 PUSCH 上传信息。所以下行跟踪记录的发送 UL Grant 的时刻和上行跟踪记录的 PUSCH 调度信息会相差 4 个 TTI。如图 10-30 所示，eNode B 在 300.6 调度了 UL Grant。

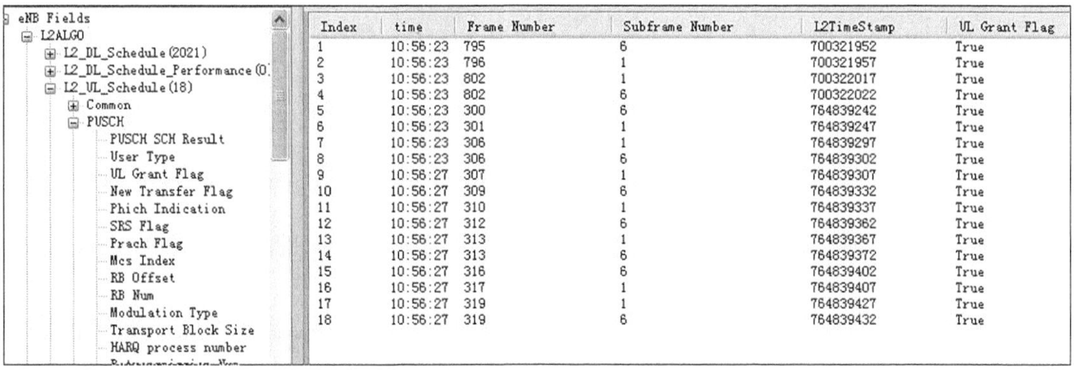

图 10-30　eNode B UL Grant 指示

确认 UE 是否收到了 UL Grant，并正确发送了 PUSCH。UE TTI 上下行跟踪可以看到 UE 是否接到了 UL Grant 和发送了 PUSCH，协议规定，UE 在收到 UL Grant 的 4TTI（TDD 为 4 个 TTI 后第一个上行子帧）后发送上行 PUSCH，所以 UL Grant 和上行 PUSCH 跟踪信息会相差 4 个 TTI。

如图 10-31 所示，UE 在 300.6 收到了 UL Grant。

确认 eNode B 是否收到 MSG5，通过 eNode B 上行 TTI 跟踪分析上行接收情况，如图 10-32 所示，301.2 收到了 PUSCH，并且 CRC 正确。

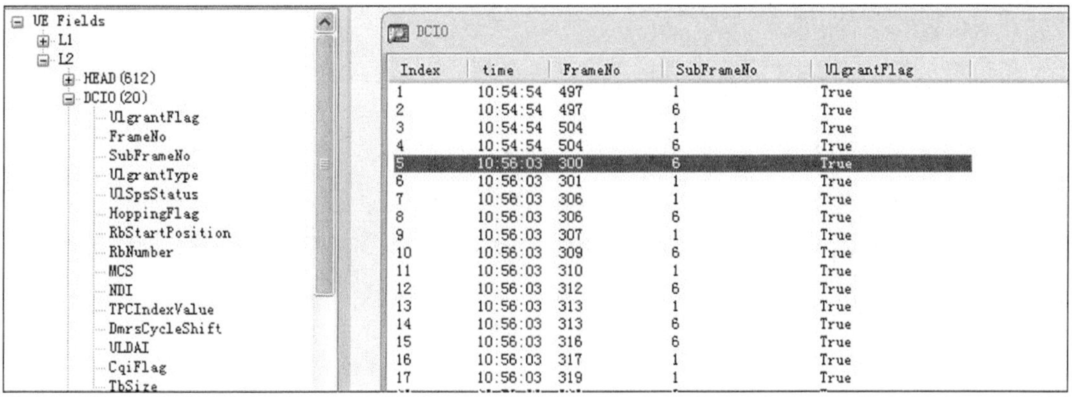

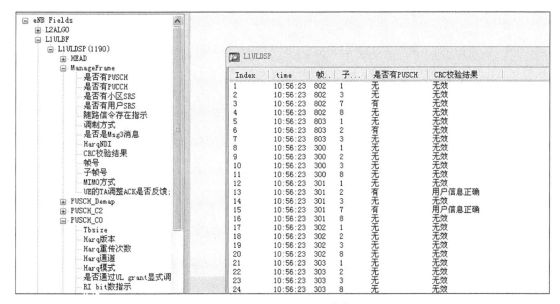

图 10-31　UE UL Grant 接收指示

图 10-32　上行 PUSCH 接收

如果上行调度 CRC 错误，可通过调度信息、DMRS 测量、SRS 测量等进行分析。

一般来说，如果 DMRS RSRP（子载波级的 eNode B 接收功率）接近底噪（–130dBm），说明接收功率很低。

需要通过 UE 发送功率和 UE 路损推算接收到的 RSRP 是否合理。UE 发射功率可以这样估算：$Pwr=P_0+alpha×$下行 $P_L+f(i)+\lg M$。其中 P_0、alpha 可通过系统消息获取，P_L 可通过路损计算得到（$P_L=RS-$下行 $RSRP$），系统 $f(i)=-1$，M 为调度的 RB 个数。如果计算得到的 Pwr 大于 UE 最大发射功率，则 $Pwr=$UE 最大发射功率。eNode B 接收功率 $RSRP=Pwr-\lg(12×M)-$上行 P_L。

如果 $RSRP-SINR$ 明显高于底噪，说明有较大的干扰，此时需排查环境是否存在干扰源或其他干扰因素。

如果下行 RSRP 为中近点，而上行接收的 RSRP 接近底噪（–130dBm），可能为 UE 没有发送数据，如果 UE 跟踪显示 UE 发送了数据，可以分析 UE 和 eNode B 的资源配置（RB

141

位置和 RB 数等配置信息）。

还可以分析一下 SRS 测量得到的 TA 是否合理。如果 MCS 阶数很高，而 TA 提前，比较容易造成 CRC 错误。

2. MME 无响应或 MME 主动发起的释放造成用户释放

一般是基站发起 INIT_UE_MSG 后，等待核心网的初始上下文建立请求消息超时（即核心网没有下发初始上下文请求消息），然后由基站主动发起用户释放，在这种情况下需要与核心网侧维护人员确认为什么没有发起初始上下文建立请求消息。

另一种情况是基站发起 INIT_UE_MSG 后，核心网立即下发了释放消息 UE_CONTEXT_REL_CMD，在这种情况下，首先确认 INIT_UE_MSG 中的 PLMNID 与基站侧的配置是否一致。如果不一致，需要重新配置后再接入；如果一致，则需要与核心网侧维护人员确认核心网释放消息的原因。

具体显示的信令跟踪样例如图 10-33 所示。

2008-01-09 15:12:08(6483168)	S1AP_INITIAL_UE_MSG	SEND
2008-01-09 15:12:24(1477385)	S1AP_DL_NAS_TRANS	RECEIVE
2008-01-09 15:12:24(1737455)	S1AP_UE_CONTEXT_REL_CMD	RECEIVE
2008-01-09 15:12:24(1737673)	S1AP_UE_CONTEXT_REL_CMP	SEND

图 10-33　信令跟踪样例（一）

3. UE 无响应造成用户释放

一般 UE 无响应造成的释放有以下 4 种情况。

① 基站下发了 RRC_CONN_SETUP 消息，但没有收到 UE 的 RRC_CONN_SETUP_CMP 消息。

② 基站下发了 RRC_SECUR_MODE_CMD 消息，但没有收到 UE 的 RRC_SECUR_MODE_CMP 消息。

③ 基站下发了 RRC_UE_CAP_ENQUIRY 消息，但没有收到 UE 的 RRC_UE_CAP_INFO 消息。

④ 基站下发了 RRC_CONN_RECFG 消息，但没有收到 UE 的 RRC_CONN_RECFG_CMP 消息。

因为第一种情况正处于 RRC 连接建立状态，所以不需要回核心网响应，其他 3 种情况都需要回核心网初始上下文建立失败响应（即消息 INIT_CONTEXT_SETUP_FAIL）。

在发生了上述 4 种情况后，需要在 UE 那里确认基站侧下发的这条消息（比如 RRC_CONN_SETUP）在 UE 的跟踪上是否收到；如果没有收到，则需要查看基站发出的这条消息在基站的 L2 处是否收到并下发给了 UE，并查看基站发出的这条消息在 UE 的 L2 是否收到并传递给了 UE 的 L3；如果 UE 的 L3 收到了这条消息，则需要查看 UE 是否发出响应基站的消息（比如 RRC_CONN_SETUP_CMP）。

跟踪样例如图 10-34 所示。

2008-01-04 21:06:2...	RRC_CONN_REQ	RECEIVE
2008-01-04 21:06:2...	RRC_CONN_SETUP	SEND
2008-01-04 21:06:2...	RRC_CONN_SETUP_CMP	RECEIVE
2008-01-04 21:06:2...	RRC_SECUR_MODE_CMD	SEND
2008-01-04 21:06:2...	RRC_CONN_REL	SEND

图 10-34　信令跟踪样例（二）

图 10-34 所示是没有收到 UE 的 RRC_SECUR_MODE_CMP 消息导致超时造成用户释放。

4. 无线资源申请失败导致用户释放

基站在完成安全配置与 UE 能力的获取后会向小区申请资源。如果申请失败，则会向核心网返回初始上下文建立失败响应 INIT_CONTEXT_SETUP_FAIL，原因值一般填写 radio resource not available(25)，如图 10-35 所示。在这种情况下，一般都是向小区申请资源失败导致的初始上下文建立失败。一般可以先导出 MML 的参数配置，然后与默认参数进行对比，查看与小区相关的一些参数是否配置错误（可以与基线比较，相关参数参见基线参数配置，参数基线可以在随版本发布的文档包中获取）；如果参数没有问题，则把 IFTS 打开，将跟踪反馈给研发人员确认问题的原因。

信令跟踪样例如图 10-35 所示。

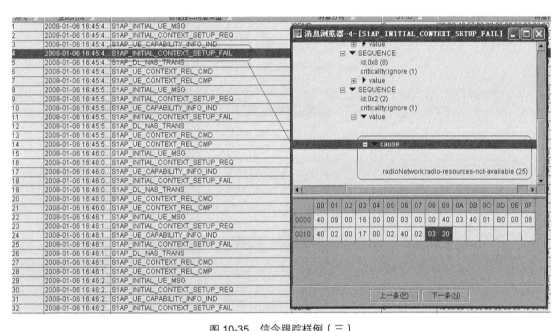

图 10-35　信令跟踪样例（三）

5. GTPU 资源申请失败

基站在完成安全配置与 UE 能力的获取并向小区申请资源后，会向 TRM 申请 GTPU 资源，如果申请资源失败，则会向核心网返回初始上下文建立失败响应 INIT_CONTEXT_SETUP_FAIL，原因值一般填写 transport resource unavailable(0)，如图 10-36 所示，信令跟踪样例如图 10-36 所示。

在这种情况下，首先查看 MML 中的 IPPATH 配置是否正确；如果已经配置正确，则查看初始上下文建立请求消息（INIT_CONTEXT_SETUP_REQ 消息）中 transportlayeraddress 的信元值是否为配置的 IPPATH 值；如果不一样，则需要确认是配置错误还是核心网填写错误。信令跟踪样例如图 10-37 所示。如果以上都不符合，则开启 IFTS 跟踪，将跟踪日志反馈给研发人员确认问题的原因。

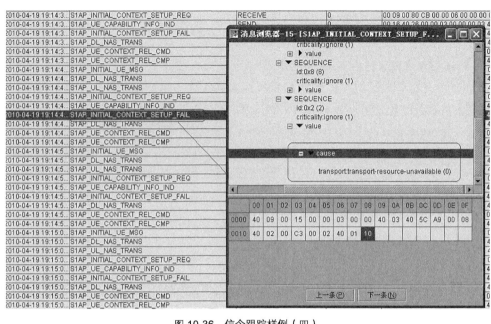

图 10-36　信令跟踪样例（四）

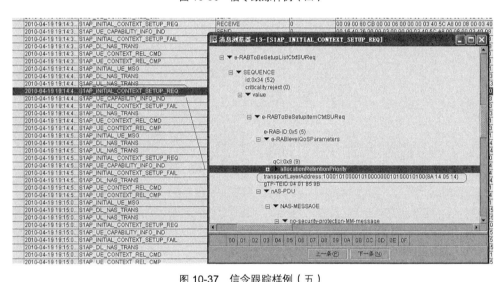

图 10-37　信令跟踪样例（五）

6. 由基站主动发起的用户释放

如果 UE 释放是由基站主动发起的，则一般是基站先发起 UE_CONTEXT_REL_REQ 消息，如图 10-38 和图 10-39 所示。如果以上都不符合，则开启 IFTS 跟踪，将跟踪日志反馈给研发人员确认问题的原因。

2010-05-28 08:02:2...	S1AP_INITIAL_UE_MSG	SEND
2010-05-28 08:02:2...	S1AP_INITIAL_CONTEXT_SETUP_REQ	RECEIVE
2010-05-28 08:02:2...	S1AP_UE_CAPABILITY_INFO_IND	SEND
2010-05-28 08:02:2...	S1AP_INITIAL_CONTEXT_SETUP_RSP	SEND
2010-05-28 08:02:2...	S1AP_UL_NAS_TRANS	SEND
2010-05-28 08:02:4...	S1AP_UE_CONTEXT_REL_REQ	SEND
2010-05-28 08:02:4...	S1AP_UE_CONTEXT_REL_CMD	RECEIVE
2010-05-28 08:02:4...	S1AP_UE_CONTEXT_REL_CMP	SEND

图 10-38　信令跟踪样例（六）

2010-05-28 08:02:3...	RRC_CONN_REQ	RECEIVE	
2010-05-28 08:02:3...	RRC_CONN_SETUP	SEND	
2010-05-28 08:02:3...	RRC_CONN_SETUP_CMP	RECEIVE	
2010-05-28 08:02:3...	RRC_UE_CAP_ENQUIRY	SEND	
2010-05-28 08:02:3...	RRC_UE_CAP_INFO	RECEIVE	
2010-05-28 08:02:3...	RRC_SECUR_MODE_CMD	SEND	
2010-05-28 08:02:3...	RRC_CONN_RECFG	SEND	
2010-05-28 08:02:3...	RRC_SECUR_MODE_CMP	RECEIVE	
2010-05-28 08:02:3...	RRC_CONN_RECFG_CMP	RECEIVE	
2010-05-28 08:02:3...	RRC_UL_INFO_TRANSF	RECEIVE	
2010-05-28 08:02:3...	RRC_CONN_RECFG	SEND	
2010-05-28 08:02:3...	RRC_CONN_RECFG_CMP	RECEIVE	
2010-05-28 08:02:3...	RRC_CONN_RECFG	SEND	
2010-05-28 08:02:3...	RRC_CONN_RECFG_CMP	RECEIVE	
2010-05-28 08:02:3...	RRC_CONN_RECFG	SEND	
2010-05-28 08:02:3...	RRC_CONN_RECFG_CMP	RECEIVE	
2010-05-28 08:02:4...	RRC_CONN_REL	SEND	

图 10-39　信令跟踪样例（七）

7. 由 UE 主动发起的用户正常释放

如果 UE 释放是正常的关机所致，则会由核心网主动发起 UE_CONTEXT_REL_CMD，且释放原因值为 nas_detach，如图 10-40 所示。

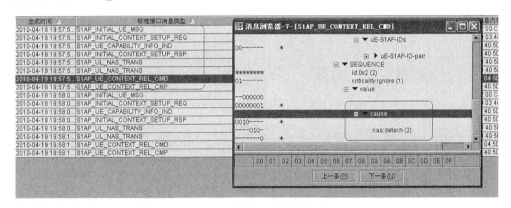

图 10-40　信令跟踪样例（八）

10.2.4　常见优化方法

常见的优化方法如下。

（1）优化覆盖

从 RRC_CONN_REQ 重发次数来看现网有下行 SetUp 丢失的情况。考虑到现网部分场景覆盖比较差，出现下行 SetUp 丢失的情况可能比较多。

SetUp 为动态调度，码率<0.117，相应的 MCS=0，基于此，SetUp 已经以低阶高功率发送，再优化 SetUp 的意义不大，即使 SetUp 能发下来，后面的流程也很难走下去。因此，主要还是通过优化 RF 来优化覆盖，以提高接入成功率。

（2）MSG3 受限的优化方法

若判断 MSG3 受限，可以通过提高功率攀升步长和前导初始接收目标功率值的方法来提升 MSG3 的成功率，修改命令为 MOD RACHCFG，参数为 PwrRampingStep 和 PreambInitRcvTargetPwr。

（3）Preamble 的优化

如果定位发现可能是 Preamble 受限导致，可以将 Preamble 的 Format 设置为 Format1、

2、3，修改命令为 MOD CELL，参数名称为 PreambleFmt。

10.2.5 案例分析

1. 案例 1：双天线口功率不平衡导致下载速率低

（1）问题现象

某簇优化项目，W 路、M 巷、S 巷路段 RS-SINR 在 10～20dB 之间，但下载速率较低，此区域由 A 站第二扇区覆盖。

（2）处理过程

经网管工程师核查，A 站第二扇区无硬件告警且数据库配置正确。在 A 站第二扇区覆盖范围内进行定点测试，发现极好点处下载速率只有 20Mbit/s 左右。首先排除相邻扇区间干扰影响，将 A 站频点由 37 900 改为 38 100，在 $SINR=30dB$ 处下载速率不超过 35Mbit/s，PRB 每秒占用不超过 400 次，初步怀疑为传输问题。但在 A 站第三扇区下进行定点测试，下载峰值可达 60Mbit/s，排除站点传输问题。关闭 A 站第一扇区和第三扇区，A 站第二扇区的下载速率仍不达标。深入分析 UE 日志时发现，A 站第二扇区天线端口 0 与天线端口 1 功率差异较大，影响 TM3 双流性能，如图 10-41 所示。提交工单交由基站工程师排查 RRU、跳线、天线故障。

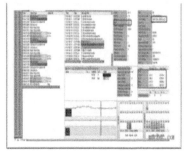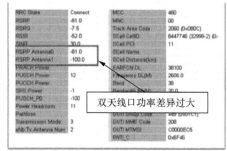

图 10-41 问题点现场测试截图

（3）优化成果

A 站第二扇区双天线口功率不平衡问题解决，下行峰值速率达到 57Mbit/s，下载业务恢复正常。

2. 案例 2：IPPATH 配置不正确导致用户接入后被释放

用户无法接入，IFTS 跟踪显示如图 10-42 所示。

序号	生成时间	接口类型	消息类型	方向	发送方CPUID
1	2008-01-06 00:36:0...	UU标准接口消息	RRC_CONN_REQ	RECEIVE	1794
2	2008-01-06 00:36:0...	UU标准接口消息	RRC_CONN_SETUP	SEND	1794
3	2008-01-06 00:36:0...	UU标准接口消息	RRC_CONN_SETUP_CMP	RECEIVE	1794
4	2008-01-06 00:36:0...	S1标准接口消息	S1AP_INITIAL_UE_MSG	SEND	
5	2008-01-06 00:36:0...	S1标准接口消息	S1AP_INITIAL_CONTEXT_SETUP_REQ	RECEIVE	
6	2008-01-06 00:36:0...	UU标准接口消息	RRC_SECUR_MODE_CMD	SEND	1794
7	2008-01-06 00:36:0...	UU标准接口消息	RRC_SECUR_MODE_CMP	RECEIVE	1794
8	2008-01-06 00:36:0...	UU标准接口消息	RRC_UE_CAP_ENQUIRY	SEND	1794
9	2008-01-06 00:36:0...	UU标准接口消息	RRC_UE_CAP_INFO	RECEIVE	1794
10	2008-01-06 00:36:0...	S1标准接口消息	S1AP_UE_CAPABILITY_INFO_IND	SEND	
11	2008-01-06 00:36:0...	S1标准接口消息	S1AP_INITIAL_CONTEXT_SETUP_FAIL	SEND	
12	2008-01-06 00:36:0...	S1标准接口消息	S1AP_UE_CONTEXT_REL_REQ	SEND	
13	2008-01-06 00:36:0...	S1标准接口消息	S1AP_UE_CONTEXT_REL_CMD	RECEIVE	
14	2008-01-06 00:36:0...	UU标准接口消息	RRC_CONN_REL	SEND	1794
15	2008-01-06 00:36:0...	S1标准接口消息	S1AP_UE_CONTEXT_REL_CMP	SEND	

图 10-42 IFTS 跟踪样例（一）

（1）问题分析

通过 IFTS 跟踪查看释放前的消息中是否存在如下错误（"Gtpu setup all fail！"），如图 10-43 所示。

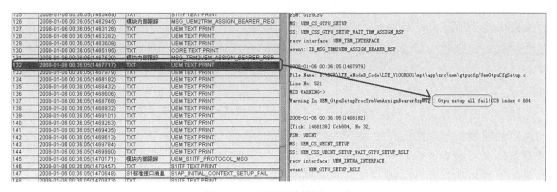

图 10-43　IFTS 跟踪样例（二）

（2）解决措施

通过 RMV IPPATH 删除错误的 IPPATH 配置，通过 ADD IPPATH 添加正确的 IPPATH。IPPATH 配置信息如图 10-44 所示。

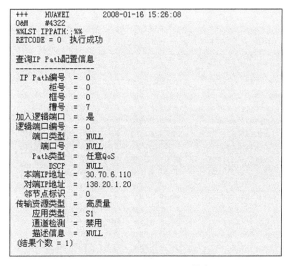

图 10-44　IPPATH 配置信息

3. 案例 3：N_{cs} 值配置过小导致 UE 接入失败

某两个 AWS 站点在验证站间切换时，发现从发展站切换到 A 站总是成功，而从 A 站切换到 B 站总是失败，失败原因为切换时 UE 随机接入失败。

（1）问题分析

问题发生时，UE 每次上报随机接入 Preamble 都可以收到 eNode B 的响应，这基本可以说明 eNode B 能收到 UE 侧发送的 Preamble，但仍出现 Preamble ID 不匹配。在 eNode B 和 UE 两侧同时抓取 Preamble ID 的信息进行比对。根据两侧 Preamble 发送的帧号和子帧

147

号可以看出，eNode B 收到的 Preamble ID 确实和 UE 侧发送的不一致，eNode B 侧收到的比 UE 发送的要小 1，就导致 eNode B 给 UE 回的 RAR 中 Preamble ID 和 UE 不一致，UE 认为 RAR 匹配失败，所以切换失败。

导致这个现象的原因通常是初始 TA 值或者 N_{cs} 值的设置不恰当，使 eNode B 接收到的 Preamble 滞后或超前，从而没有落在接收时间段内。那又为什么会出现 A 总是失败，B 总是成功呢？先来看一下切换路线，切换是在 B 和 A 之间进行的，因为物理限制，乾昌站小区的天线只能往右上角打，导致这两个站的切换区位置比较特殊，切换区距离发展站约 2000m，距乾昌站约 200m。

检查两站的 N_{cs} 值，发现都配为 15（相应索引值为 2），对应理论接入半径为 2.15km，切换点到发展站的距离已经接近 N_{cs}=15 时对应的理论小区最大半径边缘。由于理论与实际的误差，再考虑多径等因素，这种边缘区域极易出现上述现象。而如果切换点到乾昌站的距离很小就不会有这个问题。

（2）解决措施

将 B 小区的 N_{cs} 索引值从 2 修改为 4，问题得到解决。

4. 案例 4：TAC 配置错误导致 UE 无法拨号上网

（1）问题描述

测试人员对基站 A 测试，前台测试软件检测到了该小区的信号，但无法上网。

（2）问题分析

排查硬件故障和测试终端导致问题后，对该小区进行 IOS 信令跟踪，如图 10-45 所示。

消息序号	采集时间	接口类型	消息类型
77	01/15/2014 13:52:50 (746)	S1标准接口消息	S1AP_INITIAL_UE_MSG
78	01/15/2014 13:52:50 (770)	S1标准接口消息	S1AP_DL_NAS_TRANS
79	01/15/2014 13:52:50 (770)	UU标准接口消息	RRC_DL_INFO_TRANSF
80	01/15/2014 13:52:50 (771)	S1标准接口消息	S1AP_UE_CONTEXT_REL_CMD
81	01/15/2014 13:52:50 (771)	UU标准接口消息	RRC_CONN_REL
82	01/15/2014 13:52:50 (771)	S1标准接口消息	S1AP_UE_CONTEXT_REL_CMP
83	01/15/2014 13:53:01 (572)	UU标准接口消息	RRC_CONN_REQ
84	01/15/2014 13:53:01 (575)	UU标准接口消息	RRC_CONN_SETUP
85	01/15/2014 13:53:01 (614)	UU标准接口消息	RRC_CONN_SETUP_CMP
86	01/15/2014 13:53:01 (615)	S1标准接口消息	S1AP_INITIAL_UE_MSG
87	01/15/2014 13:53:01 (777)	S1标准接口消息	S1AP_DL_NAS_TRANS
88	01/15/2014 13:53:01 (777)	UU标准接口消息	RRC_DL_INFO_TRANSF
89	01/15/2014 13:53:02 (431)	UU标准接口消息	RRC_UL_INFO_TRANSF
90	01/15/2014 13:53:02 (431)	S1标准接口消息	S1AP_UL_NAS_TRANS
91	01/15/2014 13:53:02 (440)	S1标准接口消息	S1AP_DL_NAS_TRANS
92	01/15/2014 13:53:02 (440)	UU标准接口消息	RRC_DL_INFO_TRANSF
93	01/15/2014 13:53:02 (456)	UU标准接口消息	RRC_UL_INFO_TRANSF
94	01/15/2014 13:53:02 (456)	S1标准接口消息	S1AP_UL_NAS_TRANS
95	01/15/2014 13:53:02 (623)	S1标准接口消息	S1AP_DL_NAS_TRANS
96	01/15/2014 13:53:02 (624)	UU标准接口消息	RRC_DL_INFO_TRANSF
97	01/15/2014 13:53:02 (624)	S1标准接口消息	S1AP_UE_CONTEXT_REL_CMD
98	01/15/2014 13:53:02 (624)	UU标准接口消息	RRC_CONN_REL
99	01/15/2014 13:53:02 (625)	S1标准接口消息	S1AP_UE_CONTEXT_REL_CMP

图 10-45　信令跟踪截图

查看信令流发现终端附着流程没有完成就释放了，根据协议规范可知，正常的附着流程（除开机附着）有 25 条信令流，而本次 UE 附着只有 11 条信令流，见表 10-3。

表 10-3　　　　　　　　　　　　　　　　终端附着流程对比表

序号	接口类型	正常附着流程	异常附着流程
1	UU 接口	RRC_CONN_REQ	RRC_CONN_REQ
2	UU 接口	RRC_CONN_SETUP	RRC_CONN_SETUP
3	UU 接口	RRC_CONN_SETUP_CMP	RRC_CONN_SETUP_CMP
4	S1 接口	S1AP_INITIAL_UE_MSG	S1AP_INITIAL_UE_MSG
5	S1 接口	S1AP_INITIAL_CONTEXT_SETUP_REQ	
6	UU 接口	RRC_UE_CAP_ENQUIRY	
7	UU 接口	RRC_UE_CAP_INFO	
8	S1 接口	S1AP_UE_CAPABILITY_INFO_IND	
9	UU 接口	RRC_SECUR_MODE_CMD	
10	UU 接口	RRC_CONN_RECFG	
11	UU 接口	RRC_SECUR_MODE_CMP	
12	UU 接口	RRC_CONN_RECFG_CMP	
13	S1 接口	S1AP_INITIAL_CONTEXT_SETUP_RSP	
14	UU 接口	RRC_CONN_RECFG	
15	UU 接口	RRC_CONN_RECFG_CMP	
16	UU 接口	RRC_UL_INFO_TRANSF	RRC_UL_INFO_TRANSF
17	S1 接口	S1AP_UL_NAS_TRANS	S1AP_UL_NAS_TRANS
18	UU 接口	RRC_UL_INFO_TRANSF	RRC_UL_INFO_TRANSF
19	S1 接口	S1AP_UL_NAS_TRANS	S1AP_UL_NAS_TRANS
20	S1 接口	S1AP_DL_NAS_TRANS	S1AP_DL_NAS_TRANS
21	UU 接口	RRC_DL_INFO_TRANSF	RRC_DL_INFO_TRANSF
22	S1 接口	S1AP_UE_CONTEXT_REL_REQ	
23	S1 接口	S1AP_UE_CONTEXT_REL_CMD	S1AP_UE_CONTEXT_REL_CMD
24	UU 接口	RRC_CONN_REL	
25	S1 接口	S1AP_UE_CONTEXT_REL_CMP	

由此可知，前台测试拨号失败是由 UE 附着失败导致的。查看信令流"S1AP_UL_NAS_TRANS"，发现附着失败原因为 MME 拒绝了附着请求，即 MME 接收到了 eNode B 发送的"S1AP_INITIAL_UE_MSG"信令，但并未向 eNode B 返回"S1AP_INITIAL_CONTEXT_SETUP_REQ"信令流。

查看信令解释可知小区 TAC 配置有误，信令流中解码出来的 TAC 如图 10-46 所示。

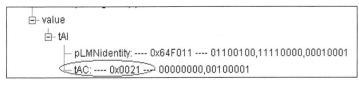

图 10-46　信令流解码

解码出来的 TAC 为十六进制的 "21"，转换成十进制为 "33"，而工程参数中规划该小区的 TAC 为 17 492。为了确认现网 TAC 的配置为 33，查看该小区的 TAC 值，如图 10-47 所示。

图 10-47 网管 TAC 配置

最终确认该问题就是 TAC 配置错误导致的。

10.3 切换专项优化方法及案例

10.3.1 切换优化整体思路

所有的异常问题处理流程都是首先检查基站运行状态、传输链路的各个节点是否存在异常告警信息，排查基站硬件模块故障、软件模块故障、传输故障等问题之后再进行有针对性的分析。对于切换过程的异常情况一般按照以下几个处理阶段进行处理。

① UE 发送测量报告后是否收到切换命令。

② UE 收到重配命令后是否成功向目标测发送 MSG1。

③ UE 成功发送 MSG1 之后在计时器规定的时间内是否正常收到 MSG2。

图 10-48 为切换优化的整体流程。

如 UE 发送测量报告后未收到切换命令（流程1），对于这类情况，切换异常问题定位的处理流程比较复杂，详细分析思路流程如图 10-49 所示。

（1）目标小区未收到测量报告（可通过后台网管信令跟踪功能进行检查）

检查覆盖点位置的合理性，主要是检查 UE 上报的测量报告中的 RSRP、SINR 等情况，确认 UE

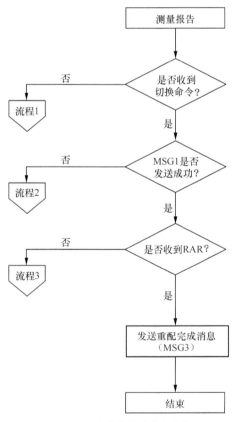

图 10-48 切换优化的整体流程

是否处于小区边缘，或者该区域存在上行功率受限情况。如果是此类情况，可通过调整覆盖区域、调整切换参数等手段了解切换异常情况。

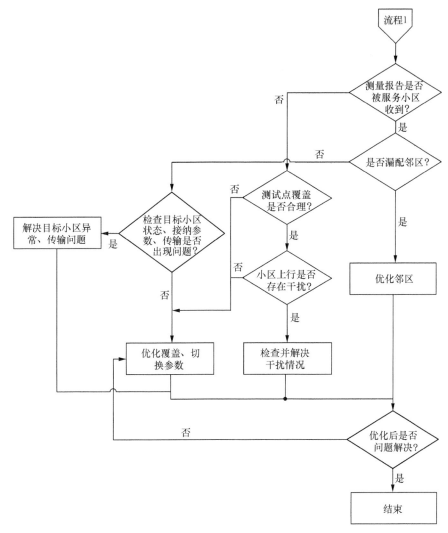

图 10-49　切换优化分析流程

现场优化经验值：建议在切换区域的覆盖指标 $RSRP \geqslant -120\text{dBm}$，$SINR \geqslant -5\text{dB}$。

检查覆盖区域是否存在上行干扰，可通过后台 MTS 查询，例如：在 20MHz 带宽下，基站在空载的情况下接收的底噪约为 -98dBm，这种情况下若底噪过高则一定存在上行干扰。上行干扰优先检查的是硬件故障及 GSP 失锁的情况；当前几家主要设备厂商提供的软件版本暂不支持后台工具定位干扰源位置，只能通过关闭可能存在干扰源的附近站点，使用扫频工具进行 CW 测试的方法来排查。

（2）基站已经收到测量报告

① 基站已经收到测量报告，但并未向终端发送切换命令的情况。

首先确认目标小区是否为漏配邻区，这可以从后台比较容易检查出来，可通过观察后台信令跟踪信息中基站收到测量报告后是否向目标小区发送切换请求来确认；另外，漏配邻区的问题也可在现场进行测试判断。首先检查测量报告中 UE 向源小区上报的 PCI，然后检查接入或切换至源小区时重配命令中 MeasObjectToAddModList 字段中的邻区列表中是否含有终端测量报告所携带的 PCI，若没有该 PCI，则确认为漏配邻区，通知后台及时添加相应的邻区关系即可。

在添加完相应的邻区关系后，若源服务小区收到了 UE 上报的测量报告，源服务小区会通过 X2 口或者 S1 口（若没有配置 X2 耦联）向目标小区发送切换请求。这时检查目标小区是否向源小区发送切换响应，或者发送 HANDOVER PREPARATION FAILURE 信令，源小区未发送切换响应或未发送 HANDOVER PREPARATION FAILURE 信令的情况下，源小区不会向终端发送切换命令。

这时可以从以下 3 个方面定位。

• 目标小区资源准备失败、RNTI（无线网络临时标识）准备失败、PHY/MAC（用户面）等参数配置异常等，均会导致目标小区无法响应而发送 HANDOVER PREPARATION FAILURE 信令消息。

• 传输链路异常，导致信令发送失败，会造成目标小区无响应。

• 目标小区存在硬件或者软件模块故障，会造成目标小区无响应。

② 基站已经收到测量报告，向终端发送切换命令的情况。

这种情况下，优先检查测量报告上报点的覆盖情况是否为弱场强区域或外来强干扰区域。建议优先通过工程参数调整的手段解决覆盖问题，若工程参数调整确实不能满足预期值则通过调整切换参数优化。

③ 基站已经收到测量报告，目标小区 MSG1（目标小区随机接入消息）发送异常情况。正常切换过程中，UE 上报的测量报告中的目标小区都会比源小区的覆盖情况好，但不排除目标小区无线覆盖环境陡变的情况，所以首先需要排除由于无线覆盖环境陡变引起的切换失败问题。这类问题建议优先通过调整工程参数来调整覆盖，若工程参数不易调整则需要通过尝试调整系统切换参数进行优化。当覆盖环境比较稳定却仍无法正常发送 MSG1 消息，就需要检测分析基站侧是否出现上行干扰。

具体分析流程如图 10-50 所示。

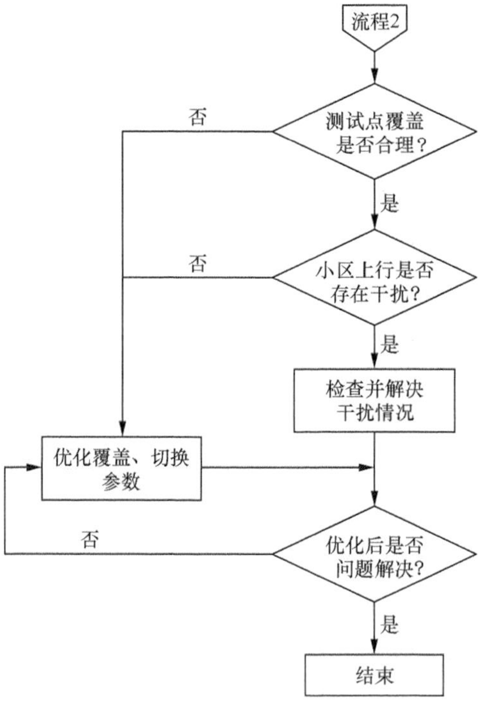

图 10-50　分析流程

10.3.2　案例分析

1. 案例 1：漏配邻区

在某市工程优化中，测试发现连续 3 次测量报告目标 PCI 都是 28，第 4 次测量报告中分别包含 PCI 为 28 和 19 的两个小区。从测量值数据上看，PCI=28 的小区比 PCI=19 的小区的 RSRP 高 3dB。紧接着接收到了切换指令 RRCConnectionReconfiguration，切换指令中的目标小区不是 RSRP 值最高的 PCI=28 的小区，而是 PCI=19 的小区。根据上述情况分析可初步怀疑 PCI=28 的小区为漏配邻区。

多次测量报告内容，如图 10-51 所示。

18:42:17:1...	0	0	UL DCCH	Measurement Report
18:42:33:8...	0	0	UL DCCH	Measurement Report
18:42:51:5...	0	0	UL DCCH	Measurement Report
18:42:59:9...	0	0	UL DCCH	Measurement Report
18:43:00:2...	0	0	DL DCCH	RRC Connection Reconfiguration

图 10-51　多次测量报告内容

查看 MR 信息，前 3 次测量报告目标 PCI 都是 28，如图 10-52 所示。

第 4 次测量报告内容如图 10-53 所示。

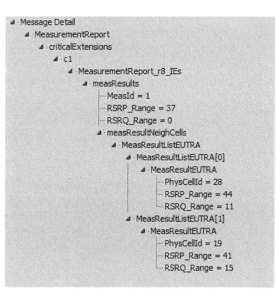

图 10-52　前 3 次测量报告内容　　　　图 10-53　第 4 次测量报告内容

从测量值上看，PCI=28 的小区的 RSRP 值比 PCI=19 的小区的 RSRP 高出 3dB，接着收到了切换重选指令 RRCConnectionReconfiguration，如图 10-54 所示。

目标小区不是 RSRP 最高的 PCI=28 的小区而是 PCI=19 的小区，所以需要确认源小区的邻区是否添加了 PCI=28 的小区，分析源小区的测量报告信息确认源小区确实存在漏配 PCI=28 为邻区的情况。

源小区测量控制信息如图 10-55 所示。

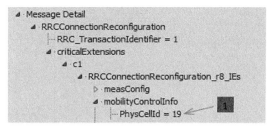

图 10-54　接收到切换重选指令

```
◢ Message Detail
   ◢ RRCConnectionReconfiguration
      ├ RRC_TransactionIdentifier = 2
      ◢ criticalExtensions
         ◢ c1
            ◢ RRCConnectionReconfiguration_r8_IEs
               ◢ measConfig
                  ▷ MeasObjectToRemoveList
                  ◢ MeasObjectToAddModList
                     ◢ MeasObjectToAddModList
                        ◢ MeasObjectToAddMod
                           ├ MeasObjectId = 1
                           ◢ measObject
                              ◢ measObjectEUTRA = false
                                 ├ ARFCN_ValueEUTRA = 40340
                                 ├ AllowedMeasBandwidth = 0 (mbw6)
                                 ├ NeighCellConfig = 0x40
                                 ├ Q_OffsetRange = 15 (0 dB)
                                 ◢ CellsToAddModList
                                    ◢ CellsToAddModList[0]
                                       ◢ CellsToAddMod
                                          ├ cellIndex = 1
                                          ├ PhysCellId = 27
                                          ├ Q_OffsetRange = 15 (0 dB)
                                    ◢ CellsToAddModList[1]
                                       ◢ CellsToAddMod
                                          ├ cellIndex = 2
                                          ├ PhysCellId = 7
                                          ├ Q_OffsetRange = 15 (0 dB)
                                    ◢ CellsToAddModList[2]
                                       ◢ CellsToAddMod
                                          ├ cellIndex = 3
                                          ├ PhysCellId = 38
                                          ├ Q_OffsetRange = 15 (0 dB)
                                    ◢ CellsToAddModList[3]
                                       ◢ CellsToAddMod
                                          ├ cellIndex = 4
                                          ├ PhysCellId = 30
                                          ├ Q_OffsetRange = 15 (0 dB)
                                    ◢ CellsToAddModList[4]
                                       ◢ CellsToAddMod
                                          ├ cellIndex = 5
                                          ├ PhysCellId = 26
                                          ├ Q_OffsetRange = 15 (0 dB)
                                    ◢ CellsToAddModList[5]
                                       ◢ CellsToAddMod
                                          ├ cellIndex = 6
                                          ├ PhysCellId = 46
                                          ├ Q_OffsetRange = 15 (0 dB)
                                    ◢ CellsToAddModList[6]
                                       ◢ CellsToAddMod
                                          ├ cellIndex = 7
                                          ├ PhysCellId = 8
                                          ├ Q_OffsetRange = 15 (0 dB)
                                    ◢ CellsToAddModList[7]
                                       ◢ CellsToAddMod
                                          ├ cellIndex = 8
                                          ├ PhysCellId = 17
                                          ├ Q_OffsetRange = 15 (0 dB)
                                    ◢ CellsToAddModList[8]
                                       ◢ CellsToAddMod
                                          ├ cellIndex = 9
                                          ├ PhysCellId = 4
                                          ├ Q_OffsetRange = 15 (0 dB)
                                    ◢ CellsToAddModList[9]
                                       ◢ CellsToAddMod
                                          ├ cellIndex = 10
                                          ├ PhysCellId = 18
                                          ├ Q_OffsetRange = 15 (0 dB)
                                    ◢ CellsToAddModList[10]
                                       ◢ CellsToAddMod
                                          ├ cellIndex = 11
                                          ├ PhysCellId = 25
                                          ├ Q_OffsetRange = 15 (0 dB)
                                    ◢ CellsToAddModList[11]
                                       ◢ CellsToAddMod
                                          ├ cellIndex = 12
                                          ├ PhysCellId = 32
                                          ├ Q_OffsetRange = 15 (0 dB)
                                    ◢ CellsToAddModList[12]
                                       ◢ CellsToAddMod
                                          ├ cellIndex = 13
                                          ├ PhysCellId = 15
                                          ├ Q_OffsetRange = 15 (0 dB)
                                    ◢ CellsToAddModList[13]
                                       ◢ CellsToAddMod
                                          ├ cellIndex = 14
                                          ├ PhysCellId = 19
                                          ├ Q_OffsetRange = 15 (0 dB)
                                    ◢ CellsToAddModList[14]
                                       ◢ CellsToAddMod
                                          ├ cellIndex = 15
                                          ├ PhysCellId = 20
                                          ├ Q_OffsetRange = 15 (0 dB)
                  ▷ ReportConfigToRemoveList
                  ▷ ReportConfigToAddModList
                  ▷ MeasIdToAddModList
                  ▷ quantityConfig
                  ├ RSRP_Range = 0
                  ▷ speedStatePars
               ▷ mobilityControlInfo
               ▷ radioResourceConfigDedicated
               ▷ SecurityConfigHO
```

图 10-55　源小区测量控制信息

邻区列表中有 PCI=19 的小区，查看信令，没有配置 PCI=28 的小区信息，并且通过站点分布发现，服务小区（PCI=6）与 PCI=28、PCI=19 的小区都比较近，属于漏配邻区情况。

因此，该问题是由于没有添加 PCI=28 的小区导致，添加 PCI=28、PCI=6 的小区后切换正常。

2. 案例 2：切换失败导致掉话

某专项优化项目，在现场测试中发现 UE 在行至图 10-56 所示黑色方框所标注的街道拐角位置后发送重建请求，接着重建请求被拒。

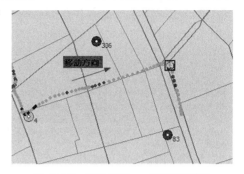

图 10-56　信号分布——发送重新请求

首先对该事件信令进行分析，在连续发送了两次测量报告之后，UR 发送重建请求，但没有收到基站发送的切换指令，终端失步，重建失败。信令分析如图 10-57 所示。

680491	15:26:36:109	5	BCCH DL SCH	System Information Block Type1
934336	15:28:50:265	0	UL DCCH	Measurement Report
934392	15:28:50:609	0	UL DCCH	Measurement Report
934426	15:28:50:906	5	BCCH DL SCH	System Information Block Type1
934431	15:28:50:906	0	BCCH DL SCH	System Information
934439	15:28:50:906	0	UL CCCH	RRC Connection Reestablishment Request
934452	15:28:50:921	5	DL CCCH	RRC Connection Reestablishment Reject

图 10-57　信令分析——终端失步，重建失败

分析诊断信令，终端在发送测量报告前已经发送 SR 申请调度（如图 10-58 所示），但一直没有收到 PDCCH 反馈调度信息，随即 SR 申请失败。

SR 发送最大次数后，从源小区发起了随机接入，MAC RACH Trigger 信令中发送随机接入的原因值为：UL data arrival（如图 10-59 所示），即 SR 申请失败，MR 未发送成功，UE 为恢复上行链路发起的随机接入。

934329	15:28:50:265	LL1 PUCCH Tx Report
934330	15:28:50:265	LL1 PCFICH Decoding Result
934331	15:28:50:265	LL1 PUCCH CSF Log
934332	15:28:50:265	LL1 PUCCH Tx Report
934333	15:28:50:265	LL1 PUCCH CSF Log
934334	15:28:50:265	LL1 PCFICH Decoding Result
934335	15:28:50:265	LL1 PUCCH Tx Report
934336	15:28:50:265	Measurement Report
934337	15:28:50:265	ML1 DCI Information Report
934338	15:28:50:265	LL1 PUCCH CSF Log
934339	15:28:50:265	LL1 PCFICH Decoding Result
934340	15:28:50:265	LL1 PUCCH Tx Report
934341	15:28:50:265	LL1 PUCCH CSF Log
934342	15:28:50:296	PDCP UL Statistics
934343	15:28:50:296	LL1 PUCCH Tx Report
934344	15:28:50:296	LL1 PCFICH Decoding Result
934345	15:28:50:296	LL1 PUCCH CSF Log
934346	15:28:50:296	LL1 PUCCH Tx Report
934347	15:28:50:296	LL1 PCFICH Decoding Result
934348	15:28:50:296	LL1 PUCCH CSF Log
934349	15:28:50:390	LL1 PUCCH Tx Report
934350	15:28:50:390	LL1 PUCCH CSF Log
934351	15:28:50:390	LL1 PCFICH Decoding Result
934352	15:28:50:390	LL1 PUCCH Tx Report

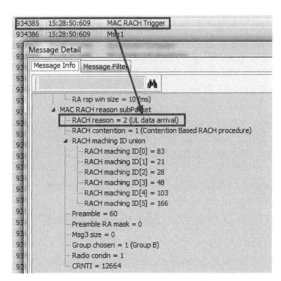

图 10-58　信令分析——发送 SR 申请调度

图 10-59　信令分析——SR 申请失败

在整个随机接入过程中，源小区发送 MSG1 但一直未收到 RAR；当 MSG1 发送达到最大次数，在源小区恢复上行链路失败后，进入重建流程，重建原因值为 Radio link failure，如图 10-60 所示。

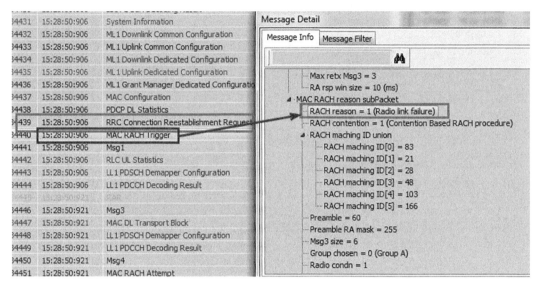

图 10-60　信令分析——进入重建流程

重建需要小区选择，选择 PCI=134 的小区进行重建，但重建小区没有终端上下文信息，如图 10-61 所示，重建被拒，导致掉话。

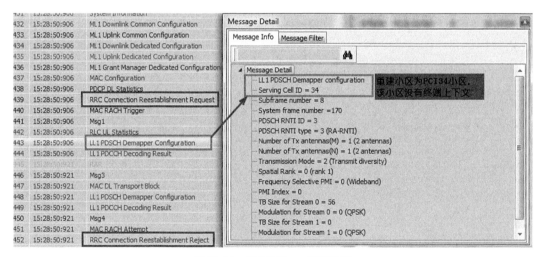

图 10-61　信令分析——重建被拒

解决方案：UL data arrival 问题一般出现在源小区无线覆盖较差、场强较弱的情况下，而控制好切换带则可以通过提前切换到其他信号质量较好小区的途径解决。由于拐角效应，源小区在很短的时间内强度陡降，邻区则是短时间陡升的情况，此时调整小区个体偏移效果则对切换效果不明显，适当减小当前网络 Time to trigger 计时器参数，缩短 A3 事件判决时间，经多次调整后复测，类似问题再未发生。

10.4　寻呼专项优化方法及案例

系统向处于 RRC_IDLE 状态的 UE 发送寻呼消息，或者向 UE 广播系统更新消息通知，TD-LTE 需要使用寻呼流程。规范中规定了 TD-LTE 的寻呼消息由 PDSCH 承载，极大地增加了寻呼流量。通过科学合理地规划 TA 列表大小，能够在 TA 更新的信令负荷和寻呼区大小之间寻找到一个平衡点，从而高效地利用有限的无线资源。

10.4.1　TD-LTE 寻呼流量

一个寻呼消息最多由 maxPageRec 个 Paging Record 组成，每个 Paging Record 标识 1 个 UE ID。TS36.331 协议定义了 maxPageRec 取值为 16，也就是说 TD-LTE 系统的每个寻呼消息最多承载 16 个 UE ID。

PDCCH DCI 格式 1C 指示的 PDSCH 的最大传输块尺寸（TBS，Transport Block Size）是 1736bit（ITBS=31）。如果使用 15 个十进制位的 IMSI-GSM-MAP 来计算，可以得到一个 Paging Record 的长度是 1+3+1+3+(15×4+4)=72bit（前 8bit 是报头），则 16 个 Paging Record 的长度是 1152bit。在 TD-SCDMA 系统中，一个寻呼消息承载的 Paging Record 最多是 5 个，由此可见，在 TD-LTE 系统中寻呼消息承载能力有了极大的提高。

在满足一定寻呼拥塞率（一般拥塞率门限值设置为 2%）的情况下，可以通过查询爱尔兰表得到一个寻呼消息能支持的寻呼流量。如果寻呼消息承载的 Paging Record 个数 $M=16$，则寻呼流量 $E_{paging}=9.83$；如果 $M=8$，则 $E_{paging}=3.63$。TD-LTE 系统中，在 1s 内支持的寻呼流量 I_{cell} 可由下式计算得到：

$$I_{cell}=E_{paging}\times(nB/T)\times100$$

TD-LTE 在 1s 内的最大寻呼流量是 3932（如果 M 取值 16，nB 取值 $4T$），在 1s 内的寻呼流量是 726（M 取值 8，nB 取值 $2T$）；TD-SCDMA 在 1s 内的寻呼流量是 54。TD-LTE 的寻呼流量高出 TD-SCDMA 寻呼流量 1～2 个数量级，原因在于 TD-LTE 服务于移动互联网，用户需要保持 100%在线，每个用户的忙时寻呼次数急剧增加。

10.4.2　TA 及 TA List 规划原则

1. TA 规划原则

作为 TA List 的基本组成单元，TA 的规划将直接影响 TA List 的规划质量。对于 TA 的规划，有如下要求。

（1）TA 面积不宜过大

TA 面积若过大，则 TA List 包含的 TA 数目将受到限制，因而会降低基于用户的 TA List 规划的灵活性，不能达到 TA List 引入的目的。

（2）TA 面积不宜过小

TA 面积若过小，则 TA List 包含的 TA 数目就会过多，MME 维护开销及位置更新的开销就会增加。

（3）应设置在低话务区域

TA 的边界决定了 TA List 的边界。为减小位置更新的频率，TA 边界不应设在高话务量区域及高速移动等区域，并应尽量设在天然屏障（如山川、河流等）位置。

在市区和城郊交界区域，一般将 TA 的边界放在外围一线的基站处，而不是放在话务密集的城郊结合部，避免结合部用户频繁位置更新。

同时，TA 划分尽量不要以街道为界，一般要求 TA 边界不与街道平行或垂直，而是斜交。此外，TA 边界应该与用户流的方向（或者说是话务流的方向）垂直而不是平行，避免产生乒乓效应的位置或路由更新。

2. TA List 规划原则

由于网络的最终位置管理是以 TA List 为单位的，因此 TA List 的规划要满足两个基本原则。

（1）TA List 不能过大

TA List 过大则包含的小区过多，寻呼负荷随之增加，可能造成寻呼滞后，延迟端到端的接续时长，直接影响用户感知。

（2）TA List 不能过小

TA List 过小则位置更新的频率会加大，这不仅会增加 UE 的功耗，增加网络信令开销，同时，UE 在 TA 更新过程中是不可及的，用户感知也会随之降低。

10.4.3　TA 及 TA List 设置建议

1. 寻呼参数配置

在 LTE 系统中，寻呼只能在指定的信号帧和子帧上进行。寻呼帧（PF，Paging Frames）为允许发起寻呼的信号帧，寻呼时隙（PO，Paging Occasions）为系统允许发起寻呼的子帧。一个 PF 内可能有一个或者多个 PO，而系统参数 nB 配置决定了 PF 和 PO 的数目。

UE 根据 IMSI（国际用户识别码）确定其在每个 DRX 周期内需要监听的 PF 和 PO 位置。在相应的 PO 位置处，UE 需要先去监听 PDCCH 上是否携带 P-RNTI，从而判断网络在本次寻呼周期是否发出寻呼消息。如果 PDCCH 上携带了 P-RNTI，就按照 PDCCH 上指示的 PDSCH 参数去接收 PDSCH 上的数据；如果终端在 PDCCH 上未解析出 P-RNTI，则无需再去接收 PDSCH 物理信道，就可以依照 DRX 周期进入休眠。PDSCH 上携带被寻呼 UE 的 ID，UE 会向 MME 发送 Service Request 消息来确认收到寻呼。

每一个 PO 最多只能发送 maxNoOf PagingRecords 条寻呼记录。若需要发送的寻呼记录过多，则会被延迟到下一个 PO 发送。

寻呼相关参数及推荐配置见表 10-4。

表 10-4　　　　　　　　　　寻呼相关参数及推荐配置

参数名称	可选配置	推荐配置
寻呼 DRX 周期	32、64、128、256 帧	128（1.28s）
nB	$4T$、$2T$、T、$1/2T$、$1/4T$、$1/8T$、$1/16T$、$1/32T$（T 为一个 DRX 周期包含的帧数）	
maxNoOfPagingRecords	16	16

2．TA 及 TA List 设置建议

一般来说，配置寻呼容量需要考虑的因素有：PDCCH 的寻呼负荷、PDSCH 的寻呼负荷、寻呼阻塞要求、eNode B 寻呼负荷以及 MME 的最大寻呼能力。考虑当前 TD-LTE 的典型配置以及目前运营商产业能力，建议寻呼信道容量取 350pages/s。

单个 eNode B 用户数目考虑为 5000，渗透率建议为 40%，单用户话务模型建议为 0.000 602 7pages/s，由此核算出一个 TA List 最多可以包含的 eNode B 数目为：$N_{eNode B}$，TA List=300。

综上所述，建议在密集城区一个 TA List 包含的 eNode B 不超过 300 个，一个 TA 包含的 eNode B 最好不要超过 100 个。同时，根据室内分布系统建设的具体情况，室内分布系统的 TA List 应适当缩小。

10.4.4　CSFB 对 TA 和 LA 联合规划的要求

CSFB 通过在 MME 和 MSC 之间建立 SGs 接口来实现。MME 中保存着 LA 与 TA List 的映射表，当 UE 在进行位置更新时，MME 会根据 UE 所在的 TA List 查找到相应的 LA，通过 SGs 接口向此 LA 对应的 MSC 发送信息，执行联合附着。

完整且准确的 TA List/LA 映射可以使 UE 回落到 2G 后快速建立呼叫；否则，当 UE 回落后，在 2G 网络中会有额外的位置更新流程，从而导致回落时延变长；如果回落后 MSC 也发生了变化，将会带来更大的时延，甚至最终导致呼叫失败。

为了尽量减小 CSFB 语音接入过程的时延，配置时，尽量使 TA List 和 LA 保持对齐。由于 GSM 网络的话务密度高，一般规划时仅数十个小区即设置为一个 LA。然而，按照 LTE 寻呼模型计算，TA List 最大可以包含 300 个基站，远大于 LA。因此，在 LTE 系统规划时，需要将 TA List 进行分裂，并对 TA List 和 LA 进行联合规划及优化。

10.4.5　案例分析

1．案例 1：跨 MSC Pool 被叫失败

当 CSFB 终端回落过程中出现跨 MSC Pool 时，主叫仍然可以接续，但需要多做一次 LAU，此时，接续时延变长，系统提示被叫无法接通。

UE 开机初始执行 LTE 联合附着/位置更新时，根据 MME 配置的 TA-LA 映射表（见图 10-62），注册在 LA1 对应的 MSC1 上，此时 MSC1 在 MSC Pool1 内。UE 起呼时位置在 MSC Pool 边界，UE 在 LTE 实际回落时选择接入的 GSM 小区为 LA2，而对应的 MSC 为 MSC Pool2，MSC2 在 MSC Pool2 内，核查系统参数发现现网 MSC Pool 之间没有开启 MTRF，导致 paging 与 paging response 不在同一 MSC Pool 内，寻呼失败。

无线侧解决方案：在通过跨 MSC Pool 4G 服务小区配置 R8 重定向的 2G 频点时，不配置跨 Pool 的邻区频点（组）即可解决该问题。

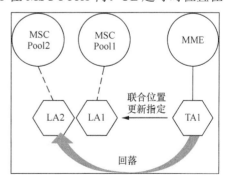

图 10-62　MME 配置的 TA-LA 映射表

2．案例 2：划分的 TAC 偏小，终端频繁做 TAU

问题现象为：当 CSFB 终端 A 主叫另一台 CSFB 终端 B 时，主叫能听到被叫的录音通知，但听不到被叫的振铃音，而被叫侧未接到任何消息。此时终端 B 处于 TAC 边界时被叫，终端 B 正在做 TAU，MME 将 Paging 消息往原先的 TAC 下发，而终端 B 已经到新的 TAC，所以导致寻呼没有正确收到。

解决方案为：合理规划现网 TAC 区域的大小，避免在跨域话务密集区域设立 TAC 边界。

10.5 掉线专项优化方法及案例

10.5.1 分析思路

关于 TD-LTE 的掉线，是在 UE 完成 "RRC Connection Reconfiguration Complete" 处于连接态，之后由于干扰、弱场及其他原因导致的 UE 上下行失步，触发重建未果或者被拒过程。只要不是终端主动发起的释放，都应算为掉线。目前掉线在信令中的表现有以下几种情况。

1. 连接状态下触发 RRC 重建无果

① UE 在 UL-CCCH 上发送 "rrcConnectionReestablishmentRequest; Cause = otherFailure"。

② eNode B 在 DL-CCCH 上回复 "rrcConnectionReestablishmentReject"。

③ UE 发生掉话、开始接收系统广播消息（在 BCCH-SCH 上的 SIB1），直至 UE 发起下一次呼叫。

连接状态下，触发 RRC 重建无果情况下的信令分析如图 10-63 所示。

14:42:32.893	FD6	LTE RRC Signaling	BCCH-SCH: systemInformationBlockType1
14:42:32.909	FD6	LTE RRC Signaling	BCCH-SCH: systemInformationBlockType1
14:42:32.940	FD6	LTE RRC Signaling	BCCH-SCH: systemInformationBlockType1
14:42:32.956	FD6	LTE RRC Signaling	BCCH-SCH: systemInformationBlockType1
14:42:32.987	FD6	LTE RRC Signaling	BCCH-SCH: systemInformation
14:42:34.344	FD6	LTE RRC Signaling	UL-DCCH: measurementReport
14:42:34.765	FD6	LTE RRC Signaling	BCCH-SCH: systemInformationBlockType1
14:42:34.765	FD6	LTE RRC Signaling	UL-CCCH: rrcConnectionReestablishmentRequest; Cause = otherFailure
14:42:34.906	FD6	LTE RRC Signaling	DL-CCCH: rrcConnectionReestablishmentReject
14:42:35.077	FD6	LTE RRC Signaling	BCCH-SCH: systemInformationBlockType1
14:42:35.577	FD6	LTE RRC Signaling	UL-CCCH: rrcConnectionRequest; Cause = mo-Data
14:42:35.608	FD6	LTE RRC Signaling	DL-CCCH: rrcConnectionSetup
14:42:35.608	FD6	LTE RRC Signaling	UL-DCCH: rrcConnectionSetupComplete

图 10-63　信令分析——连接状态下触发 RRC 重建无果

2. 空口信号变差等原因导致的掉话

① 只能看到信令不完整——UE 在没有收到 Release 消息的情况下，直接从 RRC-CONNECTED 状态转到 RRC-IDLE。

② 此类掉话的一个典型表现为：UE 发起了 RRCConnectionReestablishmentRequest，但是没有收到 eNode B 发来的 RRCConnectionReestablishment，而且 UE 也没有发出 RRCConnectionReestablishmentComplete 消息。

空口信号变差等导致掉话情况下的信令分析如图 10-64 所示。

3. 连接状态下触发 RRC 重建被拒

连接状态下，触发 RRC 重建被拒情况下的信令分析如图 10-65 所示。

15:30:59.646	FD9	LTE RRC Signaling	UL-CCCH: rrcConnectionRequest;　Cause = mo-Data
15:31:01.445	FD9	LTE RRC Signaling	DL-CCCH: rrcConnectionSetup
15:31:01.445	FD9	LTE RRC Signaling	UL-DCCH: rrcConnectionSetupComplete
15:31:01.445	FD9	LTE RRC Signaling	DL-CCCH: rrcConnectionSetup
15:31:01.476	FD9	LTE RRC Signaling	DL-DCCH: securityModeCommand
15:31:01.476	FD9	LTE RRC Signaling	UL-DCCH: securityModeComplete
15:31:01.492	FD9	LTE RRC Signaling	DL-DCCH: rrcConnectionReconfiguration
15:31:01.492	FD9	LTE RRC Signaling	UL-DCCH: rrcConnectionReconfigurationComplete
15:31:19.931	FD9	LTE RRC Signaling	BCCH-SCH: systemInformationBlockType1
15:31:19.947	FD9	LTE RRC Signaling	UL-CCCH: rrcConnectionReestablishmentRequest;　Cause = otherFailure
15:31:20.025	FD9	LTE RRC Signaling	BCCH-SCH: systemInformation
15:31:20.196	FD9	LTE RRC Signaling	BCCH-SCH: systemInformation
15:31:21.975	FD9	LTE RRC Signaling	BCCH-SCH: systemInformationBlockType1
15:31:24.471	FD9	LTE RRC Signaling	UL-CCCH: rrcConnectionRequest;　Cause = mo-Data
15:31:25.485	FD9	LTE RRC Signaling	DL-CCCH: rrcConnectionSetup
15:31:25.485	FD9	LTE RRC Signaling	UL-DCCH: rrcConnectionSetupComplete

图 10-64　信令分析——空口信号变差导致掉话

2608	11:54:23:781	0	0	DL DCCH	RRC Connection Reconfiguration
2613	11:54:23:781	0	0	UL DCCH	RRC Connection Reconfiguration Complete
2637	11:54:28:453	0	0	UL DCCH	Measurement Report
2646	11:54:30:171	0	0	UL DCCH	Measurement Report
2677	11:54:30:484	798	5	BCCH DL SCH	System Information Block Type1
2679	11:54:30:484	800	0	BCCH DL SCH	System Information
2686	11:54:30:484	0	0	UL CCCH	RRC Connection Reestablishment Request
2693	11:54:30:484	805	6	DL CCCH	RRC Connection Reestablishment Reject
2706	11:54:30:671	822	5	BCCH DL SCH	System Information Block Type1
2714	11:54:30:671	822	5	UL CCCH	
2715	11:54:30:671	0	0	UL CCCH	RRC Connection Request
2720	11:54:30:765	826	5	BCCH DL SCH	System Information Block Type1
2723	11:54:30:765	827	3	DL CCCH	RRC Connection Setup
2732	11:54:30:765	0	0	UL DCCH	RRC Connection Setup Complete
2733	11:54:30:765	828	5	DL DCCH	RRC Connection Setup
2734	11:54:30:765	0	0	DL DCCH	UE Capability Enquiry
2735	11:54:30:765	0	0	UL DCCH	UE Capability Information
2736	11:54:30:921	0	0	DL DCCH	DL InformationTransfer

图 10-65　信令分析——连接状态下触发 RRC 重建被拒

4. 连接状态下异常收到 RRC 释放消息

连接状态下，异常收到 RRC 释放消息情况下的信令分析如图 10-66 所示。

1098	11:50:24:375	10:50:04:356	0	0	DL DCCH	RRC Connection Reconfiguration
1103	11:50:24:375	10:50:04:359	0	0	UL DCCH	RRC Connection Reconfiguration Complete
1116	11:50:26:812	10:50:06:793	0	0	DL DCCH	RRC Connection Release
1128	11:50:26:906	10:50:06:884	0	0	UL CCCH	
1129	11:50:26:906	10:50:06:886	0	0	UL CCCH	RRC Connection Request
1130	11:50:26:937	10:50:06:922	1	1	DL DCCH	RRC Connection Reject
1137	11:50:26:937	10:50:06:931	2	0	BCCH DL SCH	System Information
1138	11:50:28:843	10:50:08:731	173	0	PCCH	Paging
1139	11:50:31:265	10:50:11:157	173	0	UL CCCH	
1140	11:50:31:265	10:50:11:157	0	0	UL CCCH	RRC Connection Request
1147	11:50:31:265	10:50:11:246	424	5	DL CCCH	RRC Connection Reject
1148	11:50:31:265	10:50:11:291	429	0	PCCH	Paging
1151	11:50:35:109	10:50:15:165	816	5	BCCH DL SCH	System Information Block Type1
1159	11:50:35:109	10:50:15:180	818	0	BCCH DL SCH	System Information

图 10-66　信令分析——连接状态下异常收到 RRC 释放消息

对于非正常释放的掉线问题，TD-LTE 引入了重建立机制，对于重建立的掉线的分析，分两部分完成：引起重建的原因和重建失败的原因。

因此，基于上述掉线进行分析总结，如图 10-67 所示。

对于掉线问题，首先需要判断的就是覆盖和干扰，利用 CNT 查看下行 RSRP、SINR 值，通常 $RSRP < -115dBm$ 且 $SINR < -3dB$ 时的掉线比例较高；利用基站侧检测工具查看上行干扰。

161

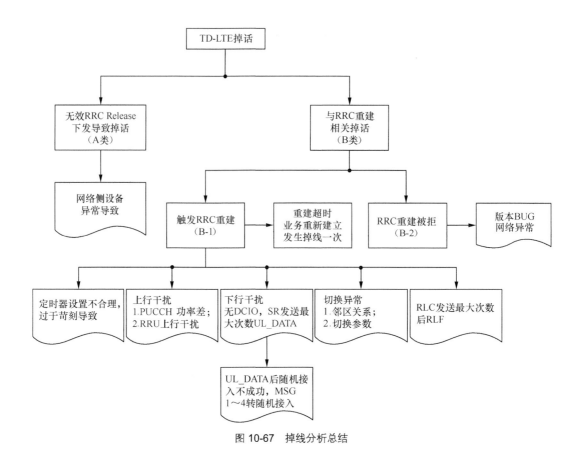

图 10-67　掉线分析总结

10.5.2　重建原因

1．定时器不合理

定时器相关参数优化建议值见表 10-5。

表 10-5　　　　　　　　　　　　　　定时器定义

字段名称	优化值	字段中文含义
byT310_Ue	2000ms	UE 监测无线链路失败的定时器长度（T310_UE）
byT311_Ue	30 000ms	UE 监测到无线链路失败后转入 Idle 状态的定时器长度（T311_UE）
byT300	2000ms	UE 等待 RRC 连接响应的定时器长度（T300）
byT301	2000ms	UE 等待 RRC 重建响应的定时器长度（T301）
byT302	1s	UE 收到 RRC 连接拒绝后等待 RRC 连接请求重试的定时器长度（T302）
byT304	1000ms	UE 等待切换成功的定时器长度（T304）
byT304_Cco	4000ms	UE CCO 到 GRAN 的定时器长度（T304）
byT320	5min	小区重选优选级定时器长度（T320）
byN310	6	UE 接收下行失步指示的最大个数（N310_UE）
byN311	1	UE 接收下行同步指示的最大个数（N311）

这类参数都已定标，如发生掉线问题，可根据案例查看相关时段是否合理，再结合所

有掉线对定时器做全局考虑并修改调整。

2.　上行干扰

上行干扰包含用户间的上行干扰、设备自身异常处理的上行干扰以及频段的干扰，通常主要表现为切换失败、重建失败、发生掉线。

典型案例分析如下。

现象描述：某地网络指标摸底阶段中，初期接入不成功，切换后异常掉线，这种现象没有一定的规律，有时成功有时失败。

问题分析：针对该问题，挑选在掉线集中点区域进行定点测试，各种终端都无法连接网络。终端表现为一直在 IDLE、CONNECTED 之间乒乓切换，无法正常接入。

检查测试数据，在仅能接入的几次中，服务小区的 RSRP、SINR 良好，下行信号覆盖良好，无干扰。

查看信令，UE 接入小区后就触发 RRC 重建，发生掉话，如图 10-68 所示。

92	11:50:25:878	10:50:12:688	0	0	DL DCCH	RRC Connection Reconfiguration
558	11:50:37:928	10:50:24:748	0	0	DL DCCH	RRC Connection Reconfiguration
585	11:50:41:968	10:50:28:783	0	0	DL DCCH	RRC Connection Reconfiguration
597	11:50:58:008	10:50:44:784	666	5	BCCH DL SCH	System Information Block Type1
705	11:50:58:008	10:50:44:795	0	0	UL CCCH	RRC Connection Reestablishment Request

图 10-68　UE 接入小区后触发 RRC 重建，发生掉话

通过分析软件 QCAT 查看掉线过程及重建过程。看到 UE 原因为 UL_DATA 后 DCI0 未达，SR 达到最大次数，触发 MSG1，由于 MSG1 无法到达网络侧，重发 8 次后失败，后触发重建，如图 10-69 所示。

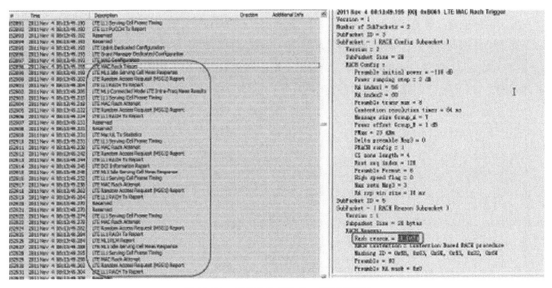

图 10-69　重发 8 次后失败，后触发重建

对问题区域内的站点进行定点 CQT 测试，测试区域分布如图 10-70 所示。

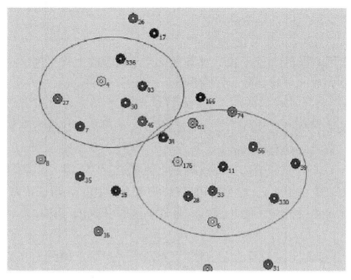

图 10-70　测试区域分布

站点 330、336 等的随机接入和切换成功率较高，而站点 26、28、30 等的接入困难，是掉线集中区域。查看掉线点与 BBUID 有一定的联系，非掉线区域隶属于 BBUID=400010，掉线区域的属于 BBUID=400011、400012 的 BBU 下挂小区。因此怀疑是 BBUID=400010 与 BBUID=400011、400012 某些关联设备问题导致。

根据上述分析查看后台设备告警：BBUID=400011、400012 站点的 GPS 未锁定（对应告警名称：GPS receiver failed to search stars（198091072）），400010 站点正常。BBUID=400011、400012 站点 GPS 状态未锁定：400011、400012 无 GPS 锁星，但仍处于激活态，导致其下挂的小区对周边小区造成 GPS 干扰，影响其他小区上行接入。

3. 下行干扰

系统内的下行干扰是产生掉线的原因之一，通常表现为无主覆盖小区，服务小区与邻区 RSRP 较好，数值基本接近，但 SINR 较差，导致解调信号变弱，易失步，因此会触发重建过程，如果重建不成功，则发生掉线。

通常处理的优先顺序是：天面调整；覆盖切换类参数调整；功率调整。

下行干扰案例介绍见 10.6.2 节。

4. 切换准备问题

通常情况下，如果 UE 上报 MR 时机不佳，则会伴随着服务小区信号衰减抖动过快发生掉线。这种情况是无法满足切换条件或者切换过早造成的。切换的参数包括 A3_offset、TTT、Hysteresis，这 3 个参数设置过于苛刻或过于简单，都会导致切换时机不佳造成掉线。查看 3 个参数配置情况可看 RRC Connection Reconfiguration 中的 IE 字段名称，如图 10-71 所示。

测试软件显示的切换失败信令如图 10-72 下

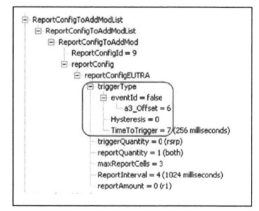

图 10-71　RRC Connection Reconfiguration 中的 IE 字段

面的框内的内容所示，上面框内的信令为正常的切换信令。

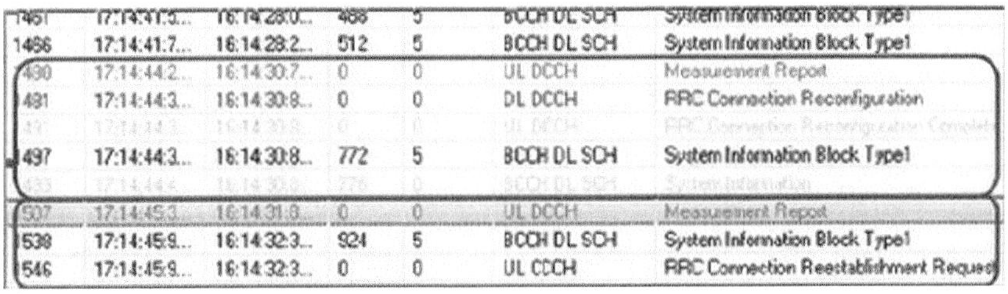

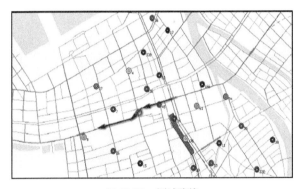

图 10-72　切换失败信令

典型案例分析如下。

现象描述：在测试中，路口附近是问题多发点，部分小区由于"波导效应"容易出现过覆盖问题，又由于"拐角效应"信号在路口两侧迅速衰落，从而导致掉线。

测试路线如图 10-73 箭头所示，其中阴影部分为掉线点。

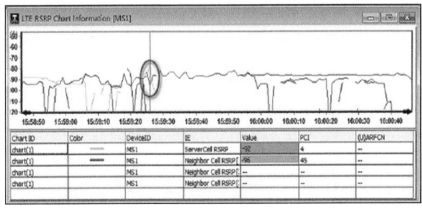

图 10-73　测试路线

在测试路线上主要是 PCI=45 的小区覆盖，在经过阴影部分的路口时，PCI=4 的小区信号突然出现并迅速恶化，导致终端切换进该小区产生掉线。

掉线点 RSRP 分布如图 10-74 所示，灰色区域显示 PCI=4 的小区突然出现一个尖峰。掉线点信令分析如图 10-75 所示。

图 10-74　掉线点 RSRP 分布

Index	Local Time	MS Time	SFN	SubSFN	Channel Name	RRC Message Name
1625	15:59:25.3..	14:59:12.0..	0	0	UL DCCH	Measurement Report
1627	15:59:25.6..	14:59:12.3..	0	0	DL DCCH	RRC Connection Reconfiguration
1632	15:59:25.6..	14:59:12.3..	0	0	UL DCCH	RRC Connection Reconfiguration Complete
1634	15:59:25.7..	14:59:12.3..	0	0	DL DCCH	RRC Connection Reconfiguration
1644	15:59:25.7..	14:59:12.4..	0	0	UL DCCH	RRC Connection Reconfiguration Complete
1654	15:59:25.8	14:59:12.4	494	5	BCCH DL SCH	System Information Block Type1
1680	15:59:26.0..	14:59:12.8..	512	5	BCCH DL SCH	System Information Block Type1
1682	15:59:27.5..	14:59:14:1..	0	0	UL DCCH	Measurement Report
1692	15:59:28.1..	14:59:14:7..	726	5	BCCH DL SCH	System Information Block Type1
1700	15:59:28.1.	14:59:14:7..	0	0	UL CCCH	RRC Connection Reestablishment Request
1709	15:59:28.2..	14:59:14:7..	723	0	DL CCCH	RRC Connection Reestablishment Request

图 10-75　掉线点信令分析

解决方案：由测试路线可知，PCI=4 的小区距离测试路线较远，测试路线应该由 PCI=45 的小区覆盖，但由于"波导效应"导致 PCI=4 的小区信号在路口比服务小区高 4dB 而触发切换流程导致掉线，而解决此掉线问题只需要避免 UE 切换到该小区即可。将 PCI=45 的小区邻区关系中和 PCI=4 的小区邻区"Cell individual offset"设置为−3，在 UE 测量时增加一个迟滞，从而避免触发切换流程。

5．有 MR 但无重配

UE 具备全频段所有小区探测能力，只要达到上报条件，就会有 MR 上报，但如果后台没有对服务小区配置合理、正确的邻区关系，就无法从网络侧收到切换命令，无法完成切换。在信令主要表现在 UE 上报多个 MR 后，无切换命令，无线链路超时造成掉线。

6．UE 触发重建

协议中定义了触发重建的流程及信令，RRC 重建成功如图 10-76 所示，RRC 重建被拒如图 10-77 所示。

图 10-76　RRC 重建成功

图 10-77　RRC 重建被拒

协议中对 UE 触发重建的原因如下。

① 无线链路失败，通常涉及公共信道、业务信道的覆盖和干扰情况。

② 切换等待定时器超时导致，查看小区邻区及参数是否合理。

③ 检查配置是否合理及参数。

④ 完整性检查失败，如加密算法、与 NAS 的直传消息受阻。

（1）UE 触发重建未果

根据网络优化经验，这种情况一般都是 UE 发送重建立消息过程中覆盖场强过弱、上行功率异常、干扰等导致。

按照掉线处理思路流程，先确定是个性还是局部问题，然后查看发生该问题的服务小区、目标小区有无硬件告警，再根据覆盖、干扰、参数情况进行判断。

（2）UE 触发重建被拒

该问题通常信令如图 10-78 所示。

2608	11:54:23.781	10:54:03.865	0	0	DL DCCH	RRC Connection Reconfiguration
2613	11:54:23.781	10:54:03.868	0	0	UL DCCH	RRC Connection Reconfiguration Complete
2637	11:54:29.453	10:54:03.539	0	0	UL DCCH	Measurement Report
2646	11:54:30.171	10:54:10.179	0	0	UL DCCH	Measurement Report
2677	11:54:30.484	10:54:10.505	798	5	BCCH DL SCH	System Information Block Type1
2679	11:54:30.484	10:54:10.520	800	0	BCCH DL SCH	System Information
2686	11:54:30.484	10:54:10.531	0	0	UL DCCH	RRC Connection Reestablishment Request
2693	11:54:30.484	10:54:10.576	805	5	DL DCCH	RRC Connection Reestablishment Reject
2706	11:54:30.671	10:54:10.745	822	5	BCCH DL SCH	System Information Block Type1
2714	11:54:30.671	10:54:10.756	0	0	UL CCCH	
2715	11:54:30.671	10:54:10.759	0	0	UL DCCH	RRC Connection Request
2720	11:54:30.765	10:54:10.785	926	5	BCCH DL SCH	System Information Block Type1
2723	11:54:30.765	10:54:10.793	827	3	DL DCCH	RRC Connection Setup
2732	11:54:30.765	10:54:10.796	0	0	UL DCCH	RRC Connection Setup Complete
2733	11:54:30.765	10:54:10.805	828	5	DL DCCH	RRC Connection Setup
2734	11:54:30.765	10:54:10.839	0	0	DL DCCH	UE Capability Enquiry
2735	11:54:30.765	10:54:10.839	0	0	UL DCCH	UE Capability Information

图 10-78　UE 触发重建被拒信令

通常发生 RRC 被拒一般都是由版本问题、上下行报文错误、设备等原因导致。

（3）案例分析

在某地拉网测试中，UE 最初占用 PCI=25 的小区，后切换至 PCI=18 的小区，切换成功。后 UE 检测到 PCI=25 的小区满足切换条件，网络下发 RRC 重配置给 UE，携带切换目标小区是原服务小区 PCI=25，但是切换失败，后无线链路失败触发重建立过程，如图 10-79 所示。

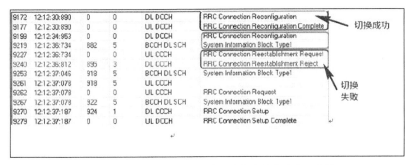

图 10-79　信令分析——无线链路失败触发重建立过程

UE 从 PCI=25 到 PCI=18 切换成功，从 PCI=18 到 PCI=25 进行回切失败后 RLF，下面的框中是触发重建过程，从 PCI=45 到 PCI=18 被拒，造成掉线。

根据掉线排查思路，优先查看切换失败到重建立过程中的覆盖和干扰情况，发现此过程中的前后几秒内小区覆盖较好，$SINR>3dB$，无干扰，然后查看后台目标服务小区均无硬件告警。后检查是由于系统 BUG 导致，同一单板内回切失败，重建过程中如果重建到未知小区（UE 从未占用过的小区）则重建被拒，原因是上下行报文不统一。

10.5.3 掉线问题处理流程

处理掉线问题总体流程图如图 10-80 所示。

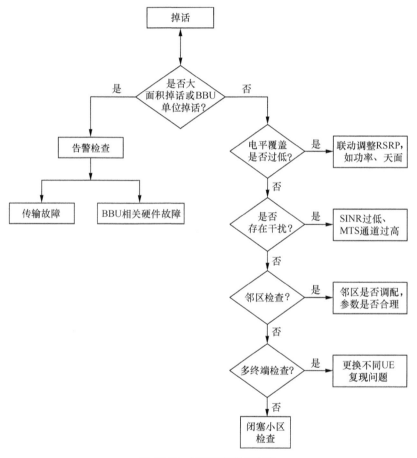

图 10-80 掉线问题总体流程

按照经验弱场通常是 $RSRP>-119dBm$，下行干扰比较严重时 $SINR>-3dB$。

常规检查如下。

① 服务小区 SINR 过低；

② 邻区列表电平相差不大，无主覆盖小区；

③ 后台硬件告警排查，如 GPS 干扰、MTS 中各个通道是否正常；

④ 邻区漏配；

⑤ 邻区信息错误；

⑥ 系统间邻区关系异常（后期检查）；

⑦ 问题点尝试更换不同终端检查；

⑧ 问题点尝试服务小区闭塞解闭塞。

10.6　干扰专项优化方法及案例

SINR 是体现网络性能的重要指标，提升 SINR 是网络优化的重要组成部分，下面将通过对网络中的干扰排查实现网络 SINR 提升的方法进行阐述。

10.6.1　干扰优化思路

在 TD-LTE 网络系统中，典型的干扰来源有两种。

① TD-LTE 系统外干扰。可能造成外部干扰的原因不断增多，有些显而易见、易跟踪，有些则非常细微、很难识别。虽然无线系统设计时可以提供一定的保护，但多数情况下对干扰信号只能在源头处进行控制。一般干扰源如大功率电台、非法发射器、监控摄像设备、会议保密设备、加油站信号干扰屏蔽器、军队电台、雷达站、微波、医疗设备等。

② TD-LTE 系统内干扰。TD-LTE 网络目前采用 20MHz 同频组网。相对异频组网，同频组网最明显的优势在于可以高频率效率地利用频率资源，但小区之间的干扰造成小区信干噪比恶化，使得 LTE 覆盖范围收缩，边缘用户速率下降，控制信令无法被正确接收等。对此，虽然采用 ICIC、功率控制、波束赋形等措施可以在很大程度上改善受干扰情况，但是对于一些诸如小区越区覆盖、无主覆盖、覆盖异常造成的干扰，同频同 PCI 基站覆盖区域重叠等造成的干扰，还是需要通过整网的测试进行查找。

针对 TD-LTE 网络中存在的以上两种典型类型的干扰源，解决手段主要体现在如何进行干扰查找、定位和分析上。

（1）TD-LTE 系统外干扰

可通过使用扫频仪外接具有方向性选择的八木天线对潜在受干扰区域进行遍历测试，期间观察扫频区域网络底噪抬升，并结合扫频频谱内出现尖脉冲的情况，对潜在的外部干扰区域进行仔细排查。为了查找干扰源，可以采用八木天线多点交叉方法进行干扰源的定位，如图 10-81 所示。

① 利用定向天线多点（大于 2 点）交叉定位；

② 小定位半径，重复①。

（2）TD-LTE 系统内干扰

① 首先，通过扫频仪进行区域内扫频测试。

② 其次，对扫频数据开展数据分析，对扫频区域的信号覆盖 RSRP、信干噪比 SINR 等进行数据的图表统计，以期对区域的情况有一个初步的了解和评估。

③ 接着，为了能够快速定位需要重点关注的存在干扰的区域，可以结合地理化呈现的

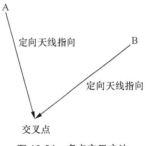

图 10-81　多点交叉方法

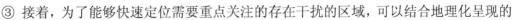

方法（如 MapInfo），对 TD-LTE 网络潜在的存在干扰的重点区域进行筛选，以便于缩小关注区域，提高工作效率。

④ 然后，对筛选出的需要重点关注的区域的越区覆盖、无主覆盖、覆盖异常造成的干扰，同频同 PCI 基站覆盖区域重叠等造成的干扰进行逐点排查，期间，可以结合地理化呈现的方法（如 MapInfo），对潜在的干扰点进行分析和问题定位。

⑤ 最后，对于扫频能够定位的网络问题，可以从优化的角度给出调整建议；对于无法通过扫频单一手段来定位的问题，可以将此问题提交给优化人员，以路测等优化手段来辅助进行分析和解决。

10.6.2 案例分析

1. 案例 1：系统内干扰——交叉时隙干扰导致上行速率降低

某小区近点进行上行 FTP 业务，速率只有 3～4Mbit/s。查询网络侧 BLER 较高，MCS 等级较低；查询网络侧配置参数，未发现异常；查询上行 IoT 干扰较高。此时进行下行 FTP 业务，基本正常；进行上行 UDP 业务，速率仍只有 3～4Mbit/s。综上，怀疑存在干扰。经排查发现，由于某一新建小区（PCI=21）刚建站开通，上下行时隙配置成 1：3 且小区已激活，导致交叉时隙干扰。

解决方案：将新开站的小区（PCI=21）的上下行时隙配置改为 2：2。修改后，重新验证测试，上行速率正常，问题得到解决。

2. 案例 2：联通干扰问题案例分析

在某次拉网测试过程中，经过某一问题路段，占用 PCI=83 的小区就掉线脱网。之后在该路段反复测试，发生多次掉线。经查，该小区硬件都正常。经分析测试数据，发现是附近联通新开站点的 PCI 和该小区形成模三干扰所致。后修改 PCI，规避模三干扰解决问题。

10.7 互操作专项优化方法及案例

10.7.1 LTE 与 GSM 系统间空闲模式重选

当 4G 服务小区信号低于门限，TD-LTE 终端会启动异频和异系统的测量，此时需要满足：在小区重选时间 T 内 4G 服务小区低于门限，同时 2G 或 3G 邻区高于门限，终端才会执行重选。

按照表 10-6 中典型 4G 重选 2G 参数设置值，4G 服务小区 *RSRP*<−90dBm 或 *RSRQ*<−14dB 时启动测量；4G 小区信号强度 *RSRP*<−120dBm 且 2G 邻区 BCCH RxLev 信号强度大于−101dBm 时，重选至 2G 邻区。

表 10-6　　　　　　　　　　　　　典型 4G 重选 2G 参数设置值

参数名称	网络设置	单位
4G 小区重选优先级	6	
异系统 2G 重选优先级	2	

续表

参数名称	网络设置	单位
异系统测量启动门限	19	2dB
最低接收电平	−64	2dBm
异系统 RSRQ 测量启动门限	4	dB
重选小区最小接收信号质量	−18	dB
服务频点低优先级重选门限	4	2dB
$Q_{rxlevmin}$ 最低接收电平	−115	2dBm
2G 低优先级重选门限值	7	2dB
2G 小区重选时间（1～7s）	1	s

4G 现网测试结果表明，TD-LTE 终端脱网时的 RSRP 为−125～−120dBm，因此重选判决门限设置为−122dBm。

10.7.2　LTE 与 GSM 系统间切换

终端驻留在 LTE 网络，且为连接态。LTE 与 GSM 系统间切换基于测量的重定向，也可以是盲重定向。基于测量的重定向涉及的测量事件包括 A2 和 B2；盲重定向涉及的测量事件仅包括 A2。对于不支持 A2 和 B2 的厂家（如华为）设备，采用 A2 和 B1事件。

当网络收到触发异系统测量的 A2 测量报告时，下发 B2 测量控制消息；当网络收到B2 测量报告时，基于测量结果下发重定向消息；当网络未收到 B2 测量报告，但收到盲重定向的 A2 测量报告时，随机选择邻区下发盲重定向消息。盲重定向的后台配置完成。默认盲重定向采用 A2 事件触发，门限默认为−113dBm，由于重定向只下发一个频点，对于TDS 这样多频点的网络而言，准确度很低，所以不建议采用盲重定向，建议将参数优化到−120dBm。

LTE 出系统门限为−124dBm，折合成 GSM 电平约为−100dBm。正常覆盖范围内 GSM900比 DCS1800 电平强 10dB 左右，即 GSM900 比 LTE 的 F 频段电平（折合后）强 10dB 左右，即−90dBm。要求 CSFB 目标小区电平强度大于−95dBm。

10.7.3　GSM 向 LTE 系统重选

GSM 向 LTE 系统直接互操作为小区重选。终端基于 2G 广播消息（SI2 quarter）中的邻区及重选参数测量 4G 邻区，满足 2G→4G 重选条件，则重选到 4G。

互操作参数的取值建议主要有两方面。

1. 空闲态互操作参数取值建议

4G 到 3G/2G 的重选为高优先级到低优先级网络的重选，涉及的重选参数包括异系统启测门限、本系统判决门限、异系统判决门限和重选迟滞时间。3G/2G 到 4G 的重选为低优先级到高优先级网络的重选，涉及的重选参数包括异系统判决门限和重选迟滞时间。2G、3G 间重选门限保持原有建议值。

具体建议值见表 10-7。

表 10-7　　　　　　　　　　　　　重选参数建议值

重选方向	异系统启测门限	本系统判决门限	异系统判决门限	重选迟滞时间
4G 到 3G	$RSRP = -100dBm$	$RSRP = -124dBm$	$RSCP = -90dBm$	2s
3G 到 4G	一直测	N/A	$RSRP = -116dBm$	2s
4G 到 2G	$RSRP = -100dBm$	$RSRP = -124dBm$	$RSSI = -85dBm$	2s
2G 到 4G	一直测	N/A	$RSRP = -116dBm$	5s
3G 到 2G	$RSCP = -96\sim-92dBm$	N/A	比本系统 RSCP 高 4dB	2s
2G 到 3G	一直测	N/A	$RSCP = -87dBm$	5s

注 1：LTE 最小接入电平 $Q_{rxlevmin}$，是整个 2G/3G/4G 协同的基线，所有 LTE 网内重选切换，LTE 与 2G/3G 间的互操作的门限均要在此基础上进行增减。

注 2：$Q_{rxlevmin}$ 确定后，加 4dB，获得 LTE 出系统门限-124dBm。

注 3：入 4G 系统门限定为-116dBm，与-124dBm 之间有 8dBm 的保护带，能够避免乒乓互操作。

注 4：4G 到 2G 异系统门限与 CSFB 异系统门限是同一个参数，就低取-95dBm。

2. 连接态互操作参数取值建议

连接态互操作参数取值建议见表 10-8。

表 10-8　　　　　　　　　　　　　重选参数建议值

互操作方向	参数名称	建议值	备注
4G A2 测量事件 1（触发异系统测量）	本系统判决门限	-10dBm	对于支持 A2+B2 的厂家
	触发时间	640ms	
4G B2 测量事件	本系统判决门限	-124dBm	
	3G 异系统判决门限	-90dBm	
	2G 异系统判决门限	-85dBm	
	触发时间	640ms	
4G A2 测量事件 1（触发异系统测量）	本系统判决门限	-124dBm	对于只支持 A2+B1 的厂家
	触发时间	640ms	
4G B1 事件	3G 异系统判决门限	-90dBm	
	2G 异系统判决门限	-85dBm	
	触发时间	640ms	
4G A2 测量事件 2（触发盲重定向）	本系统判决门限	-126dBm	
	触发时间	320ms	
3G 到 4G 3C 事件	异系统判决门限	-116dBm	
	触发时间	640ms	
3G 到 2G 3A 事件	CS 业务本系统门限	$-96\sim-92dBm$	
	CS 业务异系统门限	-80dBm	
	触发时间	640ms	
	H 业务本系统门限	$-100\sim-97dBm$	
	H 业务异系统门限	-80dBm	
	触发时间	1280ms	

续表

互操作方向	参数名称	建议值	备注
3G 到 2G 3A 事件	PS 非 H 业务本系统门限	−100～−97dBm	
	PS 非 H 业务异系统门限	−80dBm	
	触发时间	1280ms	

注：4G 切换事件说明。

事件 A1（Serving becomes better than threshold）：表示服务小区信号质量高于一定门限，满足此条件的事件被上报时，eNode B 停止异频/异系统测量（不同参数）。

事件 A2（Serving becomes worse than threshold）：表示服务小区信号质量低于一定门限，满足此条件的事件被上报时，eNode B 启动异频/异系统测量（不同参数）。

事件 A3（Neighbour becomes offset better than serving）：表示邻区质量高于服务小区质量，满足此条件的事件被上报时，源 eNode B 启动切换请求。

事件 A4（Neighbour becomes better than threshold）：表示邻区质量高于一定门限量，满足此条件的事件被上报时，源 eNode B 启动切换请求。

事件 A5（Serving becomes worse than threshold1 and neighbour becomes better than threshold2）：表示服务小区质量低于一定门限且邻区质量高于一定门限。

事件 B1（Inter RAT neighbour becomes better than threshold）：表示异系统邻区质量高于一定门限，满足此条件事件被上报时，源 eNode B 启动异系统切换请求。

事件 B2（Serving becomes worse than threshold1 and inter RAT neighbour becomes better than threshold2）：表示服务小区质量低于一定门限并且异系统邻区质量高于一定门限。

10.8　关键性能专项优化方法及案例

10.8.1　参数优化思路

根据中国移动 LTE 无线参数设置规范的要求，对包括 PCI 和邻区、接入类参数、覆盖类参数、容量类参数、速率类参数、重选和切换类参数、定时器等参数进行采集、核查和优化，并根据规范要求将不符合规范的参数进行统计汇总，提出修改方案，对确定不符合规范但又是网络必需的参数值应提供充足设置理由，对范围内的参数根据不同场景和需求进行优化设置，相关参数分类如下。

（1）按照参数属性

① 地面参数：主要用于软硬件、传输、时钟等配置和功能。

② 无线参数：主要用于空口相关配置和功能。

（2）按照参数开放程度

① A 类参数：网管界面直接可见。

② B 类参数：内部参数，需要特殊口令进入。

（3）按照参数的设置方式

① 默认参数：系统建议取默认值的参数，一般不更改。

② 规划参数：开通时需要根据具体商用局要求进行规划的参数。

③ 优化参数：开通时可以取默认值，网络优化期间可能调整的参数。

（4）按照参数控制业务类型

① PCI 和邻区参数；

② 接入类参数；

③ 覆盖类参数；

④ 容量类参数；

⑤ 速率类参数；

⑥ 互操作参数；

⑦ 重选和切换类参数；

⑧ 定时器参数。

主要参数优化如下。

1．PCI 和邻区

（1）PCI 参数

在 LTE 中，PCI 用来区分每一个小区，类似于 WCDMA 中的扰码和 cdma2000 中的 PN。LTE 协议规定，PCI 一共有 504 个，其组成分为两部分：

Physical Layer Cell Identity=(3×NID1)+NID2。

NID1：物理层小区标识组，范围为 0～167，共 168 组（决定辅同步序列）。

NID2：组内 ID，范围为 0～2（决定主同步序列）。

PCI 优化主要分为 PCI 复用优化、相邻 PCI 模三不等优化。

（2）邻区优化

LTE 邻区用于指示终端更快地搜索相邻扇区的信号以及系统自身的切换判决，以决定到底应该和哪个小区切换。

邻区规划是在基本的工程参数确定的基础上进行的，这些工程参数包括：基站位置（经纬度）、方位角、海拔、挂高、下倾角等。

邻区关系配置时，应尽量遵循以下原则。

① 临近原则：同 eNode B 的小区要互为邻区；地理位置上相邻的小区一般互为邻区，因为距离源小区越近的相邻小区与源小区发生切换的可能性越大。

② 强度原则：对网络做过优化的前提下，信号强度达到了要求的门限，需要考虑配置为邻小区。

③ 单向邻区配置：在一些特殊场景下，如高速覆盖小区、高层室分小区与室外宏小区、越区覆盖小区，可能要求配置单向邻区。

④ 邻区个数限制：目前 LTE 对于同频、异频和异系统最大可以配置 32 个邻区，邻区总数要求不超过 50 个。

邻区规划方法如下所述。

① 系统内邻区设置。

a．4G 宏站小区系统内邻区设置原则如下。

• 添加本站所有小区互为邻区；

• 添加第一圈小区为邻区；

• 添加第二圈正打小区为邻区（需根据周围站址密度和站间距来判断）；

174

- 宏站邻区数量建议控制在 32 个左右。

b．4G 室分系统内邻区设置原则如下。

- 添加有交叠区域的室分小区为邻区（比如电梯和各层之间）；
- 将低层小区和宏站小区添加为邻区，保证覆盖连续性；
- 高层如果窗户边宏站信号很强，可以考虑添加宏站小区到室分小区的单向邻小区。

② 系统间邻区设置。

a．4G 宏站小区配置 3G 邻区原则如下。

- 4G 必须添加共站的 3G 的邻区；
- 4G 优先添加第一圈 3G 邻区（最好参考 3G 系统的 TOP 切换关系）；
- 4G 添加异系统邻区时，建议最多添加 6 个 3G 系统的邻区。

b．4G 室分小区配置 3G 邻区原则如下。

- 配置与其共室分的 3G 邻区；
- 4G 室分小区周围无 4G 室外小区覆盖时，根据室分出入口处的 3G 信号强度，配置 3～6 个最强的 3G 宏站邻区，同时，这些 3G 宏站也需要添加该 4G 室分小区作为邻区。

2．接入类参数

接入类参数主要包括前导初始接收目标功率值、功率攀升步长、前导最大传输次数，其建议值见表 10-9。

表 10-9　　　　　　　　　　　　接入类参数

参数	设置范围/建议值
前导初始接收目标功率值	8
功率攀升步长	1
前导最大传输次数	6

（1）前导初始接收目标功率值

该参数表示当 PRACH 前导格式为 0 时，在满足前导检测性能时，eNode B 所期望的目标功率水平。

对无线网络性能的影响为：该参数设置得越大，UE 发送一次前导就接入成功的概率越高，但对邻区的干扰也越大；该参数设置得越小，UE 发送一次前导就接入成功的概率越低，但对邻区的干扰越小。建议设置为 8。

（2）功率攀升步长

该参数表示当 PRACH 前导格式为 0 时，在满足前导检测性能时，eNode B 所期望的目标功率水平。

对无线网络性能的影响为：该参数设置得越大，UE 发送一次前导就接入成功的概率越高，但对邻区的干扰也越大；该参数设置得越小，UE 发送一次前导就接入成功的概率越低，但对邻区的干扰也越小。建议设置为 1。

（3）前导最大传输次数

该参数表示前导传送最大次数。

对无线网络性能的影响为：该参数设置得越大，UE 发送的前导被 eNode B 正确接收的概率越大，当 UE 出现无线链路失效时，UE 等待执行 RRC connection reestablishment procedure 的时延也越大；该参数设置得越小，UE 发送的前导被 eNode B 正确接收的概率越小，当 UE 出现无线链路失效时，UE 等待执行 RRC connection reestablishment procedure 的时延也越小。建议设置为 6。

3. 覆盖类参数

覆盖类参数主要有参考信号功率、PA、PB、UE 最大发射功率、功率控制参数等（见表 10-10）。

表 10-10   覆盖类参数

参数	设置范围/建议值
PB	根据实际设置
PA	根据实际设置
小区允许 UE 最大发射功率	23
上行功控开关	打开
PUCCH 标称 P0 值/PUCCH 格式 1 的偏置/PUCCH 格式 1b 的偏置/PUCCH 格式 2 的偏置/PUCCH 格式 2a 的偏置/PUCCH 格式 2b 的偏置/路径损耗因子/PUSCH 标称 P0 值	AL08/-105/-87/DELTAF0/DELTAF3/DELTAF1/DELTAF2/=DELTAF2

（1）参考信号功率

该参数表示小区参考信号的功率值。下行导频参考信号功率表示一个导频子载波（RE）上的功率。该参数作为一个基准值，各种信道的实际 EPRE（Energy Per Resource Element）表示为与 RS 的 EPRE 的偏置。该参数由网络场景、小区半径以及规划的覆盖率共同决定。默认取值对应基站单天线最大功率平摊到每一个 RE 上并结合 RS 的发射功率的情况得到的 RS 功率，该值为测试用建议值。该参数的实际取值根据小区覆盖、环境类型等因素确定给出。

对无线网络性能的影响如下。

① 覆盖：参考信号功率设置过大会造成越区覆盖，对其他小区造成干扰；参考信号功率设置过小，会造成覆盖不足，出现盲区。

② 干扰：由于受周围小区干扰的影响，参考信号功率设置也会不同，干扰大的地方需要留出更大的干扰余量。

③ 信道估计：参考信号功率设置会影响信道估计，参考信号功率越大，信道估计精度越高，解调门限越低，接收机灵敏度越高，同时对邻区的干扰也越大。

④ 容量：参考信号功率越高，覆盖越好，但用于数据传输的功率越小，会造成系统容量的下降。

参考信号功率的设置需要综合各方面的因素，既要保证覆盖与容量之间的平衡，又要保证信道估计的有效性，还要保证干扰的合理控制。

（2）P_A/P_B 参数

P_A 表示 PDSCH 功率控制 P_A 调整开关关闭且下行 ICIC 开关关闭时，PDSCH 采用均匀功率分配时的 P_A 值。

P_B 表示 PDSCH 上 EPRE 的功率因子比率指示，它和天线端口共同决定了功率因子比率的值。

下行信道（PDSCH/PDCCH/PCFICH/PHICH）采用半静态的功率分配。

下行功率分配方法。

① 提高参考信号的发射功率（Power Boosting）。

小区通过高层信令指示 ρ_B/ρ_A，通过不同比值设置 RS 在基站总功率中的不同开销比例来实现 RS 发射功率的提升。

② 与用户调度相结合实现小区间干扰抑制的相关机制。

在指示 ρ_B/ρ_A 的基础上，通过高层参数 P_A 确定 ρ_A 的具体数值，得到基站下行针对用户的 PDSCH 发射功率。

a．P_A 对无线网络性能的影响。

RS 功率一定时，增大该参数的值，增加了小区所有用户的功率，提高小区所有用户的 MCS，但会造成功率受限，影响吞吐率；反之，会降低小区所有用户的功率和 MCS，降低小区吞吐率。

b．P_B 对无线网络性能的影响。

该参数设置得越小，有导频的符号上的数据功率越小；该参数设置得越大，有导频的符号上的数据功率越大。

（3）上行功控参数

a．PUCCH 标称 P_0 值。

该参数表示在开环功控中，需要进行 P_0_PUCCH 的设置，用来计算 PUCCH UE 侧的发射功率。

对无线网络性能的影响为：P0NominalPUCCH 设置得过高，邻区干扰会增加，整网的吞吐量将降低；P0NominalPUCCH 设置得偏低，对邻区的干扰会降低，本小区的吞吐率也会降低。

b．PUSCH 标称 P_0 值。

该参数表示在开环功控中，需要进行 P_0_PUSCH 的设置，用来计算 PUSCH UE 侧的发射功率。

对无线网络性能的影响为：该参数设置得过高，邻区干扰会增加，整网的吞吐量将降低；该参数设置得偏低，对邻区的干扰会降低，本小区的吞吐率也会降低。

4．容量类参数

容量类参数主要关注 PDCCH 初始 OFDM 符号数。

参数名	设置范围/建议值
PDCCH 初始 OFDM 符号数	1

PDCCH 初始 OFDM 符号数表示 PDCCH 初始占用的 OFDM 符号个数。当 PDCCH

占用 OFDM 符号数动态调整开关关闭时，该参数表示 PDCCH 信道占用的 OFDM 符号数。当 PDCCH 占用 OFDM 符号数动态调整开关打开时，对于 1.4MHz 和 3MHz 带宽，系统默认 PDCCH 占用 OFDM 符号数分别固定为 4 和 3，该参数配置无效。对于 5MHz、10MHz、15MHz 和 20MHz 带宽，该参数缺省值为 1，PDCCH 占用 OFDM 符号数在 1、2、3 之间自适应调整；如果该参数配置为 2 或 3，则 PDCCH 占用 OFDM 符号数在 2、3 之间自适应调整。

对无线网络性能的影响为：该参数设置得越小，初始 PDCCH 符号个数越少，可支持 PDCCH 符号自适应特性，但可能影响到下行吞吐量；该参数设置得越大，初始 PDCCH 符号个数越多，可能无法支持 PDCCH 符号自适应特性，也可能影响到下行吞吐量。建议设置为 1。

5. 速率类参数

速率类参数主要包含：ACK/SRI 码道数、上行调度开关、SRS 配置指示、MIMO 自适应参数配置、周期性 BSR 上报定时器、修改 CQI 自适应参数、SRI 周期、下行 HARQ 最大传输次数、上行调度算法参数等，其建议值见表 10-11。

表 10-11 速率类参数

参数名	建议值
ACK/SRI 码道数	6
CQI RB 个数	1
上行频选增强开关、PUSCH DTX 检测开关、上行调度器控制功率开关	关闭
SRS 配置指示	非 SFN 场景关闭
MIMO 传输模式自适应开关	开环自适应
周期性 BSR 上报定时器	sf5
CQI 周期自适应开关	关
用户级 CQI 周期配置	40ms
SRI 周期	QCI1～9 分别为 10、10、5、20、5、20、10、20、20
下行 HARQ 最大传输次数	4
上行 HARQ 最大传输次数	4
上行 BLER 目标值	10

（1）PUCCH 配置参数

PUCCH 要求配置参数为 ACK/SRI 码道数和 CQI RB 个数。

ACK/SRI 码道数表示 FDD 小区的 RRC 层给半静态 ACK 和 SRI 配置的码道总数，该参数配置为 0 会导致用户无法接入该小区。该参数设置得越小，小区能够支持的用户数规格越小，但是上行控制信令的开销也随之减小，上行吞吐量将增加；该参数设置得越大，小区能够支持的用户数规格越大，但是上行控制信令的开销会增大，上行吞吐量将降低。

CQI RB 个数表示 FDD 小区的 RRC 层给 CQI 配置的 RB 总数，该参数设置得越小，小区能够支持配置周期性 CQI 资源的用户数越少，但是上行控制信令的开销也随之减小，上行吞吐量将增加；该参数设置得越大，小区能够支持配置周期性 CQI 资源的用户数越多，但是上行控制信令的开销也随之增多，上行吞吐量将下降。

（2）上行调度开关

上行调度开关包含上行频选增强开关、PUSCH DTX 检测开关和上行调度器控制功率开关等 14 个开关。

① 上行频选增强开关：该开关用于控制上行基于负载的频选增强功能的开启和关闭。该开关仅适用于 FDD。

② PUSCH DTX 检测开关：该开关控制 eNode B 是否利用 PUSCH DTX 检测结果进行相应的处理。该开关打开时，只在 LBBPd 基带板 FDD 小区下生效。该开关打开后，上行调度会根据 PUSCH DTX 检测结果判断是否进行自适应重传，同时 PDCCH 聚合级别调整模块会利用 PUSCH DTX 检测结果进行 DCI0 的聚合级别调整；如果该开关关闭，则不进行相应处理。

③ 上行调度器控制功率开关：该开关是上行调度器是否打破功控约束、控制功率功能是否启用的开关。取值为 ON 时，开启上行调度器控制功率功能，调度器可以打破功控约束，保证 UE 发射功率充分利用；取值为 OFF 时，关闭上行调度器控制功率功能，调度器不能打破功控约束，UE 在中远点发射功率不能充分利用。

（3）SRS 配置信息

该参数表示 SRS 配置指示。通过该参数可以控制小区是否有 SRS 资源。当配置为"是"，表示小区有 SRS 资源，可以给小区内的用户配置 SRS；当配置为"否"，表示小区没有 SRS 资源，小区内所有用户不配置 SRS。建议非 SFN 场景关闭。

（4）MIMO 传输模式自适应开关

多天线 eNode B 下的 MIMO 模式自适应类型参数有 4 个可选项。

① 非自适应模式：按照固定 MIMO 模式选择参数来配置 MIMO 模式，但不会触发 MIMO 模式之间的切换。

② 开环自适应模式：终端只上报 RANK 和 CQI，但不上报 PMI。

③ 闭环自适应模式：终端除了 RANK 和 CQI 外，还需上报 PMI。

④ 开闭环自适应模式：配置终端在开环自适应和闭环自适应之间切换。

建议开启开环自适应模式。

（5）周期性 BSR 上报定时器

该参数表示周期性 BSR（Buffer Status Report）上报定时器时长。

BSR 上报分为周期性 BSR 上报和事件触发的 BSR 上报。周期性 BSR 上报，需要启用该定时器。定时器超时时，发送 BSR；BSR 发送之后，需要重启该定时器。

建议设置周期为 5 子帧。

（6）CQI 自适应参数

CQI 周期自适应开关：设置为打开，则 CQI 的周期根据小区空口负载进行自适应配置；设置为关闭，则 CQI 的周期采用 UserCqiPeriodCfg 进行配置。该参数仅对 FDD 小区有效。

用户级 CQI 周期配置：CQI 周期自适应开关关闭时，采用固定配置，该参数表示固定配置时的 CQI 周期。当 UserCqiPeriodCfg 配置值为 32ms，eNode B 自动修改取值为 20ms；当 UserCqiPeriodCfg 配置值为 64ms，eNode B 自动修改取值为 40ms；当 UserCqiPeriodCfg 配置值为 128ms，eNode B 自动修改取值为 80ms。该参数仅对 FDD 小区有效。

建议设置关闭 CQI 周期自适应开关，采用固定周期为 40ms。

（7）SRI 周期

该参数表示调度请求指示（SRI，Scheduling Request Indicator）周期。

界面取值范围：MS5（调度请求指示周期为 5ms），MS10（调度请求指示周期为 10ms），MS20（调度请求指示周期为 20ms），MS40（调度请求指示周期为 40ms），MS80（调度请求指示周期为 80ms）。

建议设置 QCI1 周期为 10ms，QCI2 周期为 10ms，QCI3 周期为 5ms，QCI4 周期为 20ms，QCI5 周期为 5ms，QCI6 周期为 20ms，QCI7 周期为 10ms，QCI8 周期为 20ms，QCI9 周期为 20ms。

（8）下行调度参数

下行 HARQ 最大传输次数：该参数设置得越小，由 HARQ 重传导致的无线资源开销越小，但无线链路的可靠性降低；该参数设置得越大，无线链路的可靠性越高，但由 HARQ 重传导致的无线资源开销增大。建议设置为 4。

（9）上行调度算法参数

① SINR 校正算法的 IBLER 目标值：该参数表示 SINR 校正算法的 IBLER 目标值。该参数值越大，则 SINR 的调整量也随之增大，选择的 MCS 阶数也会更高。该参数影响上行小区吞吐率，不同组网环境下小区边缘吞吐率最优对应的上行 IBLER 目标值有差别。一般静态信道的上行远点最优 IBLER 接近 10%；衰落信道的上行远点最优 IBLER 大于 10%。该参数设置得过大或过小都会降低上行传输效率。

② 上行 HARQ 最大传输次数：该参数表示除 TTI bundling 外的上行 HARQ 的最大传输次数。该参数设置得越小，由 HARQ 重传导致的无线资源开销越小，但无线链路的可靠性降低；该参数设置得越大，无线链路的可靠性越高，但由 HARQ 重传导致的无线资源开销增大。

SINR 校正算法的 IBLER 目标值建议设置为 10，上行 HARQ 最大传输次数建议设置为 4。

（10）异频异系统盲切换 A1A2 事件 RSRP 门限

该参数表示基于覆盖切换中，触发异频异系统盲切换的 A1/A2 事件的 RSRP 门限。如果服务小区 RSRP 测量值超过门限，则上报 A1 事件；如果服务小区 RSRP 测量值低于门限，则上报 A2 事件。

对无线网络性能的影响如下。

A2 事件的触发条件为 $Ms+Hys<Thresh$，其中，Thresh 是该事件的门限参数。增大门限 Thresh，将降低 A2 事件触发的难度，即容易启动盲重定向或 CCO。门限过大将使得切换次数减少，重定向或 CCO 次数增加。采用重定向方式或 CCO 将增加中断时延；减小该值，将使得 A2 事件更难被触发，延缓盲重定向或 CCO。门限过小会增加

掉话风险。建议设置为–120dBm。

（11）异频/异系统测量启动门限配置指示

该参数表示是否配置异频/异系统小区重选测量启动门限。如果异频/异系统测量启动门限配置指示为不配置，不管当前服务小区的信号质量如何，UE 都会对异频小区和异系统小区进行测量。对无线网络性能无影响。建议设置为 6。

（12）异系统 A2 RSRP 触发门限

该参数表示异系统切换的 A2 事件的 RSRP 触发门限。

对无线网络性能的影响如下。

A2 事件的触发条件为 $Ms+Hys<Thresh$，其中，Thresh 是该事件的门限参数。增大门限 Thresh，A2 事件触发的难度将降低，即容易启动异系统测量；减小该值，A2 事件将更难被触发，延缓启动异系统测量。建议设置为–120dBm。

（13）异系统 A1、A2 幅度迟滞

该参数表示异系统 A1、A2 事件的幅度迟滞，用于减少由于无线信号波动导致的对小区切换评估的频繁解除和触发，降低乒乓切换和误判，该值越大越容易防止乒乓切换和误判。

A1 事件的触发条件为 $Ms-Hys>Thresh$，A2 事件的触发条件为 $Ms+Hys<Thresh$。其中，Ms 是服务小区测量值；Hys 是该事件对应的迟滞，在测量配置里有该数值；Thresh 是该事件的门限参数。增大迟滞 Hys，将增加 A1、A2 事件触发的难度；减小该值，A1、A2 事件将更容易被触发。建议设置为 1。

（14）cdma2000 HRPD 小区重选优先级

该参数表示是否配置 cdma2000 HRPD 小区重选优先级，如果为"不配置"，则不在系统消息中下发 cdma2000 HRPD 小区重选优先级。

对无线网络性能无影响。建议设置为 1。

（15）最低接收电平偏置

该参数表示小区最低接收电平偏置，应用于小区选择准则（S 准则）公式。仅当 UE 驻留在 VPLMN 且由于周期性地搜索高优先级 PLMN 而触发的小区选择时，才使用该参数。

对无线网络性能的影响为：增加某小区的该值，使得该小区更容易符合 S 规则，更容易成为适当小区，选择该小区的难度减小；反之亦然。建议设置为 0。

（16）异频频点低优先级重选门限

UTRAN 频点低优先级重选门限表示异系统 UTRAN 频点低优先级重选门限值。在目标频点的绝对优先级低于服务小区的绝对优先级时，作为 UE 从服务小区重选至目标频点下小区的接入电平门限。

UE 启动对目标频点下小区的小区重选测量后，如果在重选延迟时间内，服务小区的接入电平低于重选门限，目标频点下小区的接入电平一直高于该门限，则 UE 可以重选至该小区。

对无线网络性能的影响为：其他条件不变，增加该值，则该重选触发难度增加；减小该值，则该重选触发难度降低。建议设置为 11。

（17）异频频点高优先级重选门限

UTRAN 频点 RSRQ 高优先级重选门限表示异系统 UTRAN 频点 RSRQ 高优先级重选门限值。当目标频点的小区 RSRQ 重选优先级比服务小区的小区 RSRQ 重选优先级高时，该参数作为 UE 从服务小区重选至目标频点下小区的接入电平门限。

UE 启动对目标频点下小区的小区重选测量后，如果在重选时延内，目标频点下小区的 RSRQ 接入电平一直高于该门限，则 UE 可以重选至该小区。

对无线网络性能的影响为：其他条件不变，增加该值，则该重选触发难度增加；减小该值，则该重选触发难度降低。建议设置为 11。

（18）cdma2000HRPD 低优先级频点重选门限

该参数表示低优先级 cdma2000HRPD 频点重选门限值。在目标频点的小区重选优先级低于服务小区的小区重选优先级时，作为 UE 从服务小区重选至目标频点下小区的接入电平门限。

如果在重选时延内，服务小区的接入电平低于重选门限，UE 再启动对目标频点下小区的小区重选测量后，目标频点下小区的接入电平一直高于该门限，则 UE 可以重选至该小区。

对无线网络性能的影响为：增大该值，则 UE 驻留到该频点小区的概率降低；减小该值，则 UE 驻留到该频点小区的概率增加。建议设置为–26。

6. 重选和切换类参数

重选和切换类参数主要包含同频切换幅度迟滞、同频切换偏置、小区重选迟滞、服务频点低优先级重选门限、不同频率重选优先级等参数，其建议值见表 10-12。

表 10-12　　　　　　　　　　　　重选和切换类

参数名	建议值
同频切换幅度迟滞	3
同频切换偏置	3
小区重选迟滞	2
服务频点低优先级重选门限	6
不同频率重选优先级	3

（1）同频切换幅度迟滞

该参数表示同频切换测量事件 A3 的迟滞，可减少由于无线信号波动导致的同频切换事件的触发次数，减少乒乓切换以及误判，该值越大越容易防止乒乓切换和误判。异频 A3 幅度迟滞与该参数取值相同。

对无线网络性能的影响为：增大迟滞，A3 事件触发的难度将增加，延缓切换，影响用户感受；减小该值，A3 事件将更容易被触发，容易导致误判和乒乓切换。建议设置为 3。

（2）同频切换偏置

该参数表示同频切换中邻区质量高于服务小区的偏置值。该值越大，表示需要目标小区有更好的服务质量才会发起切换。

对无线网络性能的影响为：若该参数值为正，A3 事件触发的难度将增加，延缓切换；若为负，则 A3 事件触发的难度降低，提前进行切换。建议设置为 3。

（3）小区重选迟滞

该参数表示 UE 在小区重选时，服务小区 RSRP 测量量的迟滞值，与该参数和小区所在环境的慢衰落特性有关，慢衰落方差越大，迟滞值也越大，迟滞值越大，服务小区的边界越大，越难重选到邻区。

对无线网络性能的影响为：其他小区重选相关参数一定的情况下，增加迟滞，即可以增加同频或者同优先级小区重选的难度；减小迟滞，即可以减小同频或者同优先级小区重选的难度，但乒乓重选的次数将增加。建议设置为 2。

（4）服务频点低优先级重选门限

该参数表示服务频点向低优先级异频或异系统重选时的门限值，应用于 UE 向低优先级异频或异系统重选判决场景。该场景出现的条件是：与服务频率相同的小区以及高优先级频率的小区均不满足异频或异系统重选准则之一。

对无线网络性能的影响为：降低该值，则重选到优先级低的异频异系统小区的频率降低。建议设置为 6。

（5）不同频率重选优先级

该参数表示服务频点的小区重选优先级，0 表示最低优先级。该参数是网规参数，需要在各频率层之间统一规划。不同制式间的小区重选优先级不能重复。

对无线网络性能的影响为：增大该值，则 UE 重选到其他频点小区的概率降低，反之亦然。建议设置为 3。

7. 定时器参数

定时器参数主要包括 T300、T301、T302、T311 等，见表 10-13。

表 10-13　　　　　　　　　　　　定时器参数

参数名	建议值
T300	5
T301	4
T302	2
T311	0

（1）T300

该参数表示定时器 T300 的时长。UE 在发送 RRCConnectionRequest 时启动此定时器。定时器超时前，如果收到 RRCConnectionSetup 或者 RRCConnectionReject，则停止该定时器。定时器超时后，UE 进入 RRC_IDLE 态。

对无线网络性能无影响。建议设置为 5。

（2）T301

该参数表示定时器 T301 的时长。定时器超时前，如果 UE 收 RRCConnectionReestablishment 或者 RRCConnectionReestablishmentReject 或者被选择小区变成不适合小区，则停

止该定时器。定时器超时后，UE 进入 RRC_IDLE 态。

对无线网络性能无影响。建议设置为 4。

（3）T302

该参数表示定时器 T302 的时长。即当 UE 发起的 RRC 连接建立请求（RRCConnection Request）被拒绝后，再次发送 RRC 连接建立请求需要等待的时长。

该定时器在 UE 收到 RRC 连接拒绝（RRCConnectionReject）消息时开启，在 UE 进入 RRC 连接状态或 UE 进行小区重选（Cell Reselection）时停止。

对无线网络性能的影响为：如果该值较小，eNode B 将会因为相同的原因拒绝 UE 的接入；如果该值较大，将会导致 UE 较长时间内都无法接入，影响用户的感受。建议设置为 2。

（4）T311

该参数表示定时器 311 的时长。UE 在发起 RRC 连接重建流程时启动该定时器。定时器超时前，如果 UE 选择了一个 E-UTRAN 小区或者异系统小区，则停止该定时器。定时器超时后，UE 进入 RRC_IDLE 态。

对无线网络性能无影响。建议设置为 0。

10.8.2 重点 KPI 优化思路

话统 KPI 是对网络质量的最直观反映。日常话统监测是进行网络性能检测的一种有效手段。通过日常监测，识别突发问题小区，将问题消除在初级阶段；通过周监测，识别网络性能持续短木板小区，有针对性地进行提升优化。

话统 KPI 主要包括以下几大类：接入性指标、保持性指标、移动性指标、业务量指标、系统可用性指标和网络资源利用率指标。

通过上述重点话统 KPI 的监测，可以达到：识别突发问题、风险提前预警、话统 KPI 的稳定与提升。目前，LTE 系统需要重点关注的话统 KPI 见表 10-14。

表 10-14　　　　　　　　　　LTE 系统需要重点关注的话统 KPI

指标分类	数据来源	具体的 KPI
接入性指标	无线侧	RRC 连接建立成功率
		E-RAB 建立成功率
		无线接通率
保持性指标		无线掉话率（E-RAB 异常释放）
移动性指标		小区 eNode B 内切换出成功率
		小区 eNode B 间切换出成功率
业务量指标		上、下行业务平均吞吐量

1. 优化前准备

① 检查设备使用的软硬件版本是否正确，确定各基站、版本是否配套。

② 确定每一个基站是否都已进行过定标与灵敏度测试。保证每个基站都工作良好，前向通道和反向通道都状态良好。

③ 各基站是否都已进行过单基站的空载和加载测试。确保单基站工作正常，覆盖正常。

④ 是否已进行过天线的驻波比测试。保证天馈连接良好。

⑤ 各基站开通后是否已进行拨测，是否已检查工程安装的正确性。拨测主要是观察通话是否能够正常接入、切换能否正常进行等。特别需要注意排除是否有天馈装反等问题，观察是否与规划的 PCI 相吻合。

⑥ 在上述问题排除后，检查每一个扇区实际覆盖与规划的期望覆盖的差距，如果覆盖有异常，检查天线安装的方位角、下倾角等是否与规划吻合。如果与规划吻合，而覆盖明显与规划期望覆盖不一致，或者发现重叠覆盖严重等现象，需要调整天线下倾角、方位角。调整天线，需注意不是孤立地调整单个扇区的覆盖，而要考虑周边一整片区域，必要时可以将几个扇区天线一起调整。

⑦ 敏感的无线功能（CL 互操作、TF 互操作等）是否运用，如有运用，与下面的分析可能就有不同，需要特别分析。

2. 优化方法

分析话统指标时，要先看全网整体性能测量指标，掌握了网络运行的整体情况后，再有针对性地分析扇区载频性能统计。分析时一般采取过滤法，先找出指标明显异常的小区分析，此时很可能是版本、硬件、传输、天馈（含 GPS）或者数据出现问题导致的异常，可以结合告警首先从这几个方面检查。如无明显异常，根据指标将各扇区载频进行统计分类，可整理出各重点指标较差小区列表，以便分类分析。

调整参数要谨慎，考虑全面后再修改参数，如对定时器修改时要注意不能因加长定时器长度而造成系统负荷过大反而产生其他问题。

优化时如需调整天馈、修改参数等，最好能实施一项措施后观察指标一段时间，确定该项措施的效果后再进行下一步，一方面以防万一，一方面也便于积累经验。实际中，网络指标波动很大，随机性很强，如果修改参数前一小时指标很差，修改之后指标马上变好并不能说明修改参数卓有成效，因为再下一个小时指标可能又变差了。指标观察时间最好能在一天以上，将其与修改前同时段指标相比较后才能得到基本准确的结论（最好是与前一周同一天同一时段指标比较），并且还要密切注意这段时间的告警信息。

看指标时，不能只关注指标的绝对数值是高是低，也应该关注指标的相对高低情况。只有在统计量较大时，指标数值才具有指导意义。例如，掉线率为 50% 并不就代表网络差，只有在释放此时次数的绝对值都已具备统计意义时，这个数值才具有意义。

需要注意，各个指标的存在并不是独立的，很多指标都是相关的，如干扰、覆盖等问题就会同时影响多个指标。同样，如果解决了切换成功率低的问题，那么掉线问题也能得到一定程度的改善。所以，实际分析解决问题时，在重点抓住某个指标分析的同时需要结合其他指标一起分析。

3. 其他辅助方法

话统数据仅是网络优化的一个重要依据, 还需要结合其他的措施和方法来共同解决网络问题。

(1) 路测

路测是了解网络质量、发现网络问题较为直接、准确的方法, 其在掌握无线网络覆盖框架方面, 具有话统等其他方法不可替代的特点。包括了解是否有过覆盖、覆盖空洞, 是否有上下行不平衡, 是否有天馈装反, 导致 PN 信号出现在不该出现的地方, 等等。特别在进行了参数调整或做了覆盖方面的调整后, 如天馈调整或功率配比等参数调整后, 都需要路测了解这些调整是否达到了预期效果。

路测给出无线网络框架、工程安装的基本保证, 而通过话统中指标的细致分析, 可以找到提高指标的思路, 宏观话统与细致测试相结合才能有效解决问题。

(2) 信令跟踪

系统提供跟踪功能, 可以跟踪各个接口信令, 针对单个用户进行跟踪。出现较复杂问题时, 可以一边路测一边跟踪测试 UE 的接口, 尤其是空口的信令信息, 从流程上分析定位问题。

(3) 告警信息

设备告警信息能实时反映全网设备运行状态, 需要密切关注。话统中的某一指标出现异常, 很有可能是因设备出现告警, 区别不同的告警并将其与话统指标联系起来才不至于盲目地浪费时间。设备告警信息可以在 U2000 集中故障管理系统中查看。

OMC 平台一般都提供基于任务设定性能告警功能, 对性能指标进行定义, 超出设定阈值的指标项, 则向告警服务器发出性能告警, 通过集中告警客户台就可以看到。

在宏观的话统数据指导下, 将上述各种方法有机结合起来, 就能很好地定位网络问题。

10.8.3 案例分析

1. 案例 1: TAC 配置错误导致 UE 无法拨号上网处理案例

(1) 问题现象

测试人员对某基站进行单站点验证测试, UE 已检测到该小区的信号, 但无法拨号。

(2) 处理过程

① 排查 eNode B 侧硬件故障, 系统侧核查该基站无硬件告警, 收发光信号正常, 无上行干扰, 驻波比正常, 检测无互调干扰。

② 排查测试设备故障, 更换测试计算机和测试终端, 仍然无法拨号; 使用同一套设备在其他小区进行业务时可以成功拨号。

③ 通过上述步骤排除了 eNode B 和测试设备导致的问题, 对该小区进行 IOS 信令跟踪, 如图 10-82 所示。

消息序号	采集时间	接口类型	消息类型
77	01/15/2014 13:52:50 (746)	S1标准接口消息	S1AP_INITIAL_UE_MSG
78	01/15/2014 13:52:50 (770)	S1标准接口消息	S1AP_DL_NAS_TRANS
79	01/15/2014 13:52:50 (770)	UU标准接口消息	RRC_DL_INFO_TRANSF
80	01/15/2014 13:52:50 (771)	S1标准接口消息	S1AP_UE_CONTEXT_REL_CMD
81	01/15/2014 13:52:50 (771)	UU标准接口消息	RRC_CONN_REL
82	01/15/2014 13:52:50 (771)	S1标准接口消息	S1AP_UE_CONTEXT_REL_CMP
83	01/15/2014 13:53:01 (572)	UU标准接口消息	RRC_CONN_REQ
84	01/15/2014 13:53:01 (575)	UU标准接口消息	RRC_CONN_SETUP
85	01/15/2014 13:53:01 (614)	UU标准接口消息	RRC_CONN_SETUP_CMP
86	01/15/2014 13:53:01 (615)	S1标准接口消息	S1AP_INITIAL_UE_MSG
87	01/15/2014 13:53:01 (777)	S1标准接口消息	S1AP_DL_NAS_TRANS
88	01/15/2014 13:53:01 (777)	UU标准接口消息	RRC_DL_INFO_TRANSF
89	01/15/2014 13:53:02 (431)	UU标准接口消息	RRC_UL_INFO_TRANSF ⟶ RRC_UL_INFO_TRAN
90	01/15/2014 13:53:02 (431)	S1标准接口消息	S1AP_UL_NAS_TRANS
91	01/15/2014 13:53:02 (440)	S1标准接口消息	S1AP_DL_NAS_TRANS
92	01/15/2014 13:53:02 (440)	UU标准接口消息	RRC_DL_INFO_TRANSF
93	01/15/2014 13:53:02 (456)	UU标准接口消息	RRC_UL_INFO_TRANSF
94	01/15/2014 13:53:02 (456)	S1标准接口消息	S1AP_UL_NAS_TRANS
95	01/15/2014 13:53:02 (623)	S1标准接口消息	S1AP_DL_NAS_TRANS
96	01/15/2014 13:53:02 (624)	UU标准接口消息	RRC_DL_INFO_TRANSF
97	01/15/2014 13:53:02 (624)	S1标准接口消息	S1AP_UE_CONTEXT_REL_CMD
98	01/15/2014 13:53:02 (624)	UU标准接口消息	RRC_CONN_REL
99	01/15/2014 13:53:02 (625)	S1标准接口消息	S1AP_UE_CONTEXT_REL_CMP

图 10-82　信令跟踪

（3）信令分析

信令流"S1AP_UL_NAS_TRANS"附着失败的原因为 MME 拒绝了附着请求，即 MME 接收到了 eNode B 发送的"S1AP_INITIAL_UE_MSG"信令，但并未向 eNode B 返回"S1AP_INITIAL_CONTEXT_SETUP_REQ"信令流（见表 10-15）。由信令解释可知小区 TAC 配置有误，信令流中解码出来的 TAC 如图 10-83 所示。

表 10-15　　　　　　　　　　　　　　　　信令流分析

序号	接口类型	正常附着流程	异常附着流程
1	UU 接口	RRC_CONN_REQ	RRC_CONN_REQ
2	UU 接口	RRC_CONN_SETUP	RRC_CONN_SETUP
3	UU 接口	RRC_CONN_SETUP_CMP	RRC_CONN_SETUP_CMP
4	S1 接口	S1AP_INITIAL_UE_MSG	S1AP_INITIAL_UE_MSG
5	S1 接口	S1AP_INITIAL_CONTEXT_SETUP_REQ	
6	UU 接口	RRC_UE_CAP_ENQUIRY	
7	UU 接口	RRC_UE_CAP_INFO	
8	S1 接口	S1AP_UE_CAPABILITY_INFO_IND	
9	UU 接口	RRC_SECUR_MODE_CMD	
10	UU 接口	RRC_CONN_RECFG	
11	UU 接口	RRC_SECUR_MODE_CMP	
12	UU 接口	RRC_CONN_RECFG_CMP	
13	S1 接口	S1AP_INITIAL_CONTEXT_SETUP_RSP	
14	UU 接口	RRC_CONN_RECFG	

187

序号	接口类型	正常附着流程	异常附着流程
15	UU 接口	RRC_CONN_RECFG_CMP	
16	UU 接口	RRC_UL_INFO_TRANSF	RRC_UL_INFO_TRANSF
17	S1 接口	S1AP_UL_NAS_TRANS	S1AP_UL_NAS_TRANS
18	UU 接口	RRC_UL_INFO_TRANSF	RRC_UL_INFO_TRANSF
19	S1 接口	S1AP_UL_NAS_TRANS	S1AP_UL_NAS_TRANS
20	S1 接口	S1AP_DL_NAS_TRANS	S1AP_DL_NAS_TRANS
21	UU 接口	RRC_DL_INFO_TRANSF	RRC_DL_INFO_TRANSF
22	S1 接口	S1AP_UE_CONTEXT_REL_REQ	
23	S1 接口	S1AP_UE_CONTEXT_REL_CMD	S1AP_UE_CONTEXT_REL_CMD
24	UU 接口	RRC_CONN_REL	
25	S1 接口	S1AP_UE_CONTEXT_REL_CMP	

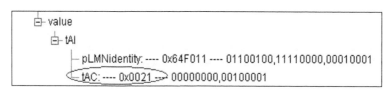

图 10-83　解码出的 TAC

　　解码出来的 TAC 为十六进制的"21"，转换成十进制的"33"（见图 10-84），而参数规划中该小区的 TAC 为 17 492，确认该问题就是 TAC 配置错误导致的。

图 10-84　问题参数

（4）优化成果

将 TAC 由 33 修改为 17 492，测试终端拨号成功，业务恢复正常。

2．案例 2：DSR 上报周期不当导致下载速率较低案例

（1）问题现象

某网络优化项目中，A 基站覆盖范围内的信号强度和信号质量都比较好，但是下载速率只有 30Mbit/s 左右。问题点现场测试如图 10-85 所示，问题小区参数如图 10-86 所示。

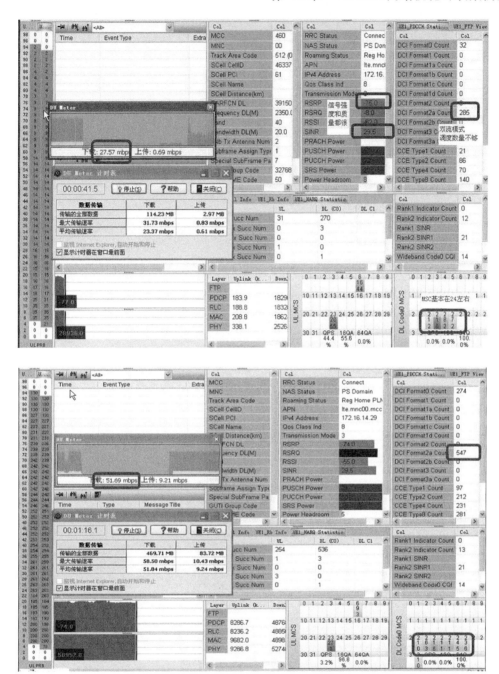

图 10-85　问题点现场测试

（2）处理过程

通过灌包对比，判断速率低的主要原因不是无线信号质量不好。对该基站做下载速率周期性跟踪，发现下载速率极不稳定，调度次数在 200～600 次之间，波动幅度较大，下载速率在 30～50Mbit/s 之间大幅度变化。初步判断为基站调度算法引起的速率不稳。核查基站参数发现 DSR 上报周期为 80ms。将该参数调整至 20ms 后，调度次数稳定在 500 次左右，下载速率稳定在 50Mbit/s 左右。

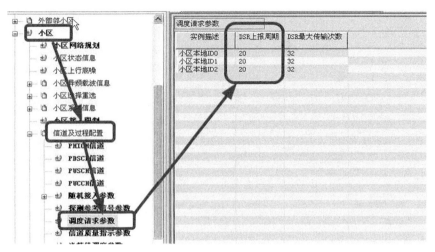

图 10-86　问题小区参数

（3）优化成果

调度次数稳定在 500 次，下载速率也正常稳定。

3．案例 3：同频小区重选失败案例

（1）问题现象

UE 在 IDLE 状态下向邻区移动时没有发生小区重选，而是直接进行了小区选择，导致异常掉话。问题点现场测试如图 10-87 所示。

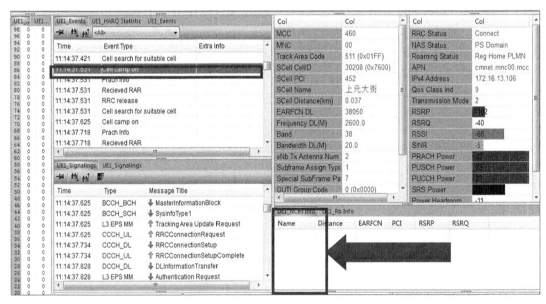

图 10-87　问题点现场测试

（2）处理过程

重放测试数据，UE 在向目标小区移动过程中，始终未测量到邻区；怀疑小区选择的参数配置错误，查询 SIB3 消息，发现 $S_{IntraSearch}$ 配置得过小，导致 UE 未启动同频邻区测量。根据切换事件触发门限设定机制可知，当 $S_{rxlev} > S_{IntraSearch}$ 时不启动同频测量。其中 $S_{rxlev} = Q_{rxlevmeas} -$

$(Q_{\text{rxlevmin}}+Q_{\text{rxlevminoffset}})-P_{\text{compensation}}$。将目标小区的 $S_{\text{IntraSearch}}$ 改为 62dB，重新复测，业务恢复正常。

（3）优化成果

参数调整后重新做业务性能验证，正常重选成功。

4．案例 4：UE 未启动同频测量案例

（1）问题现象

UE 从 A 基站的 PCI=446 的小区向 B 基站的 PCI=449 的小区移动过程中，切换失败，导致异常掉话。问题点现场测试如图 10-88 所示。

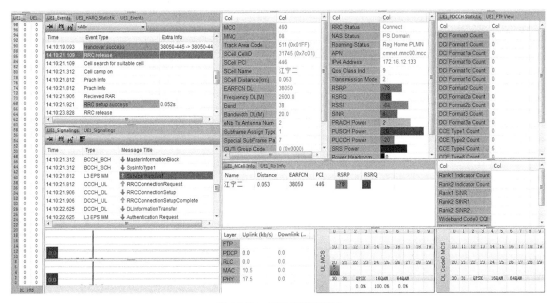

图 10-88　问题点现场测试

（2）问题分析

重放测试数据可知：UE 没有上报测量报告，直接失步回到 IDLE 态，UE 的邻区测量列表中没有任何邻区的测量信息，核查重配置消息的邻区参数配置，数据配置正确；核查重配置消息中的 S_{Measure} 配置为 20（实际值为协议值 -141），UE 需要在 $RSRP<-121\text{dBm}$ 时才会启动测量；参数取值不合理。将 PCI=446 的小区的 S_{Measure} 调整为 97（最大值）。

（3）优化成果

参数调整后，重新做业务验证，切换成功。

5．案例 5：CSFB 用户无法做被叫寻呼问题分析案例

（1）问题现象

在某 CSFB 测试中发现，在使用 iPhone5s 作被叫终端时，在测试区域内被叫接通率为 0。eNode B 为中兴设备，MME 为华为设备，MSC Server 为诺西设备。

（2）处理过程

在现场测试验证除 iPhone5s 外，LG-E785、中兴 U9810、华为 D2 手机都存在 70% 以上的未接通率，排除 UE 问题。iPhone5s 在 CSFB 主叫时话音和数据业务均正常。TAU 正常时被叫能正常接通并由 CSFB 至 GSM 网络，若 TAU 失败被叫就无法正常接通，如图 10-89 所示。

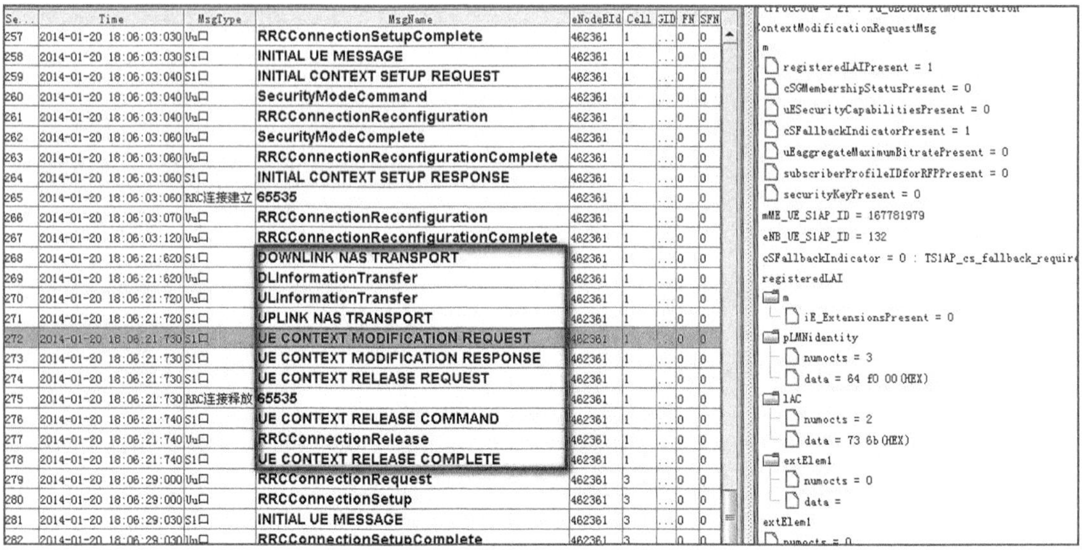

图 10-89　问题点信令跟踪图（一）

UE 主动上报 RRC 请求并且扩展服务请求也成功，但是在 TAU 失败时，MME 上没有任何信令，TAU 请求失败信令，如图 10-90 所示。

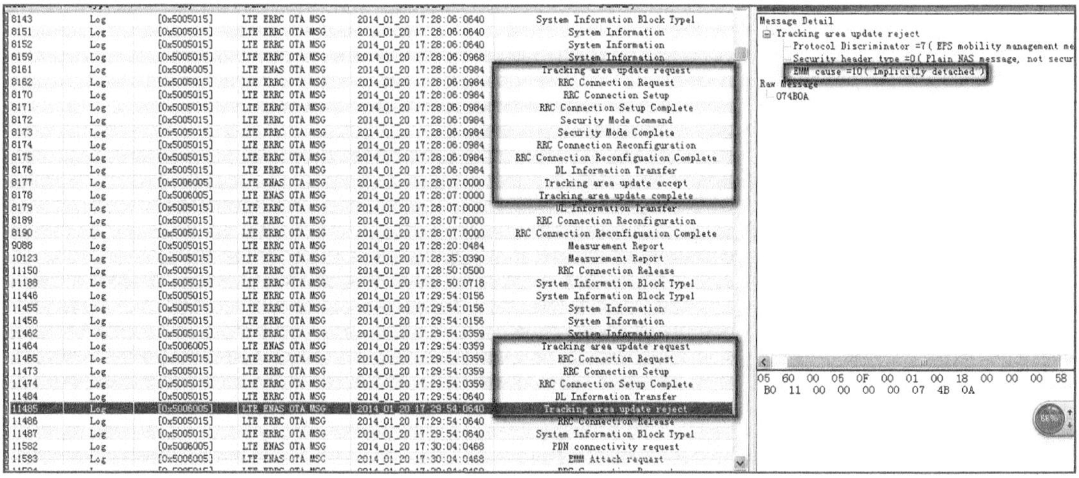

图 10-90　问题点信令跟踪图（二）

故障时，在 eNode B 侧也会发现 UE 释放请求，S1 Application Protocol（S1AP）中显示接口建立步骤失败，如图 10-91 所示。

通过上述信息判断，主要问题可能存在于 MME 或是 eNode B 与 MME 之间。

在 MME 侧抓取信令：共有 3 个 MME 设备组成一个 MME Pool，每个 MME 有主、被 2 个 IP 地址。中兴 eNode B 和 MME 对接 SCTP 偶联共有 3 条，分别见表 10-16。

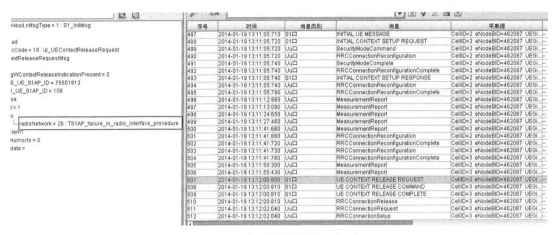

图 10-91　问题点信令跟踪图（三）

表 10-16　　　　　　　　　　　　　3 个 MME 设备 IP 地址

Pool 号	MME 号	IP 地址 1	IP 地址 2
Pool1	MME01	100.78.244.1/32	100.78.244.2/32
	MME02	100.78.244.8/32	100.78.244.9/32
	MME03	100.78.244.16/32	100.78.244.17/32

核心网配置数据和信令跟踪消息反馈都没有问题。在单独挂接 MME01 和 MME02 时被叫 CSFB 无法接通，但是挂接 MME03 时被叫 CSFB 完全正常。根据上述故障情况初步判断为 MME01、MME02 数据制作或 MME 与 MSC 对接问题。在 MSC Server 上信令跟踪分析发现给主叫的寻呼消息错误发送至 UE 进行 TAU 之前的 GSM 网络中，导致被叫无法收到寻呼消息而无法触发 CSFB 流程。

（3）优化成果

MSC Server 上重新配置与 MME 的对接数据后问题解决。在测试区域进行的 CSFB 被叫未出现连续未接通问题。

6．案例 6：eNode B 路由配置错误导致 UE 无法附着案例

（1）问题现象

LTE 第一次拉网测试时发现路过 A 基站时无速率、UE 无法附着。

（2）处理过程

① eNode B 没有任何告警，复位 eNode B，问题现象仍然存在。

② MME 下的其他 eNode B 没有类似现象，MME 无告警信息。

③ 跟踪 UU 口信令，信令正常。

④ 跟踪 S1 口信令，发现没有任何信令传送，判断出 eNode B 到 MME 逻辑链路不通。初步判断 eNode B 到 MME 之前的 S1 口存在问题。

⑤ 检查看了 IP 路由表（DSP IP**），核对路由信息，目标 IP 地址与实际 MME、SGW 地址不相符。

（3）优化成果

正确配置静态路由，重新加载基站数据后，对该基站进行业务测试验证，UE 可以正常

附着到 A 基站，且下载速率等指标正常。

问题点后台参数如图 10-92 和图 10-93 所示。

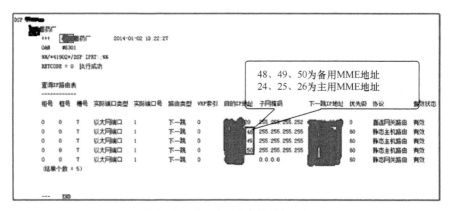

图 10-92　问题点后台参数图（一）

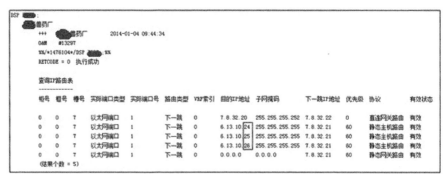

图 10-93　问题点后台参数图（二）

第11章
TD-LTE 网络优化工具

网络优化是一项复杂且涉及面很广的工作，在网络优化的各个阶段均需要使用大量的网络优化工具，这些工具有着各自不同的功能、用途和作用。了解网络优化工作中经常使用工具的种类、功能、用途和作用，在不同的场合，针对不同的问题，采用合适的网络优化工具，往往能对网络优化工作起到事半功倍的作用。更为关键的是，在深入了解这些网络优化工具的基础上，还可以针对一些复杂的网络问题，将若干网络优化工具结合使用，互相印证、对比，从而更快、更准确地找出网络问题的原因和解决问题的方法。

与网络优化密切相关的工具可分为：测试工具（华为测试工具、鼎利测试工具）、自动路测系统、CQT 测试系统、网络优化平台、CDT 分析平台、信令分析系统等。其他辅助工具有频谱分析仪、驻波比测试仪、基站测试仪等。

11.1 华为测试工具

11.1.1 软件简介

华为 LTE 测试软件主要分为前台测试软件和后台分析软件：GENEX Probe 和 GENEX Assistant。

GENEX Probe 是一款空中接口测试软件，用于采集 LTE 网络的空中接口测试数据，评估网络性能，指导网络的优化调整，帮助排除故障。采集的无线网络空中接口测试数据可以保存为测试日志文件，便于后续回放分析或导入其他后处理软件（如 GENEX Assistant）进行数据分析。

GENEX Assistant 是一款路测日志分析软件。用于分析和处理 LTE 制式的测试数据，并生成各种分析报告，满足不同用户的网络分析需求。生成的分析报告能够有效反映无线网络运行状况，可以作为网络验证、评估、优化、故障定位等工作的依据，帮助用户清晰了解网络性能，快速定位网络问题。

11.1.2 主要测试设备

测试所需设备主要包括计算机、GPS、软件狗和测试终端。

1. 计算机

LTE 下载测试的速率很高，FDD 峰值速率实际可达到 140Mbit/s，对计算机硬件配置的要求较高。计算机典型配置见表 11-1。

表 11-1　　　　　　　　　　　　　　　　计算机典型配置

配置项	配置要求
CPU	推荐 Intel Core2 1.8GHz
内存	最小内存 1GB，推荐 2GB 及以上
硬盘	建议可使用的硬盘空间为 20GB 及以上
PC 端口	若连接扫描仪，则需要一个 USB 接口、一个串口或 IEEE 1394 口；若连接测试终端，则至少需要一个 USB 接口、一个 USB Hub、一个串口或一个 PCI 插槽；若连接 GPS，则需要一个 USB 接口或一个串口；若连接硬件狗，则至少需要一个 USB 接口

2. GPS

GPS 采用环天 BU-353，正确安装驱动即可使用，本文不作详细说明。GPS 实物如图 11-1 所示。

3. 测试终端

测试终端采用的是华为 EC3276S，如图 11-2 所示。

图 11-1　GPS 实物　　　　　　　　　　　图 11-2　华为 EC3276S 实物

终端首次插入计算机 USB 口后会自动提示安装设备驱动，依提示正确安装驱动后将会在桌面添加 "Mobile Partner" 快捷方式，双击打开为数据卡联网客户端。该客户端在终端接入计算机时会自动打开，主要功能包括数据卡联网（Connect）控制及数据实时流量统计，终端连接如图 11-3 所示。

另外，终端正确安装驱动后，在计算机设备管理器的端口中将显示如图 11-4 所示的端口，用于测试软件中的端口配置。

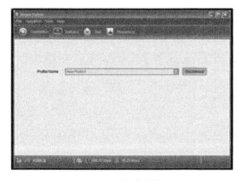

图 11-3　终端连接　　　　　　　　　　　图 11-4　硬件识别

现阶段测试分析主要使用华为自行开发的测试软件 GENEX Probe，该软件运行环境配置见表 11-2。

表 11-2　　　　　　　　　　　　　　　　软件典型配置

类别	配置要求
最低硬件配置	双核/1024MB/20GB 剩余空间
操作系统	Windows XP/ Windows 7

11.1.3　Probe 操作

1. 测试准备

测试准备通常包括新建工程、设备的连接，小区数据、地图数据的导入，Hisi UE Agent 软件代理（在用 Probe 软件拨号时，用终端自带的 Mobile Partner 软件不能拨号，需要用 Hisi UE Agent 软件代理，Probe 软件才能正常拨号）。正常打开的 Probe 测试软件工作界面如图 11-5 所示。

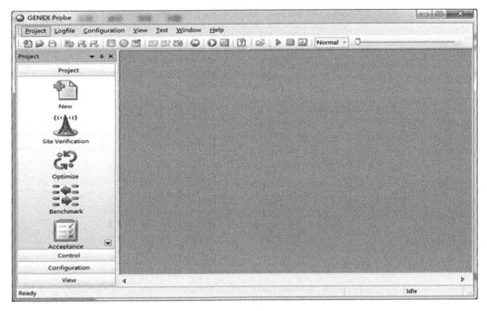

图 11-5　初始界面

（1）新建工程

新建工程，在菜单栏或导航树选择"Project"，选择新建工程的类型（LTE View Template），如图 11-6 所示。出现的具体工程界面如图 11-7 所示。

（2）设备连接

测试终端插入计算机 USB 口后会自动安装驱动程序，安装完成后计算机设备管理器的端口中将显示"HUAWEI Mobile Connect"，用于测试软件中的端口配置。同样，GPS 驱动安装好后计算机设备管理器中也有相应的端口，用于测试软件中 GPS 连接的配置，设备添加界面如图 11-8 所示。

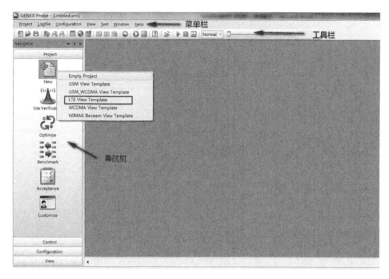

图 11-6　工程选择界面

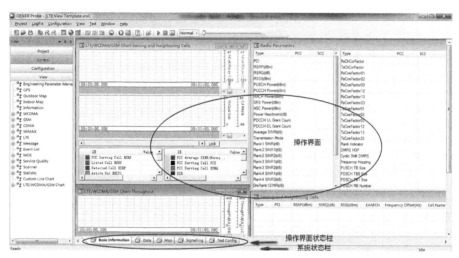

图 11-7　工程操作界面

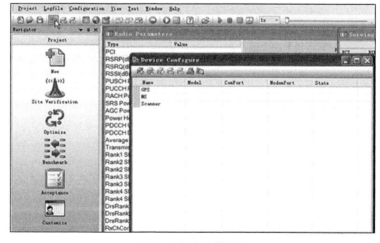

图 11-8　设备连接界面

① 添加 GPS，如图 11-9 所示。

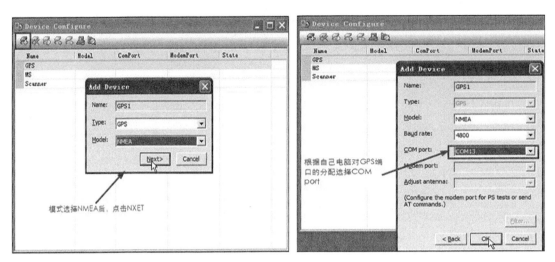

图 11-9　GPS 连接界面

② 添加终端，界面如图 11-10 至图 11-13 所示。

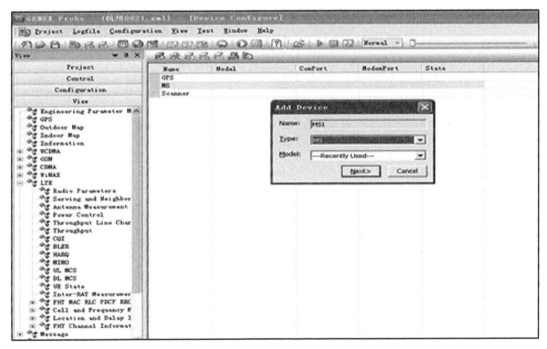

图 11-10　添加终端界面（一）

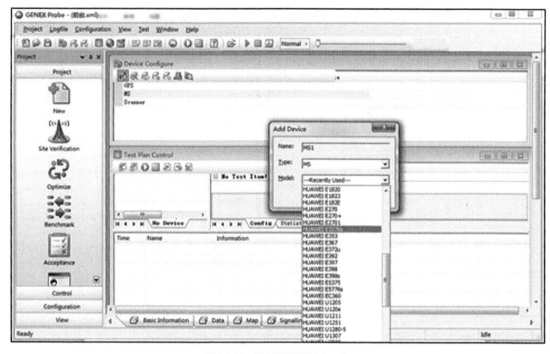

图 11-11　添加终端界面（二）

图 11-12　添加终端界面（三）

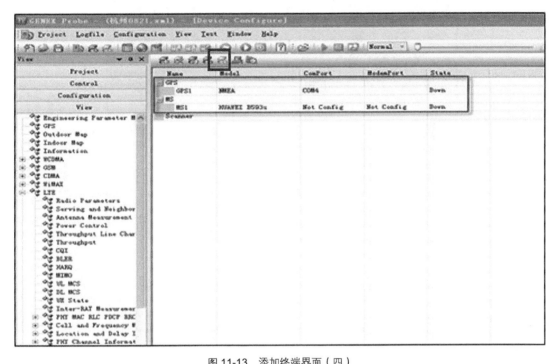

图 11-13　添加终端界面（四）

（3）工程参数导入

测试准备阶段通常还需导入基站工程参数，界面如图 11-14 至图 11-17 所示。

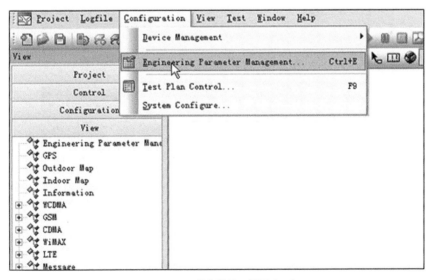

图 11-14　工程参数导入界面（一）

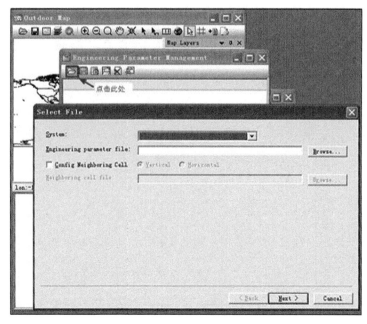

图 11-15　工程参数导入界面（二）

图 11-16　工程参数导入界面（三）

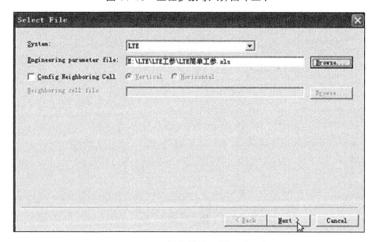

图 11-17　工程参数导入界面（四）

（4）地图导入

测试准备阶段通常还需导入地图信息。首先，需要打开软件的地图窗口，默认模板中在软件自动打开的工作空间里会有 Map 窗口。界面如图 11-18 所示。

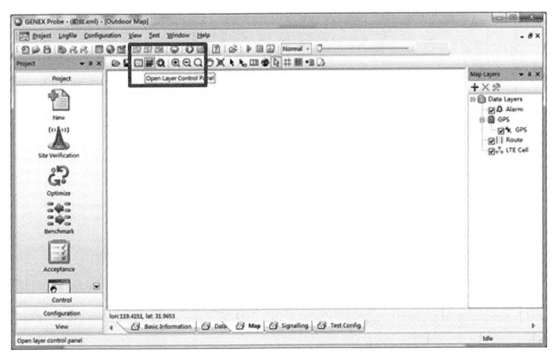

图 11-18　地理信息导入界面（一）

单击"Layer Control"按钮可打开地图导入界面，如图 11-19 至图 11-21 所示。

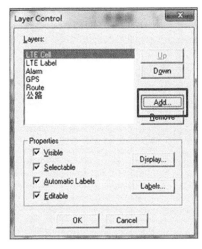

图 11-19　地理信息导入界面（二）

图 11-20　地理信息导入界面（三）

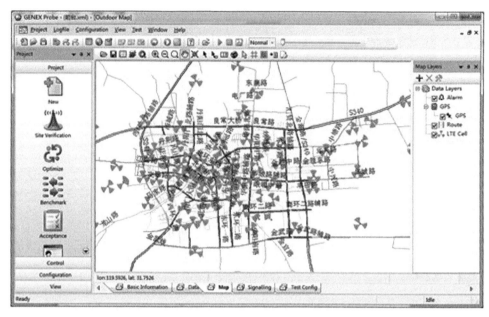

图 11-21　地理信息导入界面（四）

（5）Hisi UE Agent 软件代理拨号

完成测试准备后把终端 Mobile Partner 软件打开并成功连接，能正常上网后，断开连接，关闭软件。再打开 Hisi UE Agent 软件，待 Hisi 软件显示 UE Connected 呈连接状态，如图 11-22 所示。

单击 Probe 测试软件上的"Connected"按键，"State"一项全为"Connected"时完成设备连接，如图 11-23 所示。

图 11-22　代理拨号界面（一）

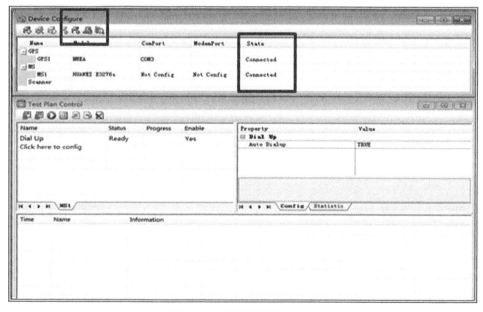

图 11-23　代理拨号界面（二）

2. CQT 测试

（1）Ping 测试

① 小包测试：以 32Bytes Ping 服务器 100 次，统计平均 Ping 分组时延，Ping 时延≤30ms。

② 大包测试：以 1470Bytes Ping 服务器 100 次，统计平均 Ping 分组时延，Ping 时延≤40ms。

32Bytes Ping 测试如图 11-24 所示。

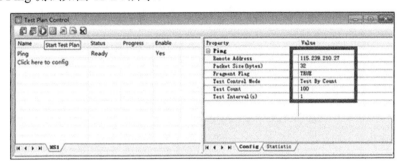

图 11-24　CQT 测试界面（一）

填写测试 IP 地址、字节为 32、Test Count 为 100 次，填写完成，单击 "Start Test Plan" 按键，保存测试文件开始测试，如图 11-25 和图 11-26 所示。

图 11-25　CQT 测试界面（二）

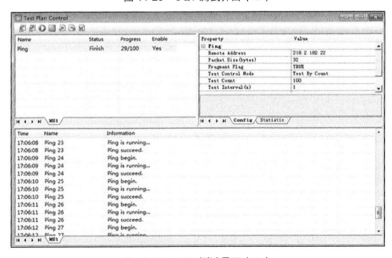

图 11-26　CQT 测试界面（三）

观察 Ping 测试结果是否成功，并观察 Ping 时延是否达标，如图 11-27 所示。

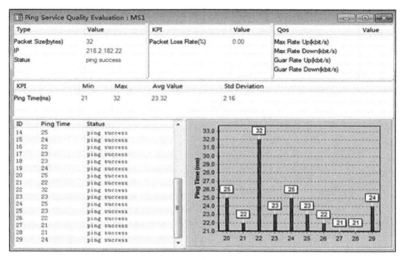

图 11-27　CQT 测试界面（四）

1470 字节包 Ping 测试与 32 字节的测试步骤一样，操作时把字节大小改为 1470 即可。

（2）FTP 上传/下载测试

FTP 上传/下载测试是指 FTP 软件通过连接服务器进行上传和下载，利用 GENEX Probe 记录测试文件。FTP 测试窗口如图 11-28 所示。

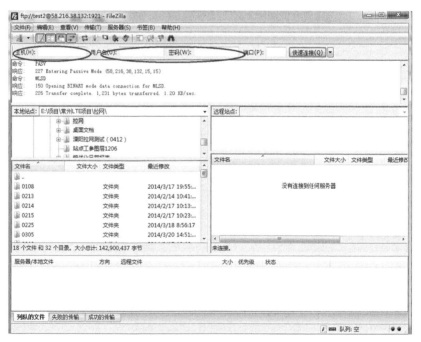

图 11-28　FTP 测试界面（一）

在近点（$RSRP>-80$dBm、$SINR>25$dB），UE 选择多个 5GB 左右大小的文件用 FileZilla 软件做持续 1 分钟的 FTP 上传/下载测试，统计测试时间内的平均速率。

近点要求上传平均速率高于 40Mbit/s，下载平均速率高于 120Mbit/s。测试时观察速率、RSRP、SINR、上下行调度数是否符合标准，上传、下载速率达标后单击"Start Record"进行日志文件保存并截屏，如图 11-29 和图 11-30 所示。

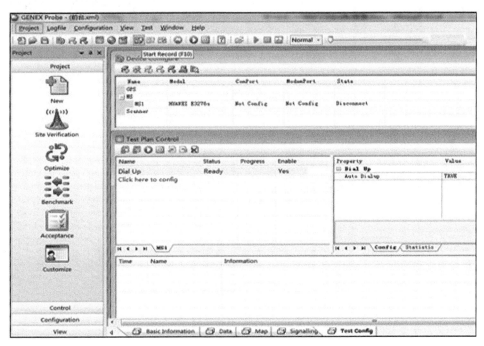

图 11-29　FTP 测试界面（二）

图 11-30　FTP 测试界面（三）

在做 CQT 定点测试 FTP 上传/下载测试时，需要打开 HooNetMeter 软件，记录上传和下载的传输速率，如图 11-31 和图 11-32 所示。

207

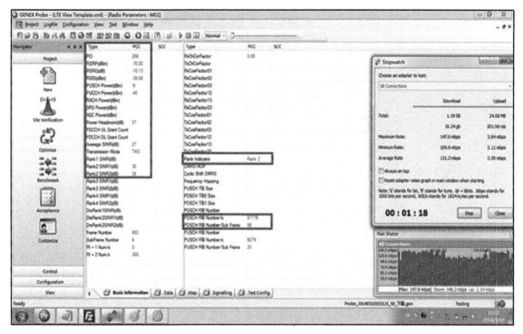

图 11-31　FTP 测试界面（四）

图 11-32　FTP 测试界面（五）

（3）Detach/Attach 测试

终端和测试软件连接完成后，在"Test Plan Control"窗口进行设置，Detach/Attach 各 10 次，然后开始测试。Detach/Attach 测试界面如图 11-33 所示。

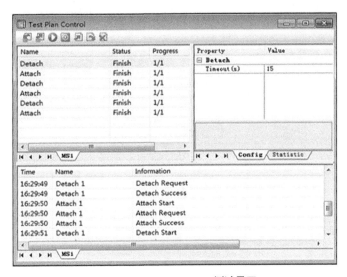

图 11-33　Detach/Attach 测试界面

（4）室内 CQT 打点测试

Probe 软件不能同时打开室内地图与室外地图，因此需首先关闭 Map 标签页。右键单击 Map 标签页，单击 "Remove" 删除，如图 11-34 所示。

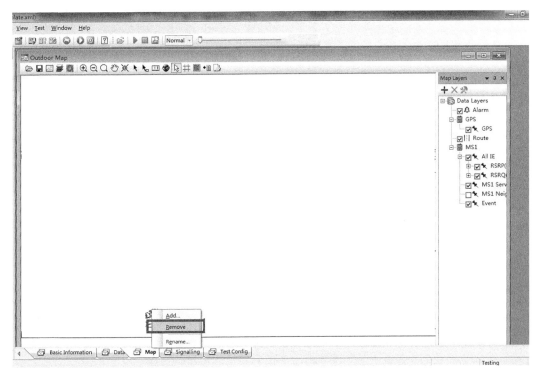

图 11-34　室内 CQT 测试界面（一）

单击菜单栏 "View"，单击 "IndoorMap"，打开室内地图窗口并最大化窗口，如图 11-35 和图 11-36 所示。

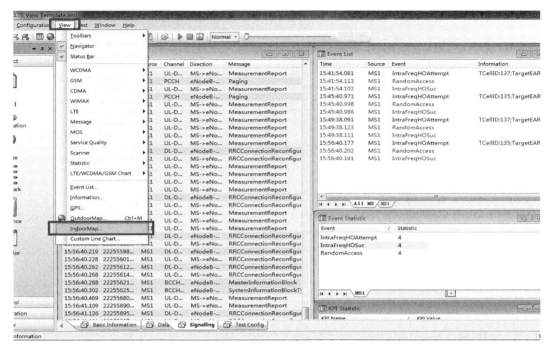

图 11-35　室内 CQT 测试界面（二）

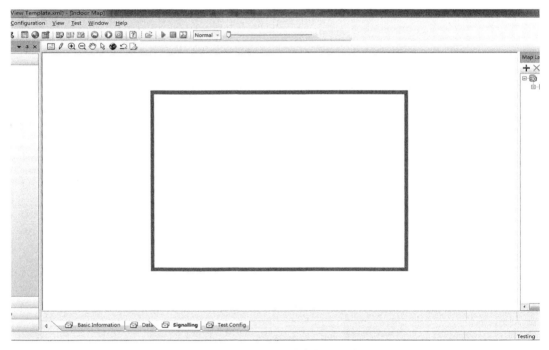

图 11-36　室内 CQT 测试界面（三）

① 记录 LOG。开启 FTP 下载大文件，单击记录"LOG"按钮，选择 LOG 保存路径，命名 LOG，单击保存。

② 开始打点。单击"Locate"按钮开始打点，黑框线内代表室内，根据终端在室内的位置，在室内地图的相应位置单击打出第一个点，如图 11-37 所示。

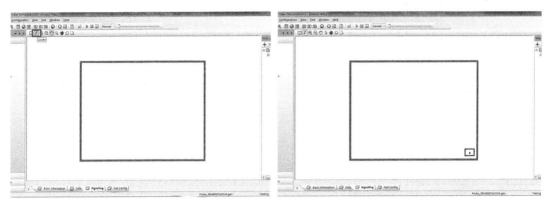

图 11-37　室内 CQT 测试界面（四）

（5）开始步测

带着终端沿着室内的过道缓慢且匀速地沿直线前行，走到拐角时，根据现在的位置单击地图相应位置打出第二个点，软件自动补齐了两个打点间的采样点。

拐弯后继续缓慢匀速直线前进，在下一个拐角继续单击地图打点，测试整个室内，如图 11-38 所示。

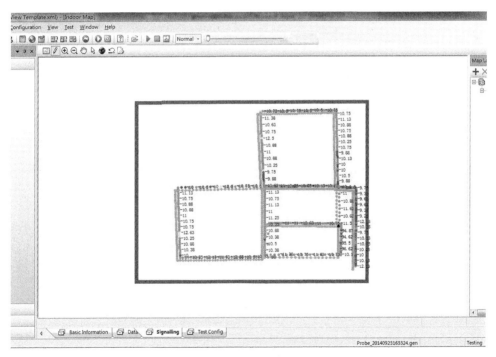

图 11-38　室内 CQT 测试界面（五）

单击停止"LOG"按钮，停止记录 LOG，单击"Clear Track"按钮清除打点和采样点。

3. DT 测试

DT 测试之前一定要更新工程参数，获取最新的 LTE 站点信息，同时做好测试路线的规划工作。

（1）记录、暂停或停止记录

测试过程中可以通过工具栏的"Pause Record"按键进行暂停/开始记录的操作，可以通过工具栏的"Stop Record"按键进行终止记录的操作，如图 11-39 所示。

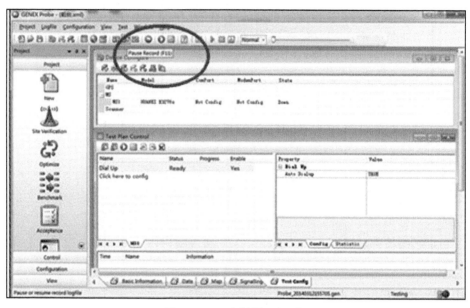

图 11-39　DT 测试界面（一）

（2）文件回放

文件回放主要是为了方便进行数据分析工作，首先通过主菜单"Logfile→OpenLogfile"导入已保存的文件（如图 11-40 所示），然后使用工具栏的"Play Logfile"进行回放操作（如图 11-41 所示）。

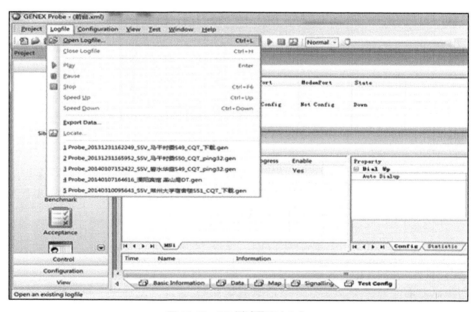

图 11-40　DT 测试界面（二）

图 11-41　DT 测试界面（三）

11.1.4　Assistant 操作

打开分析软件，其操作界面如图 11-42 所示。

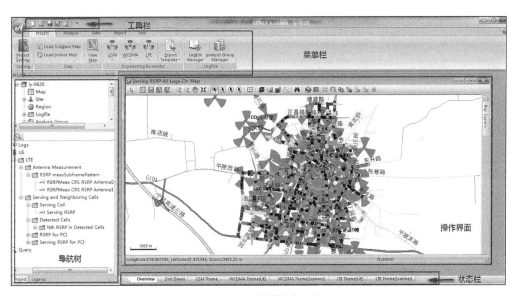

图 11-42　工程界面（一）

1. 新建工程

在菜单栏中，选择"Project→New"或者单击，打开"New Project"对话框，如图 11-43 所示。

2. 导入工程参数

LTE 工程参数的导入分为必选字段和可选字段。软件工程参数见表 11-3。

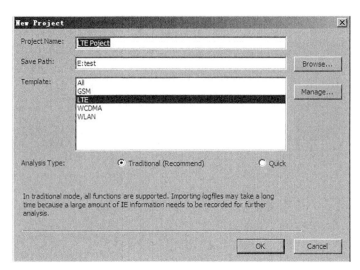

图 11-43　工程界面（二）

表 11-3　　　　　　　　　　　　　软件工程参数

字段	说明	取值	是否必选
eNode BID	基站标识	数据类型：整型，取值范围：0～65 535	是
eNode BName	基站名称	数据类型：字符串	是
SectorID	扇区标识	数据类型：字符串	是
Local CellID	本地小区标识	数据类型：字符串	是
CellID	小区标识	数据类型：整型，取值范围：0～533	是
EARFCN	E-UTRA 绝对无线频率信道号	数据类型：整型，取值范围：0～65 535	是
PCI	物理小区标识	数据类型：整型，取值范围：0～503	是
Longitude	经度	数据类型：double，取值范围：−180.0°～180.0°	是
Latitude	纬度	数据类型：double，取值范围：−90.0°～90.0°	是
Azimuth	方位角	数据类型：float，取值范围：0～360°	是
eNode BType	基站类型	数据类型：字符串	否
CellName	小区名称	数据类型：字符串	否
DownTilt	下倾角	数据类型：float，取值范围：0～90°	否
E-DownTilt	内置电下倾角	数据类型：float，取值范围：0～90°	否
M-DownTilt	机械下倾角	数据类型：float，取值范围：0～90°	否
GroundHeight	天线地面高度	数据类型：float	否
Altitude	天线海拔高度	数据类型：float	否
AntennaType	天线型号	数据类型：字符串	否
AntennaGain	天线增益	数据类型：float	否
H-BeamWidth	水平半功率波束宽度	数据类型：float，取值范围：0～90	否
V-BeamWidth	垂直半功率波束宽度	数据类型：float，取值范围：0～90	否

续表

字段	说明	取值	是否必选
FeederType	馈线型号	数据类型：字符串	否
FeederLength	馈线长度	数据类型：float	否
ActiveStatus	小区是否可用	取值范围：0 或 1	否
Outdoor	是否为室外站	取值范围：Y 或 N	否
TMA	是否有塔放	数据类型：字符串	否

主要操作步骤如下。

（1）打开工程参数文件

① 在"Project"页签下，选择"Site→LTE"。

② 右键单击"View Engineering Parameter"，打开"LTE Engineering Parameter"对话框。如图 11-44 所示。

③ 单击"Select Excel File"，打开对话框。

④ 单击"Browse"，选择工程参数文件。

⑤ 在"Sheet list"中，选择要导入工程参数文件所在的 sheet 页。

⑥ 选择用户指定区域的工程参数（可选）。

⑦ 工程参数导入时，用户可选择特定区域的参数，方便用户分析和查看。

i. 单击"Area Field"文本框后的 Select... ，弹出"Add Field"对话框。

ii. 在"Add Field"下拉列表中选择所要导入的参数类型。

iii. 在"Add Value"区域选择参数的取值范围。

iv. 单击"OK"。

⑧ 单击"OK"。

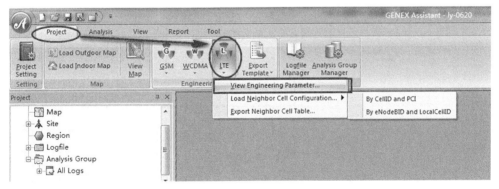

图 11-44　工程参数界面（一）

（2）匹配工程参数

如果文件中的工程参数与系统默认字段匹配，系统会自动进行匹配；如果文件中的工程参数与系统默认字段不匹配，不匹配的字段将以深色阴影字段显示在"LTE Engineering Parameter"窗口中，提示"Please Match"，如图 11-45 所示。

215

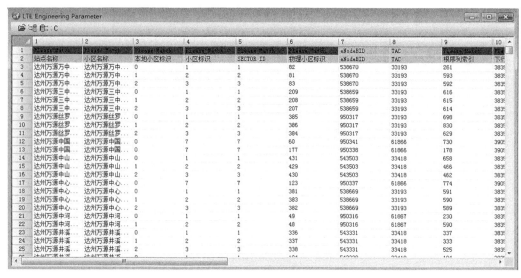

图 11-45　工程参数界面（二）

（3）单击"　　"，开始校验并导入工程参数（见表 11-4）

表 11-4　　　　　　　　　　　　　工程参数

显示	原因
所有字段对应的值都校验通过	系统会提示您确认导入结果
可选字段对应的值校验不通过	系统认为错误等级为告警，将错误记录到报告中，并提示您查看告警信息
必选字段对应的值校验不通过	系统认为错误等级为失败，将错误记录到报告中，并提示查看失败信息
必选字段和可选字段对应的值都校验不通过	系统会提示查看告警信息
字段长度超过 100 个字符	系统会提示是否继续导入
	选择继续导入，系统会丢弃 101 之后的字段部分，导入 100 以内的字段部分
	选中取消导入，系统会取消导入工程参数

（4）导入参数后，站点地图显示（如图 11-46 所示）

3. 导入邻区

Assistant 支持导入 LTE 的邻区数据，然后分析邻区覆盖，实现邻区关系的专题分析。

已准备好 LTE 的邻区数据文件为.csv 或者.txt 格式，文件中必须包含 4 个字段的信息：eNode BID、Local CellID、NeNode BID 和 NlocalCellID。

① eNode BID：服务小区 eNode B 的编号。

② Local CellID：小区的编号。

③ NeNode BID：相邻小区 eNode B 的编号。

④ NlocalCellID：相邻小区的编号。

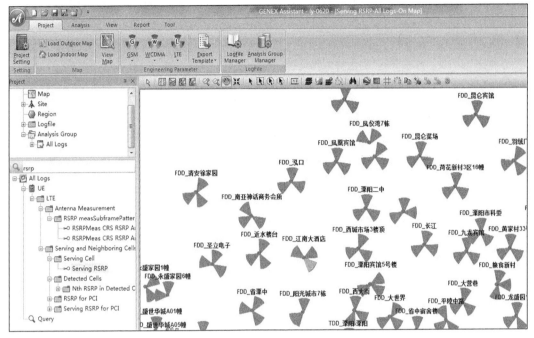

图 11-46　工程参数界面（三）

主要操作步骤如下。

① 在菜单栏选择"LTE→Load Neighbor Cell Configuration"，选择"By CellID and PCI"
或"By eNode BID and Local CellID"，单击"打开"对话框。

② 选择已准备好的邻区数据文件，单击"打开"。

③ 可同时选择多个邻区数据文件，单击"确定"。

④ 如果数据库中已经存在邻区数据，系统会提示邻区数据已经存在，可以单击"确定"，
替换掉原来的邻区数据。

⑤ 邻区数据导入结束后，系统会提示导入的有效文件个数和无效文件个数。

⑥ 邻区数据导入结束后，系统会提示是否查看详细结果，详细结果中记录了无效文件
名、导入失败的错误信息和错误类型。

4．导入测试数据

主要操作步骤如下。

① 在菜单栏选择"Logfile Manager→Add Logfile"，打开选择相应的测试文件，如
图 11-47 所示。

② 导入测试文件后，进行文件分析。菜单栏选择"Analysis→Auto Analysis"，分析软
件自动解析测试文件，如图 11-48 所示。

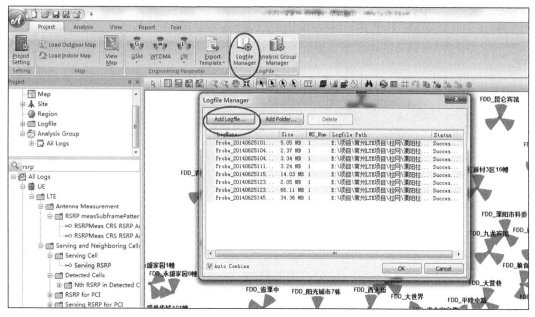

图 11-47　工程参数界面（四）

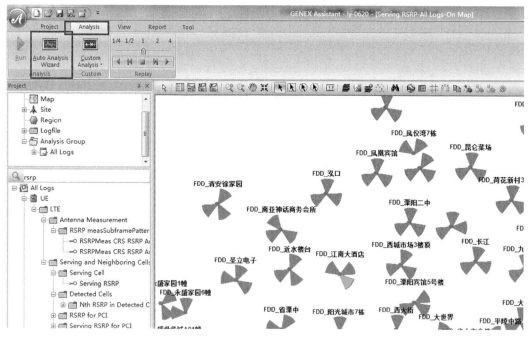

图 11-48　工程参数界面（五）

③ 测试文件解析完毕后，可以在导航栏选择相应的指标和图层。操作界面如图 11-49
所示。

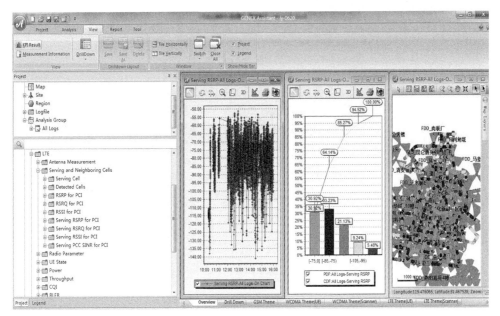

图 11-49　工程参数界面（六）

11.2　鼎利测试工具

11.2.1　软件简介

PilotPioneer 具备 GSM、CDMA、EVDO、WCDMA、TD-SCDMA、LTE 网络测试以及 Scanner 测试功能。

（1）操作系统

Windows 7（32 位）/Windows 7（64 位）/Windows XP（要求 SP2 或以上）。

（2）最低配置

CPU：Pentium4 1.8GHz。

内存：1.00GB。

显卡：VGA。

显示分辨率：800×600。

硬盘空间：50GB 或以上。

（3）建议配置

CPU：Intel（R）Core（TM）i3 CPU M370　2.40GHz。

内存：2.00GB。

显卡：SVGA，16 位彩色以上显示模式。

显示分辨率：1366×768。

硬盘空间：100GB 或以上。

11.2.2　测试操作流程

主操作界面是承载 Pilot Pioneer 软件所有操作的基础平台，通过主界面可以方便地调出各种功能窗口。主界面分为导航栏、菜单栏、工具栏和工作区几部分，具体界面显示如图 11-50 所示。

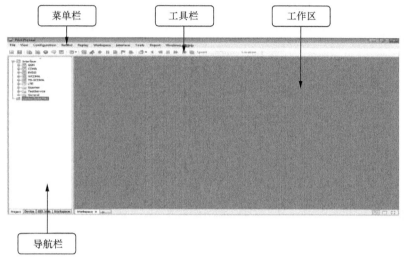

图 11-50　主操作界面

1. 新建工程

软件是基于工程的基础运行的，Pilot Pioneer 软件全部操作都是在工程中实现的。所以使用软件前需要新建工程。新建工程方法如下。

（1）运行软件时新建工程

① 首次或在未保存过工程的情况下打开软件，系统默认新建工程。

② 在已保存过工程的情况下打开软件时会弹出对话框询问是否打开上次工程，如图 11-51 所示。若选择【Yes】，则系统打开上次使用的工程；若选择【No】，则系统自动打开新建工程。

图 11-51　运行软件时新建工程弹出的对话框

（2）运行软件后新建工程

① 单击菜单栏【File】→【New Project】选项，快捷键为 "Ctrl+N"。

② 单击工具栏【New Project】图标。

2. 设备配置

若计算机连接 GPS、Handset、Scanner 硬件设备，通过自动检测或手动配置的方式配置成功后连接进行相关的测试业务。

若未插入设备，通过手动配置的方式配置虚拟设备，后续插入相同的设备型号软件会自动识别并匹配成功后连接进行相关的测试业务。

未配置设备是指已经连接到计算机上，并且被 Pioneer 检测到端口，但还未在 Pioneer 进行设备型号和端口适配的设备。未配置设备数量会在 Device 页签中通过红底白字的数字显示出来，以提醒用户设备的配置情况，如图 11-52 所示。

未配置设备可通过手动配置和自动检测两种方式添加到软件中，图 11-53 中的数字就会相应地减少，直至消失。

（1）自动检测

自动检测主要是对 GPS、部分 Handset 设备生效，对 Scanner 方面暂不支持。计算机插入设备后，软件根据计算机硬件扫描信息自动识别端口和配置，用户通过不同的方式发出自动检测的命令。配置成功的设备会自动出现在导航栏"Device Manager"中对应的设备类型节点下；若未配置成功，则弹出手动配置的窗口，用户根据手动配置的流程完成设备配置。

自动检测的方法如下。

① 单击菜单栏【Record】→【Automatic Detect】选项，对未配置的设备进行配置。

② 单击工具栏【Automatic Detect】图标，对未配置的设备进行配置。

如果检测到的芯片对应有多个终端时，会弹出选择框，用户只需要根据实际的设备型号进行选择即可，如图 11-53 所示。

图 11-52　Device 页界面　　　　　　　　图 11-53　芯片对应多个终端时的选择框

（2）手动配置

手动配置是指用户连接好外接设备后，根据设备信息按照手动配置流程完成设备的名称、端口号等信息的配置。

连接设备后可直接进行手动配置，也可在自动检测未成功时，进行手动配置。打开手动配置窗口的方法如下。

① 单击菜单栏【Record】→【Advance Manual Configuration】选项，在打开的界面中选择需要配置的设备节点后，再在界面右侧配置设备。

② 双击导航栏的"Device"页签中的 GPS、Handset、Scanner 节点。

③ 右键单击导航栏的"Device"页签中的 GPS、Handset、Scanner 节点【Edit】选项。

④ 根据需要添加设备的类型，选中导航栏的"Device"页签中的 GPS 或 Handset 或 Scanner 节点，然后单击页签上方的"➕"按钮，不同设备对应不同的手动配置界面。图 11-54、图 11-55 分别为 GPS 和 Handset 的手动配置界面。

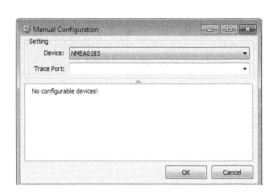

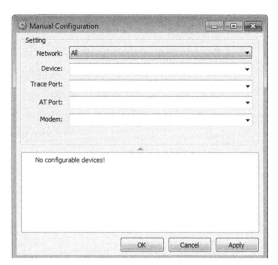

图 11-54　GPS 手动配置界面　　　　　　图 11-55　Handset 手动配置界面

手动配置时应注意以下几点。

① 选择端口号时：Trace Port 可选择设备下的任意端口号（但不能与 Modem 端口号、AT 端口号相同）；AT Port 端口号可以与 Modem 端口号相同，也可不同；Modem 端口号必须按照 Device Information 文本框中提供的设备信息的 Modem 端口号选择。

② 设备配置完成后单击【Save】按钮，导航栏对应的设备按照添加顺序排列。在 Device Information 列表框中，配置完成的设备端口节点呈收缩状态，未配置的设备端口节点呈展开状态；已经添加的设备，如果 Pioneer 不能再检测到其端口，相应设备图标会加以感叹号进行提示，设备各种状态如图 11-56 所示。

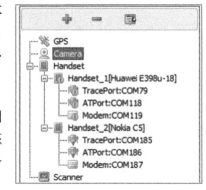

3. 测试模板与计划

Pilot Pioneer 可调用不同的测试模板来制订不同的测试计划。进行设备配置前，首先需要选择一套用来生成该设备测试计划的测试模板，设备配置完成后，选择该设备测试计划中的单个测试业务或者测试业务的组合来测试。

图 11-56　设备各种状态

（1）测试模板

Pilot Pioneer 软件自带一套测试模板。支持编辑该模板测试业务的内容或者重新生成另一套测试模板。

① 编辑。

方法一：双击打开测试业务，设置测试内容。

方法二：选中测试业务，右键单击【Edit】选项打开测试业务，设置测试内容。

② 新建模板。

选中 Template 节点，右键单击【New Template】选项，输入名称，新建测试模板。

③ 删除模板。

选中用户创建的 Template 模版，右键单击【Delete Template】选项，删除该模板。

（2）测试计划

测试计划是具体测试业务的一个组合，可以是一个或者多个测试业务，需根据具体设备而定。

① 测试计划管理。

选中"Test Plan"或测试业务，右键单击【Test Plan Manager】选项，进入测试管理界面，如图 11-57 所示。

② 新建业务。

步骤一：单击【New】选项打开【Add Test Plan】窗口。

步骤二：双击业务名称添加该业务。

步骤三：设置业务内容单击【OK】后添加至测试计划中，如图 11-58 所示。

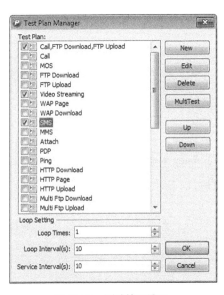

图 11-57　测试管理界面

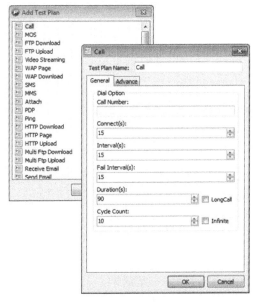

图 11-58　新建业务界面

③ 编辑业务。

在【Test Plan Manager】窗口选中测试业务，单击【Edit】按钮打开该业务，修改测试内容。

④ 删除业务。

在【Test Plan Manager】窗口选中测试业务，单击【Delete】按钮删除该业务后再单击【OK】按钮关闭该窗口。

⑤ 并发业务。

单击【Multi Test】按钮打开并发业务窗口，勾选需要并发的业务单击【OK】按钮后生成一组并发业务，如图 11-59 所示。

⑥ Up 和 Down。

在做轮换业务前，通过【Up】或【Down】按钮对选中业务的上下移动来设置测试业务的先后顺序。

图 11-59　并发业务界面

223

⑦ 循环设置。

循环次数：软件按照"Test Plan"中勾选的各业务，顺序执行一次计作循环一次。

循环间隔：上述两次循环间的暂停时间。

业务间隔：顺序执行"Test Plan"中勾选的各业务时，不同业务间的暂停时间。

⑧ 测试计划导出。

Pilot Pioneer 支持将测试计划导出到计算机中，保存为.tpl 格式文件。

⑨ 测试计划导出方法如下。

- 方法一：在 Test Plan 节点下导出。

步骤一：在导航栏【Test Plan】中，右键单击【Export】选项。

步骤二：在 Select Test Plan 窗口（如图 11-58 所示）中选择一个或多个测试业务模板。

步骤三：确认后，弹出查找保存路径窗口，选择保存位置并输入保存文件名称，即可将选中的测试业务模板合并为一个格式为.tpl 的文件，保存在计算机中。

- 方法二：在具体测试业务节点下导出。

步骤一：选择导航栏【Test Plan】下需要导出的测试业务节点，右键单击【Export】选项。

步骤二：在查找保存路径窗口中，选择保存位置并输入保存名称，即可将选中的测试业务导出为格式为.tpl 的文件，保存在计算机中。

（3）测试计划保存

测试计划修改后，可将该测试计划内容保存至测试模板。在默认状态下，对测试计划的修改都会保存到模板中，如果不需要保存到模板中，可以去除【Test Plan】节点下右键菜单中【Save to Template】条目下【Template】条目的勾选，如图 11-60 所示。

4. 数据采集

数据采集过程是指从设备连接到断开的这段测试过程。数据采集主要用于收集测试信息，实时观测网络信息或将测试信息保存至测试文件中。

（1）连接设备启动测试

正确添加完成设备后，单击【Connect】按钮进入测试模式，根据要求进行测试。测试模式分为实时测试和记录测试两种。

正常情况下，单击【Connect】按钮连接设备后，正常的设备都会顺利连接，并进入工作状态。但在某些情况下，例如可能不连接某些配置的设备或忽略未正常连接的设备，Pioneer 也提供了忽略选项，提示界面如图 11-61 所示。

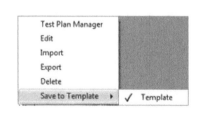

图 11-60　不需要保存到模板的操作

图 11-61　Pioneer 提供的忽略选项提示界面

连接异常提示的界面中，3 个选项的含义解释如下。

Ignore：忽略，单击该选项后，软件不再去连接失败的设备。

Reconnect：重新连接，单击该选项后，软件会重新尝试连接失败的设备。

Disconnect All：断开所有，单击该选项后，软件会断开所有设备的连接，回到未连接状态。

正常连接设备后，软件就会获取终端信息，并在相应窗口中显示。但此时只能称之为连接模式，因为此时保存的只是临时文件。如果要将测试记录文件保存在指定位置，就需要单击【Start Recording】按钮，进入记录模式。

（2）记录模式

记录测试模式是对终端的输入信息进行解码等处理并将输出文件保存在指定目录下，界面如图 11-62 所示。进入记录测试模式的方法如下。

① 单击菜单栏【Record】→【Start Recording】选项，快捷键为"F7"；

② 单击工具栏【Start Recording】图标。

（3）测试控制

连接成功后，工作区内若无测试窗口则默认弹出

图 11-62　记录模式界面

"Message""Event""Line Chart""Map""Device Control"窗口；工作区内若有测试窗口则直接加载测试信息到相应的窗口上，如图 11-63 所示。

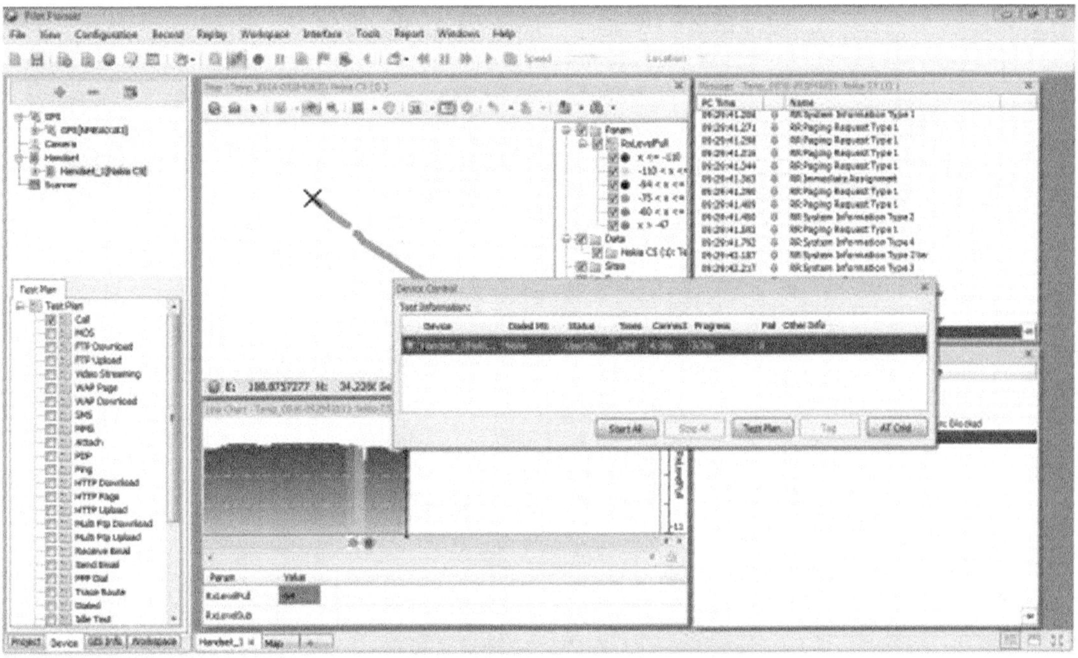

图 11-63　有测试窗口时直接记载测试信息界面

测试计划配置后，通过【Device Control】窗口对各设备进行开始测试、停止测试、插入标记、强制命令和 AT 指令的操作。

① 开始测试。

方法一：单击设备左侧的【Start】图标，启动该设备测试。

方法二：单击【Start All】按钮，启动当前连接的所有设备测试。

② 停止测试。

方法一：单击设备左侧的【Stop】图标，停止该设备测试。

方法二：单击【Stop All】按钮，停止当前连接的所有设备测试。

③ 强制命令。

单击【Force】按钮，打开强制命令窗口对该设备进行强制命令设置。

④ AT 指令。

单击【AT Cmd】按钮，打开 AT 指令窗口用指令对该设备进行设置。

⑤ 结束测试。

断开设备连接退出测试模式。

方法一：单击菜单栏【Record】→【Disconnect】选项，快捷键为"Alt+F6"。

方法二：单击工具栏【Disconnect】图标。

11.2.3　测试业务

1. Ping 测试

Ping 业务是向服务器发一个小信息分组，用来测试服务器的连接情况。

在导航栏"Template & Test Plan"管理框中，双击【Test Plan】→【Ping】或右键单击【Edit】选项，打开 Ping 测试模板配置窗口，如图 11-64 所示。

图 11-64　Ping 测试模板配置窗口

编辑 Ping 测试任务如下。

① 选择拨号方式：创建新的拨号连接、选择已有的拨号连接、使用当前的拨号连接。

② HOST：Ping 的 IP 地址。

③ Packet Size(Bytes)：Ping 的数据分组大小，根据分组大小进行测试。

④ Cycle Count：循环次数。

⑤ 下载次数（infinite 表示循环）。

2. FTP 下载测试

FTP Download 业务测试是使用 FTP 把文件从远程计算机拷贝到本地计算机的测试。

在导航栏 "Template & Test Plan" 管理框中，双击【Test Plan】→【FTP Download】或右键单击【Edit】选项，打开 FTP Download 测试模板配置窗口，如图 11-65 所示。

图 11-65　FTP Download 测试模板配置窗口

编辑 FTP Download 任务如下。

① 选择拨号方式：创建新的拨号连接、选择已有的拨号连接、使用当前的拨号连接。

② 填写服务器的地址、用户名和密码。

③ 选择下载的文件对应 FTP 服务器的文件的路径。

④ 选择下载到本地计算机的文件夹。

⑤ 下载次数（infinite 表示循环）。

⑥ Interval(s)：本次业务正常完成后与下次业务开始前的时间间隔。

⑦ Thread Count：下载线程。

⑧ Duration(s)：勾选 PS Call 后的下载时间。

3. FTP 上传测试

FTP Upload 业务测试是使用 FTP 把本地计算机的文件发送到远程计算机的测试。

在导航栏 "Template & Test Plan" 管理框中，双击【Test Plan】→【FTP Upload】或右

键单击【Edit】选项，打开 FTP Upload 测试模板配置窗口，如图 11-66 所示。

编辑窗口基本上和 FTP Download 一样，设置服务器的 IP 地址、用户名、密码，上传文件存放服务器的路径等。

4. Attach 测试

Attach 业务是手机开机后与网络联系注册的过程，只有完成注册的终端才能正常进行业务。

在导航栏"Template & Test Plan"管理框中，双击【Test Plan】→【Attach】或右键单击【Edit】选项，打开 Attach 测试模板配置窗口，如图 11-67 所示。

图 11-66　FTP Upload 测试模板配置窗口

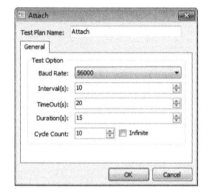

图 11-67　Attach 测试模板配置窗口

编辑 Attach 窗口：主要选择循环次数、超时时间、持续时间、本次业务正常完成后与下一次业务开始前的时间间隔。

11.3　自动路测系统

自动路测系统是利用远程控制设备，自动获取测试控制信息并自动执行测试、传输数据到中央服务器，并自动输出报表的网络优化路测系统。

1. 自动路测系统的优点

① 降低费用：全自动，无人值守；客户自选 Modem 上传数据模式，降低费用。

② 单系统、多用户操作：根据客户需求，对多用户设置权限；集成人工和自动应用平台；安装和操作应用简单，开通 RCU 电源即可产生报告。

③ 实时，报警，事件，参数状态和覆盖，测试轨迹，基站连线等；强大的 GIS 呈现，基于 GoogleMap 系统，通过卫星图准确定位；及时产生测试统计报告；配套的后台处理分析软件，提升工作效率。

④ 强大的后台分析软件：网络评估；对测试中网络的问题点进行分析和原因查找；网

络优化，提升 QoS。

⑤ 对于新需求的快速执行：自动路测系统的典型应用。

⑥ 单站验证：网络建设当中，可以代替传统 DT 仪表，采集测试数据并实时查看和分析。

⑦ 网络质量评估：运营商大规模的多网对比和评估；大规模的不同地市质量评估和考核；第三方网络质量评估。

⑧ 日常网络优化：日常网络故障的发现和排除；网络割接、优化前后的对比测试和验证；第三方日常网络优化代维等。

2. 自动路测系统的整体优势

① 统一对多个测试项目进行规划和管理。

② 对海量测试数据进行方便快速的管理。

③ 对海量数据进行高速的统计。

④ 定制统计报表，符合各种权威的测试和统计规范。

⑤ 直接生成 Excel、Word 和 Pdf 报告，支持结合数字地图的参数覆盖图输出。

⑥ 通过 Web 进行设置、管理和查看。

⑦ 强大的 Web 监控功能，能掌握 RCU 的实时测试信息。

⑧ 全面的告警功能，能及时发现各种测试异常。

⑨ 通过 Web 可查询各种历史日志。

⑩ 通过 Web 可以结合统计结果下载异常事件的测试数据（*.msg 格式）。

⑪ 测试终端 RCU 支持多种网络，包括 GSM、CDMA、WCDMA 和 TD-SCDMA。

⑫ 测试终端 RCU 支持锁定小区、锁定频点和锁定测试网络。

11.4　CQT 测试系统

CQT 测试系统是一体化程度很高的便携式路测工具，基于流行的商用手机 TPhone 进行开发，可以随时随地测试网络，使 DT/CQT 变得轻松、高效，非专业人员也能参与。系统具有海量数据处理的能力，使得路测数据可以被及时导入、解析、信息提取，更可自动生成路测分析报告，识别测试数据中存在的常用问题，如弱覆盖、掉话、低接通等。通过邮件、短信等方式分发给相关的网络优化工程师。NIC 系统还能远程控制 TPhone 终端，实现自动测试及数据回传，从而为运营商节省大量运维成本。

1. CQT 测试系统的典型应用

① 测试工程师持有，用于进行大规模的室内测试工作。

② 维护人员持有 TPhone，负责日常基站、室内分布系统巡检。

③ 室分建设和优化人员持有，用于测试室内分布系统质量。

④ 网络优化工程师持有，用于现场网络优化和处理用户申告。

2. CQT 测试系统的优点

① 携带方便：基于中兴 V880、V955 商用手机开发。

② 存储安全：测试数据存储在扩展 TF 卡上，容量大（32GB）。

③ 功能实用：内置循环拨测、MOS 测试、FTP、Ping、PPP 拨测、GPS 测量、路测数

据回传、锁屏、锁小区等功能。

3. CQT 测试系统的特色功能

① 路测查询；

② 问题数据查询；

③ 问题分析；

④ 室内 CQT 分析；

⑤ 路测 KPI 查询；

⑥ 月度评估；

⑦ 路测比较；

⑧ TPhone 一键式测试；

⑨ TPhone 测试任务管理；

⑩ TPhone 测试终端管理；

⑪ 测试量分析；

⑫ 基站信息维护。

11.5　网络优化平台

无线网络优化平台主要进行实时采集、分析在网用户的呼叫记录和 OMC 数据，并能准确、全面、可靠地反映网络服务质量，弥补现场测试的不足，帮助维护人员确定优化思路、优化措施并指导路测；平台能主动监控网络劣化区域和小区的网络质量，并在出现问题时及时采取相应的优化、调整手段，减少投诉量，提高客户满意度。

平台通过日常优化、集中优化、重大事件优化等强大的功能保障，使运营商不仅能在日常平台维护工作中得到极大的帮助，而且对于用户实施的集中优化和重大事件优化项目也能给予强大的支持与保障。

网络优化平台功能介绍如下。

① 性能分析：快速掌握全网与重点区域性能指标。

② 自定义报表：配置灵活，可任意指定各类报表，定期自动生成所需数据。

③ 参数自动核查：每日生成异常参数清单，提升核查效率。

④ 利用网络优化平台进行日常邻区优化分析。

⑤ 话单分析：处理申告投诉的必备工具。

⑥ 覆盖分析：执行射频优化的高效帮手。

⑦ 覆盖率地理化呈现：薄弱覆盖问题一目了然。

⑧ 接入距离评估：轻松发现过覆盖、弱覆盖问题。

⑨ 终端分析：有效避免异常终端影响网络性能。

11.6　CDT 分析平台

呼叫详细跟踪（CDT，Call Detail Trace）分析平台通过 24 小时开启的呼叫详细跟踪，记录每个用户的关键数据，是用户使用业务时无线环境和系统状况的快照。

1. CDT 分析平台的功能

① 全面反映网络的真实情况：采集数据来自网络各个角落不同用户的通话。

② 掌握用户真实感受，再现无线环境和通话情况：记录用户的历史数据、用户定位、信息回放。

③ 数据挖掘和应用的基础：具备海量数据挖掘能力。

2. CDT 应用

① 网络规划：用户指标与模型预测，资源负荷门限选择。

② 网络优化：RF 覆盖优化、参数配置优化、邻区优化、VIP 用户及重点区域的监控。

③ 网络运维：成熟指标监控预警，补充话单指标报表，实现分钟级别分析监控方法，开展应急事件分析。

④ 市场支撑：用户体验评估，投诉处理分析，感知指标及话单分析。

11.7　信令分析系统

在通信系统中，信令网络的地位是十分重要和突出的。一方面，信令网络的高效、通畅运转是网络服务质量的前提；另一方面，网络中的很多问题在信令上均有一定的表现，对信令过程的监视、分析，可以为网络优化工作提供线索和帮助。因此信令分析成为网络优化工作的常用手段之一，信令分析系统也就成为网络优化人员的手中利器。一般而言，信令分析系统由信令协议分析仪和信令分析软件两部分组成。

信令协议分析仪可以用来对信令链路进行监视，对信令信息进行收集、分析。信令分析软件则可对信令分析仪收集到的信令信息进行统计分析，形成各种图表和统计数据。

对于无线部分，信令分析系统可以对接口的信令和协议进行分析，对网络中网络服务指标有问题的小区可分析呼叫连接和切换时的信令流程、信道负荷、掉话拥塞等问题。对于有线部分，则可以对各个接口等进行监视、统计分析，从而解决信令链路的负荷不均、不同厂家设备的互联互通等问题。

信令分析是判定和解决系统疑难问题的有效手段，通过信令分析软件对收集数据的分析，可以清楚地展现通信的流程及其故障点，提高网络优化的效率。

第 **12** 章
TD–LTE 网络优化新趋势介绍

随着我国 LTE 移动通信技术的迅速发展，工业和信息化部已相继发放 TD-LTE 和 FDD-LTE 牌照，我国的移动通信产业迎来了爆炸式发展，各种新技术和新平台的出现对我国三大运营商的网络建设及维护提出了更高的要求。相比于 2G 和 3G 移动网络，LTE 系统提供了更大的无线带宽和更优质的宽带应用。我国三大 LTE 运营商面临的一个最关键的挑战是如何选择效率高且成本低的方式将这些新应用提供给用户。所以，运营商必须控制好 LTE 基础设施建设的成本和维护 LTE 网络相关运营的支出。

因此，我国三大运营商面临着越来越具有挑战性的商业运行环境。在这种情况下，具备自动化技术应用的工程任务变成应付更为复杂的无线接入网络，同时，还要保持较高的质量标准、低成本运营和负担得起的需求资本支出。基于此，自适应网络（SON）被提议作为一种新的网络管理模式，来满足在世界各地部署 LTE 商业网络的需求。因此，SON 用来支撑整个通信网络的前期规划、中期运营和后期网络优化，贯穿于一个通信网络的全生命周期。

部署 LTE 的大多数运营商将需要管理 3 种同步无线接入技术，这将给他们已有的成本结构造成巨大的压力。为了缓解这种状况，下一代移动网络联盟明确要求：使用一套可以自动适应网络功能的 LTE 网络技术，使人类干预最小化地规划、部署、优化和维护这些新的网络。随后，支持这种新的网络管理模式转化为具体的功能、界面和程序的标准化过程，成为 E-UTRAN 的专用 3GPP 标准。

SON 最主要的需求驱动源自以下两个方面。

① 运营成本支出的减少。任务自动化；简化流程，部署和集成大型网络预计扇区的需求；通过设备的智能管理技术来实现节能。

② 资本支出的合理化，通过精确的网络规划和深入的自配置优化技术，降低网络扩容的步骤，甚至取消不必要的扩容。通过定制化的扇区级优化和网络问题的快速响应来增强最终用户的质量体验。

1. SON 三大功能

SON 主要包括三大功能：自配置（Self-configuration）、自优化（Self-optimization）和自愈（Self-healing）。目前，3GPP 协议中已经为 LTE 定义了自配置、自优化和自愈功能的相关应用场景。

（1）自配置功能

自配置是用新的网络节点自动集成在网络中的即插即用方式，获得最佳参数的运作方式。此类进程包含：自动检测是否需要新的网络扩容节点，选择扩容的最佳位置并得到其硬件配置和初始天线配置工程参数值，提供无线的软参数和传输参数，使其融入系统。所有这些均以最少的人为干预来完成。其可分为自动进程和自主活动。一些与规划相关的进程，自我配置属于自动分类，即需要一些人干预来启动这一进程，但仍然依赖于自动化的计算机辅助，例如需进行复杂的计算来选择最佳地点的网络扩容维护。其他自我配置进程，例如网元自动下载最新的软件更新，是不需要 SON 外部的其他解决方案干预的。自配置功能大大地减少了网络建设开通中手动配置参数的工作量及基站运行过程中的人工干预，减小了网络建设难度，降低了网络建设成本。

自配置功能包括以下模块。

① 自测试。eNode B 自动发起健康性检查，检查内容包括站点经纬度、eNode B 状态、eNode B 时间、设备版本信息、单板信息、小区个数、参考时钟、GPS 模块信息、风扇信息、电源供电是否正常、环境温度等。当 eNode B 上电后，或 eNode B 配置数据更新后，或 eNode B 软件更新后，由 eNode B 自动发起并执行自测试功能，也可手动发起自测试功能。

② 自动获取 IP 地址。eNode B 上电后自动获取 IP 地址，并获得网管和接入网关的 IP 地址。

③ 自动建立 eNode B 与 OAM 系统之间的连接。

④ 传输自建立。eNode B 自建立过程中，自动发起并执行 S1 接口自建立；自动邻区关系配置过程中，自动建立 X2 接口。

⑤ 软件自动管理。eNode B 自建立过程中，初始软件自动下载与激活；eNode B 进入工作状态后，软件自动升级、下载与激活；软件升级过程失败后回退到原软件版本。

⑥ 无线配置参数和传输配置参数的自动管理。eNode B 自建立过程中，自动下载并配置无线参数和传输参数；eNode B 进入工作状态后，自动更新无线参数和传输参数的配置。

⑦ 自动邻区关系配置。eNode B 自建立过程中，通过网络下发的邻区关系列表进行自动邻区关系的建立；eNode B 进入工作状态后，进行自动邻区关系的优化。

⑧ 自动资产信息管理。eNode B 自建立过程中，向 OAM 系统自动上报硬件、软件及其他资产信息；eNode B 进入工作状态后，当资产信息发生变化时，eNode B 向 OAM 系统自动上报资产信息。

⑨ 自配置过程的监控与管理功能。对自配置过程中的各功能模块工作状况进行监控，并向运营商提供相关信息，也允许运营商对自配置功能的执行过程进行控制。该功能使得自配置过程可控。

eNode B 自配置功能的工作流程如下。

① eNode B 开机后，启动自测试功能。

② eNode B 自动配置物理传输链路并建立与 DHCP/DNS 服务器的连接，DHCP/DNS 服务器会为 eNode B 分配 IP 地址。

③ eNode B 自动建立与 OAM 之间的连接、S1 接口的连接、X2 接口的连接。

④ 对 eNode B 进行鉴权。

⑤ eNode B 下载相应的软件版本，包括 eNode B 的配置文件。这些配置文件包含网络规划的预配置无线参数。

⑥ eNode B 配置完成之后，再次执行自测试，并且向 OAM 系统提交状态报告。

（2）自优化功能

作为一个持续的、闭环参数优化过程，自优化使用自适应的系统改变网络拓扑结构、话务分布和无线环境。当这种优化过程充分发挥其潜力的时候，适用于现有商用网络中每个扇区和每个有相邻关系的扇区。

自优化通过网络设备根据其自身运行状况，自适应地调整参数，以达到优化网络性能的目标。传统的网络优化可以分为两个方面：一是无线参数的优化，如发射功率、切换门限、小区个性偏置等；二是机械优化，如天线方向、天线下倾角等。SON 的自优化功能只能部分代替传统的网络优化。

自优化主要包括以下功能。

① 自动邻区关系（ANR，Automatic Neighbour Relation）优化；

② 移动性负载均衡优化（MLB，Mobility Load Balancing optimization）；

③ 移动性顽健性优化（MRO，Mobility Robustness Optimization）；

④ 随机接入信道优化（RO，RACH Optimization）；

⑤ 基站节能（ES，Energy Savings）；

⑥ 小区间干扰协调（ICIC，Inter-Cell Interference Coordination）；

⑦ 覆盖与容量优化（CCO，Coverage and Capacity Optimization）。

（3）自愈功能

自愈功能是 SON 的主要功能之一。自愈的目的是消除或减少那些能够通过恰当的恢复过程来解决的故障。从故障管理的角度来看，不论是自动检测并自动清除的告警，还是自动检测但需手动清除的告警，故障网元都应对每一个检测到的故障给出相应的告警。自愈功能可由告警触发。在这种情况下，自愈功能模块对告警进行监视。当发现告警时，自动触发自愈过程。另外，一些自愈功能位于 eNode B 上，并需要快速响应。这种情况下，当 eNode B 检测到故障时，可直接触发自愈过程。自愈过程首先收集必要信息并进行深度分析，然后根据分析结果判断是否需要执行恢复过程来自动解决故障。当自愈过程结束后，自愈功能会将自愈结果上报给集成参考点（IRP，Integration Reference Point）管理器，并且可以将恢复过程存档。

通常可以相互结合理解为：① 通过实时互相关的性能计数器数据和告警信息来持续监测网络；② 自动故障排除，即通过系统问题的具体体现找到相应的故障原因；③ 自主性，即对网络事件的自我执行反应。多技术自适应网络（SON）的影响是巨大的。首先，通过多技术解决方案使运营商可以完全转换和简化业务，不仅应用了创新的自动化方法来服务于额外的 LTE 网络，而且扩大了所有无线接入技术自动化相关业务的成本控制，从而协调了整个网络管理，提高了运营效率。其次，多技术 SON 的解决方案使得 SON 能够获得更全面的优化不同的无线接入技术。另外，在不同技术之间的智能化的负载平衡策略，能够极大地提高系统的中继线使用效率，同时，可以优化系统间的邻区关系。除此之外，应用多技术 SON 推进网络性能到最佳的平衡点，使得用较低的成本投资于未来移动网络扩容成为现实。

除了上述自动规划、自动优化和恢复愈合模块，多技术解决模块称为数据网关，该数据接口能融合接入所有的外部数据源，比如 2G 和 3G 的 OSS、LTE 基础数据存储库、规划工具/数据库、DT/CQT 测试数据、扫频数据、呼叫详细话单跟踪数据等。数据网关不仅是一个数据收集接口，还支持多种功能，其中包括项目流程调度功能，用程序的数据访问所需的时间和一套完全业务输出接口，有效地生成所有输出文件（脚本、XML 文件等），方便修改系统配置。

2. SON 结构

3GPP 中有以下 3 种可能的架构定义，如图 12-1 所示。

① 集中式 SON：SON 算法在操作维护系统中执行，来实现 SON 解决方案。在这种解决方案中，SON 功能存在于某个小的地方，但是处于相对高水平的架构中。

② 分布式 SON：SON 算法在网元的级别来执行。此种解决方案的 SON 存在于功能多的位置，但是位于相对比较低水平的架构中。

③ 混合型 SON：SON 的解决方案的一部分，SON 算法在 OAM 系统中执行，另一部分在网元级别中执行。

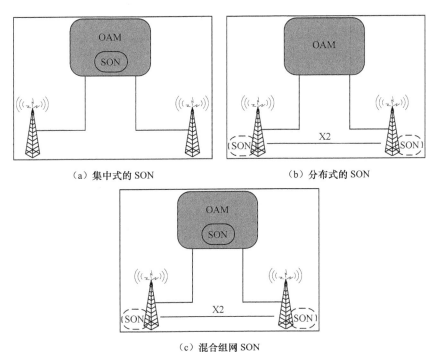

（a）集中式的 SON　　　　（b）分布式的 SON

（c）混合组网 SON

图 12-1　3 种 SON 架构

从灵活性和能力方面来支持新的、强大的优化策略，涉及相关的不同扇区性能指标，集中式 SON 组织架构是最合适的选择。因为 SON 实体处于一个特殊地位，涉及不同扇区的互关联性能指标，在此情况下，集中式 SON 架构是最合适的选择，被允许接入不同扇区的所有性能指标。不同的是，在网元的水平执行这些算法（在分布式 SON 架构中），通过 X2 接口将限于只使用相关的扇区。此种情况下，任何新的优化策略都可能会被增加到标准化的进程及信息中，将大大缩短产品上市时间，使得 SON 解决方案更快地体现效果。

不管怎样，一个集中的 SON 解决方案将可能接入所有扇区的所有技术层面的统计指标，能够实现相互关联的任何信息需求，以实现最完善的优化决策。

一方面，集中式 SON 解决方案可处理多厂商设备网络环境。通过集中式 SON 的配置解决方案，可以确保优化策略在整个移动网络中的完全一致性，这是其他技术难以实现的。值得一提的是，多技术移动网络意味着多厂商设备网络，在分布式体系架构中，通常认为推出智能多技术自适应的优化战略是不可能的。

另一方面，从优化的角度来看，同时使用几种并行自优化技术，需要进行相互之间的协调，来避免它们之间的冲突和相互干扰。

此外，从商业角度来看，完全独立于网元的 SON 功能更具意义，因为不同地区的网络可选择不同的供应商，而网络基础设备供应商不一定具备最先进的自主自动化与自主优化技术。

3. 多技术类型 SON 的规划

在规划阶段，在特定的区域自动检测所需要的新建基站。此项工作可以有两种不同的规划方法：根据话务量预测和系统模型和扩容计划预先生成；根据监测系统的性能和用户定义规则的触发进行网络扩容。

当确定需要采用新的基站时，计算中需要收集传播环境的信息反馈。最简单的办法是使用传统的传播预测引擎模型，通过 DT 测试数据的反馈，来进行传播模型的校准并优化。但是，如果涉及的基站已经开始运行，更准确和有效的方法是混合这些基站的传播预测模型和现网中实际用户体验的 OSS 测量报告来进行统计。这样的基于 OSS 的混合方案是明显优于其他的技术解决方案的。

如果具备健全的模型，并且无线传播环境模型是准确的，下一步就是进行自动选址过程。这个过程需要考虑用户体验的相关 KPI，用户的覆盖、质量和容量，以及投资回报率。实践经验表明，这一过程需要考虑新建基站的天线工程参数配置，以及后续网络优化中天线可优化调整的程度，这样就需要更优的规划设计和更少的投资成本。

当确定在某一位置新建基站时，下一步就是确定基本的硬件容量配置。此外，当确定这个新建站入网时，相关的软参数也需要进行合理的规划。这些软参数的配置取决于无线接入技术。对于 2G，相关参数设置包括功率配置、频点规划配置、BSIC 配置、邻区规划等；对于 3G，相关参数设置包括 CPICH 的设置、3G-3G 和 iRAT 邻区列表、加密编码等；对于 LTE，规划过程中需要考虑 LTE 网内和网间邻区配置列表、物理扇区 ID、PCI 配置、资源块规划、异频小区干扰调整门限等。最终通过自动过程的实施，将该新建基站完美地融合到网络中。

多技术 SON 解决方案可以支持所有这些功能，所有的相关无线接入技术（支持 2G/3G/4G），规划涵盖扇区的软参数和相关扇区在网络中的射频相关的物理参数。

4. 多技术类型 SON 的优化

对于商业网络运作的优化，可以想象为：在其中作为一个在线的过程，持续和自主运行优化，而没有人为的干预。基于此，SON 解决方案的输入数据包括统计计数器、相关参数设置、告警、呼叫详细跟踪等。通过数据网关来获取，经过处理后输出相关参数修改配置建议，以适应系统的无线环境变化和话务的增长需要。在此之中，最佳参数配置建议，通常随着不同网络的无线资源管理和移动性管理功能不同，各个网络结构随着时间的推移也各不相同。因此，获得基础网络设备部署的最大效果的唯一方式是以每个扇区为基础进行持续的、自适应的方法进行优化。

为了获得这些扇区最优化的参数设置，只通过扇区的相关统计数据来分析是不够的，因为它需要检查有交叉邻区关系的若干个扇区的参数配置，以得出更精确的结论，以及参数设置应当如何修改，来改善网络的系统性能。因此，此项任务更适合于一个集中的 SON 架构，否则任何算法将通过 X2 接口限于扇区标准化之间的信息交互。此外，一些多技术的解决方案需要不同无线接入技术之间的相互邻区配置关系，使之更具挑战性。

在周期性的配置基础上，解决方案以每个扇区提取相关性能统计和配置信息为基础，然后通过例行执行的优化来决定每个扇区的参数配置建议值。相关参数配置建议输出后，相应的脚本或命令即可自动生成，而无需用户干预。当然，在解决方案执行阶段，需要提前得到相关主管参数配置的客户接口人的授权和批准。

5. SON 部署方案

SON 部署方案如图 12-2 所示。该部署方案已运行多年，现已商业部署到了全球多个 4G 移动网络系统中。在这种情况下，广泛的多厂商支持，适用于所有主要的基础设施供应商。可以看出，SON 模块可应用于 2G、3G 和 LTE 网络。可以按照相关技术标准进行扇区参数的配置。同样，可优化所有扇区邻区列表，也可优化所有异系统配置参数，还具备对负荷平衡和相关无线资源管理参数进行优化的功能。另外，可通过网络远程控制模块进行 2G、3G 和 LTE 网络天线物理参数调整和设置，还可支持多场景无线接入技术和天线共享。

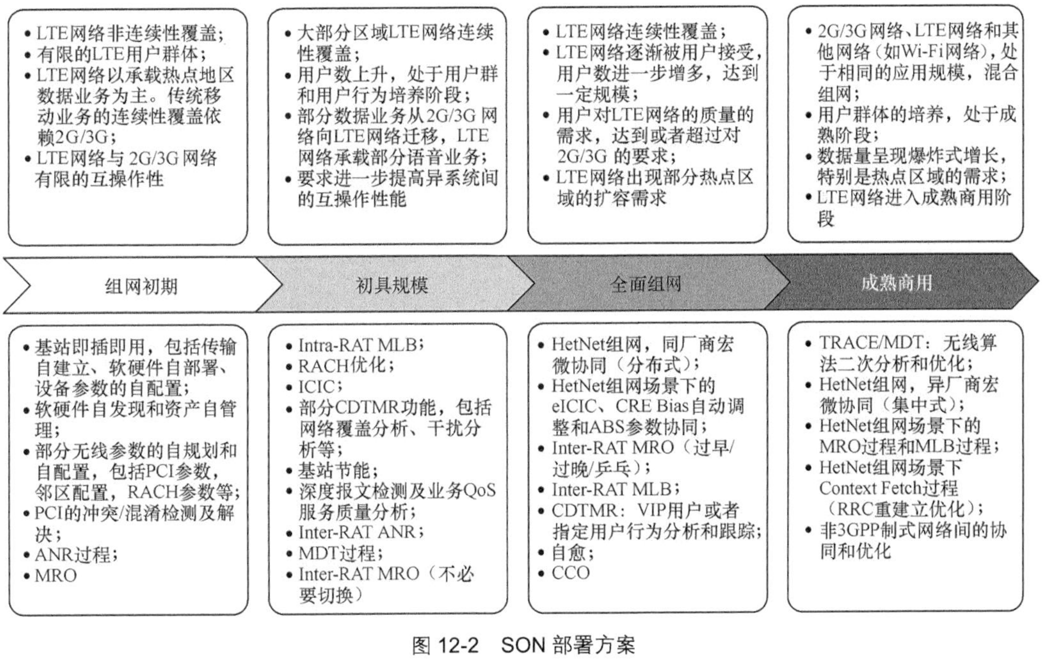

图 12-2　SON 部署方案

综上所述，通过自适应网络（SON）的部署，运营商可以实现网络规划、配置和优化过程的自动化，极大地减轻了运营商对人工的需求，从而大大降低运营商的运营成本。从

3GPP 标准化过程来看，从 R8 版本一直持续到 R11 版本，SON 在 3GPP 的标准化工作一直是运营商和业界的宠儿，通过运营商的需求和实际运行，驱动该系统不断完善。伴随着新需求的出现和更多实际用例的经验总结，SON 技术将会继续成为业界关注的重点，在 3GPP 未来的版本中不断推进其进行技术革新和标准化。

缩 略 语

16QAM	16 Quadrature Amplitude Modulation	16 正交幅度调制
1G	the 1st Generation	第一代移动通信技术
2G	the 2nd Generation	第二代移动通信技术
3G	the 3rd Generation	第三代移动通信技术
3GPP	the 3rd Generation Partnership Project	第三代合作伙伴计划
3GPP2	the 3rd Generation Partnership Project 2	第三代合作伙伴计划 2
3M RRU	Multi-band, MIMO, Multi-Standard-Radio Remote Radio Unit	多频段、MIMO、多模远程射频单元
4G	the 4th Generation	第四代移动通信技术
64QAM	64 Quadrature Amplitude Modulation	64 正交幅度调制
8PSK	8 Phase Shift Keying	八相相移键控
AAA	Authentication, Authorization and Accounting	鉴权、授权和计费
ACK	Acknowledgement	确认
ACK/NACK	Acknowledgement/Not-Acknowledgement	应答/非应答
AF	Application Function	应用功能
AGC	Automatic Gain Control	自动增益控制
AID	Access Description Data	接入表述数据
AKA	Authentication and Key Agreement	认证和密钥协商
AM	Acknowledged Mode	确认模式
AMBR	Aggregate Maximum Bit Rate	合计最大比特率
AMC	Adaptive Modulation and Coding	自适应调制编码
AMPS	Advanced Mobile Phone System	先进移动电话系统
AMS	Adaptive MIMO Switching	自适应 MIMO 切换
ANR	Automatic Neighbor Relation	自动邻区关系
AP	Access Point	接入点
AP-ID	Application Identity	应用标识符
APN	Access Point Name	接入点名称
APS	Automatic Protection Switching	自动保护倒换

ARIB	Association of Radio Industries and Business	无线电工业与商业协会
ARP	Allocation and Retention Priority	接入保持优先级
ARPU	Average Revenue Per User	用户月均消费
ARQ	Automatic Repeat Request	自动重传请求
AS	Autonomous System/Access Stratum	自治系统/接入层
ASBR	Autonomous System Border Router	自治系统边界路由器
ATIS	Alliance for Telecommunications Industry Solutions	电信行业解决方案联盟
ATM	Asynchronous Transfer Mode	异步传输模式
AWS	Advanced Wireless Services	高级无线服务
B3G	Beyond 3G	后 3G
BBU	BaseBand Unit	基带处理单元
BCCH	Broadcast Control Channel	广播控制信道
BCH	Broadcast Channel	广播信道
BDI	Backward Defect Indication	后向缺陷指示
BEI	Backward Error Indication	后向错误指示
BHSA	Busy Hour Session Attempt	忙时会话次数
BLER	Block Error Rate	误块率
BOSS	Business and Operation Support System	运营支撑系统
BPSK	Binary Phase Shift Keying	二相相移键控
BSC	Base Station Controller	基站控制器
CAPEX	Capital Expenditure	资本性支出
CATT	China Academy of Telecommunications Technology	中国电信技术研究院
CC	Chase Combining	Chase 合并
CCCH	Common Control Channel	公共控制信道
CCE	Control Channel Element	控制信道单元
CCSA	China Communications Standards Association	中国通信标准化协会
CDD	Cyclic Delay Diversity	循环时延分集
CDG	CDMA Development Group	CDMA 发展组织
CDMA	Code Division Multiple Access	码分多址
CDR	Call Detail Record	呼叫详细记录
CFI	Control Format Indicator	控制格式指示
CG	Charging Gateway	计费网关
CGF	Charging Gateway Function	计费网关功能
CINR	Carrier-to-Interference and Noise Ratio	载干噪比
CMMB	China Mobile Multimedia Broadcasting	中国移动多媒体广播
CN	Core Network	核心网
CoMP	Coordinated Multiple Points	协作多点
CP	Cyclic Prefix/Connection Point	循环前缀/连接点

CPC	Continuous Packet Connectivity	连续性分组连接
CPE	Customer-Premises Equipment	客户端设备
CPOS	Channelized POS	通道化的 SONET 传送包
CPRI	The Common Public Radio Interface	通用公共无线接口
CQI	Channel Quality Indicator	信道质量标识
CQT	Call Quality Test	呼叫质量测试
CRC	Cyclic Redundancy Check	循环冗余校验
C-RNTI	Cell-Radio Network Temporary Identifier	小区无线网络临时标识
CS	Circuit Switched	电路交换
CS	Cyclic Shift	循环移位
CSFB	Circuit-Switched Fallback	电路域回落
CSG	Closed Subscriber Group	闭合用户组
CT	Core Network and Terminals	核心网和终端
CW	Continuous Wave	连续波
CWDM	Coarse Wavelength Division Multiplexing	稀疏波分复用
CWTS	China Wireless Telecommunications Standards group	中国无线通信标准组
DAGC	Digital Automatic Gain Control	数字自动增益控制
DAI	Downlink Assignment Index	下行分配索引
D-AMPS	Digital-Advanced Mobile Phone System	数字先进移动电话系统
DBCH	Dynamic Broadcast Channel	动态广播信道
DC	Direct Current	直流
DCCH	Dedicated Control Channel	专用控制信道
DC-HSDPA	Dual Cell-HSDPA	双小区 HSDPA
DCI	Downlink Control Information	下行控制信息
DCS	Digital Communication System	数字通信系统
DECT	Digital Enhanced Cordless Telecommunications	数字增强无绳通信
DFB-LD	Distributed-Feedback Laser	分布反馈式激光器
DFT	Discrete Fourier Transform	离散傅里叶变换
DL	Downlink	下行链路
DL-SCH	Downlink Shared Channel	下行共享信道
DMRS	Demodulation Reference Signal	解调参考信号
DNS	Domain Name Server	域名服务器
DPD	Digital Pre-Distortion	数字预失真
DRB	Dedicated Radio Bearer	专用无线承载
DRS	Demodulation Reference Signal	解调用参考信号
DRX	Discontinuous Reception	非连续性接收
DS-CDMA	Direct Sequence-Code Division Multiple Access	直接序列码分多址
DSSS	Direct Sequence Spread Spectrum	直接序列扩频

DT	Drive Test	路测
DTCH	Dedicated Traffic Channel	专用业务信道
DTX	Discontinuous Transmission	非连续性发射
DWDM	Dense Wavelength Division Multiplexing	密集波分复用
DwPTS	Downlink Pilot Timeslot	下行导频时隙
E3G	Evolved 3G	演进型 3G
EAM	Electro Absorption Modulator	电吸收调制器
EARFCN	E-UTRA Absolute Radio Frequency Channel Number	E-UTRA 绝对无线频率信道号
EDGE	Enhanced Data Rate for GSM Evolution	增强型数据速率 GSM 演进
E-GSM	Extended GSM	扩展 GSM
EIA	Electronic Industries Association	电子工业协会
EIR	Equipment Identity Register	设备标识寄存器
EIRP	Equivalent Isotropic Radiated Power	等效全向辐射功率
EMM	EPS Mobility Management	EPS 移动管理
eNode B	E-URTA Node B	演进型网络基站
EPC	Evolved Packet Core	演进分组核心网
EPLMN	Equivalent HPLMN	等价 HPLMN
EPRE	Energy Per Resource Element	每 RE 能量
EPS	Evolved Packet System	演进的分组系统
E-RAB	EPS Radio Access Bearer	EPS 无线接入承载
ESM	EPS Session Management	EPS 会话管理
ETACS	Extended Total Access Communication System	扩展全接入通信系统
ETSI	European Telecommunications Standards Institute	欧洲电信标准化协会
E-UTRA	Evolved Universal Terrestrial Radio Access	演进型通用陆地无线接入
E-UTRAN	Evolved Universal Terrestrial Radio Access Network	演进型陆地无线接入网
EV-DO	Evolution Data Optimized	演进数据优化
FDD	Frequency Division Duplexing	频分双工
FDM	Frequency Division Multiplexing	频分复用
FDMA	Frequency Division Multiple Access	频分多址
FEC	Forward Error Correction	前向纠错
FFR	Fractional Frequency Reuse	部分频率复用
FFT	Fast Fourier Transform	快速傅里叶变换
FHSS	Frequency Hopping Spread Spectrum	跳频扩谱
FM	Frequency Modulation	调频
FMC	Fixed Mobile Convergence	固定与移动融合
FPLMTS	Future Public Land Mobile Telecommunications System	未来公共陆地移动通信系统

FSTD	Frequency Switched Transmit Diversity	频率切换发射分集
FSTD	Frequency Shift Time Diversity	频移时间分集
FTP	File Transport Protocol	文件传输协议
GBR	Guaranteed Bit Rate	可保证的比特率
GERAN	GSM/EDGE Radio Access Network	GSM/EDGE 无线接入网
GFP	Generic Framing Procedure	通用成帧规程
GGSN	Gateway GPRS Support Node	网关 GPRS 支持节点
GIS	Geographical Information System	地理信息系统
GP	Guard Period	保护间隔
GPRS	General Packet Radio Service	通用分组无线业务
GPS	Global Positioning System	全球定位系统
GRE	Generic Routing Encapsulation	通用路由封装（协议）
GSA	Global mobile Suppliers Association	全球移动供应商协会
GSM	Global System for Mobile communications	全球移动通信系统
GSMA	GSM Association	GSM 协会
GTP	GPRS Tunnel Protocol	GPRS 隧道协议
GTP-C	Control Plane Part of GPRS Tunneling Protocol	GPRS 隧道协议控制面部分
GTP-U	GPRS Tunnelling Protocol for User Plane	用户面的 GTP 隧道协议
GUTI	Globally Unique Temporary Identity	全局唯一临时标识
HARQ	Hybrid Automatic Repeat Request	混合自动重传请求
HI	HARQ Indicator	HARQ 指示
HPLMN	Home PLMN	归属陆地移动通信网
HQoS	Hierarchical Quality of Service	分层服务质量
HSDPA	High Speed Downlink Packet Access	高速下行分组接入
HSGW	HRPD Serving Gateway	HRPD 服务网关
HSPA	High Speed Packet Access	高速分组接入
HSS	Home Subscriber Server	归属签约用户服务器
HS-SCCH	High Speed-Shared Control Channel	高速共享控制信道
HSUPA	High Speed Uplink Packet Access	高速上行分组接入
HTTP	Hyper Text Transport Protocol	超文本传输协议
ICI	Inter-Carrier Interference	载波间干扰
ICIC	Inter-Cell Interference Coordination	小区间干扰协调
IDEA	Integrated Data Environment of Applications	综合营销平台
IDFT	Inverse Discrete Fourier Transform	离散傅里叶反变换
IEEE	Institute of Electrical and Electronics Engineers	电气与电子工程师协会
IFFT	Inverse Fast Fourier Transform	快速傅里叶逆变换
IK	Integrity Key	完整性密钥
IM	Instant Messenger	即时通信

IMEI	International Mobile Equipment Identity	国际移动设备识别
IMS	IP Multimedia Subsystem	多媒体子系统
IMSI	International Mobile Subscriber Identity	国际移动用户识别码
IMT-Advanced	International Mobile Telecommunications-Advanced	高级国际移动通信
IMT-2000	International Mobile Telecommunications-2000	国际移动电话系统 2000
IOT	Interoperability Test	互操作测试
IP	Internet Protocol	因特网协议
IPRAN	IP Radio Access Network	IP 化无线接入网
IR	Incremental Redundancy	增量冗余
IRC	Interference Rejection Combining	干扰消除
IS-136	Interim Standard 136	过渡性标准 136
ISI	Inter Symbol Interference	符号间干扰
ISR	Idle Mode Signalling Reduction	空闲模式信令节省
ITU	International Telecommunications Union	国际电信联盟
KPI	Key Performance Indicator	关键绩效指标
L2VPN	Layer 2 VPN	二层 VPN
L3VPN	Layer 3 VPN	三层 VPN
LCAS	Link Capacity Adjustment Scheme	链路容量调整机制
LCID	Logical Channel Identifier	逻辑信道标识
LCR	Low Chip Rate	低码片速率
LDPC	Low-Density Parity-Check code	低密度奇偶校验码
LMDS	Local Multipoint Distribution Services	区域多点传输服务
LMP	Link Management Protocol	链路管理协议
LMT	Local Maintenance Terminal	本地维护终端
LNA	Low Noise Amplifier	低噪声放大器
LTE	Long Term Evolution	长期演进
LTE-Hi	LTE Hotspot/Indoor	LTE 热点/室内覆盖
MAC	Medium Access Control	媒体接入控制
MAP	Mobile Application Part	移动应用部分
MAPL	Maximum Allowed Path Loss	最大允许路径损耗
MBMS	Multimedia Broadcast Multicast Service	多媒体广播多播业务
MBR	Maximum Bit Rate	最大比特速率
MCC	Mobile Country Code	移动国家号码
MCCH	Multicast Control Channel	多播控制信道
MCH	Multicast Channel	多播信道
MCS	Modulation and Coding Scheme	调制编码方式
MDSC	Mobile Data Service Center	移动数据业务中心
MGW	Media Gateway	多媒体网关

MIB	Master Information Block	主信息块
MIMO	Multiple Input Multiple Output	多输入多输出
MM	Multimedia Message	多媒体消息
MMDS	Multichannel Multipoint Distribution Services	多信道多点分配服务
MME	Mobility Management Entity	移动管理实体
MNC	Mobile Network Code	移动网号
MPLS	Multi-Protocol Label Switching	多协议标签交换
MRC	Maximum Ratio Combining	最大比合并
MS	Mobile Station	移动台
MSC	Mobile Switching Centre	移动交换中心
MSR	Multi Standard Radio	多制式无线电
MSTP	Multi-Service Transfer Platform	多业务传送平台
MTCH	Multicast Traffic Channel	多播业务信道
MU-MIMO	Multi User-MIMO	多用户 MIMO
NACK	Negative Acknowledgement	非确认
NAS	Network Access Server	网络接入服务器
NAS	Non Access Stratum	非接入层
NDI	New Data Indicator	新数据指示
NGMN	Next Generation Mobile Network	下一代移动通信网
OADM	Optical Add-Drop Multiplexer	光分叉复用器
OAM	Operation Administration and Maintenance	运行管理和维护
OCC	Optical Channel Carrier	光通道载体
OCG	Optical Carrier Group	光通道载体组
OCH	Optical Channel with full functionality	全功能光通道
OCS	Online Charging System	在线计费系统
ODU	Optical Channel Data Unit	光通道数据单元
OFCS	Offline Charging System	离线计费系统
OFDM	Orthogonal Frequency Division Multiplexing	正交频分复用
OFDMA	Orthogonal Frequency Division Multiplexing Access	正交频分多址
OMA	Open Mobile Architecture	开放移动联盟
OMS	Optical Multiplex Section	光复用段
OMU	Optical Multiplex Unit	光复用单元
OOK	On-Off Keying	开关键控
OPEX	Operating Expense	运营支出
OPEX	Operating Expenditure	运营费用
OPS	Optical Physical Section	光物理段
OPT	Optical Termination	光纤端口

OPU	Optical Channel Payload Unit	光通道净荷单元
OSC	Optical Supervisory Channel	光监控通道
OSPF	Open Shortest Path First	开放式最短路径优先
OSS	Operation Support System	运营支撑系统
OTH	Optical Transport Hierarchy	光传送体系
OTN	Optical Transport Network	光传送网
OTS	Optical Transmission Section	光传送段
OTU	Optical Channel Transport Unit	光通道传送单元
OXC	Optical Cross Connect	光交叉连接
PA	Power Amplifier	功率放大器
PAPR	Peak to Average Power Ratio	峰值平均功率比
PBB	Provider Backbone Bridge	运营商骨干桥接技术
PBCH	Physical Broadcast Channel	物理广播信道
PC	Personal Computer	个人计算机
PCC	Policy and Charging Control	策略和计费控制
PCC	Protection Communication Channel	保护通信信道
PCCH	Paging Control Channel	寻呼控制信道
PCEF	Policy and Charging Enforcement Function	策略和计费执行功能
PCFICH	Physical Control Format Indicator Channel	物理控制格式指示信道
PCG	Project Coordination Group	项目合作组
PCH	Paging Channel	寻呼信道
PCI	Physical Cell Identity	物理小区标识
PCM	Pulse Coded Modulation	脉冲编码调制
PCRF	Policy and Charging Control Function	策略及计费控制功能
PCS	Personal Communications Service	个人通信业务
PDCCH	Physical Downlink Control Channel	物理下行控制信道
PDCP	Packet Data Convergence Protocol	分组数据汇聚协议
PDN	Packet Data Network	分组数据网
PDN-GW	Packet Data Network-Gateway	PDN 网关
PDSCH	Physical Downlink Shared Channel	物理下行共享信道
PF	Paging Frame	寻呼帧
P-GSM	Primary GSM	主 GSM
P-GW	PDN Gateway	分组数据网网关
PH	Power Headroom	功率余量
PHICH	Physical HARQ Indicator Channel	物理 HARQ 指示信道
PHR	Power Headroom Report	功率余量报告
PHS	Personal Handy phone System	个人手持式电话系统
PHY	Physical Layer	物理层

PLC	Programmable Logic Controller	可编程逻辑控制器
PLMN	Public Land Mobile Network	公共陆地移动网
PM	Path Monitoring	通道监视
PMCH	Physical Multicast Channel	物理多播信道
PMI	Precoding Matrix Indication	预编码矩阵指示
PMIP	Proxy Mobile IP	代理移动 IP
PO	Paging Occasion	寻呼时刻
PON	Passive Optical Network	无源光网络
POS	Packet Over SONET	SONET 传送包
PPP	Point to Point Protocol	点对点协议
PRACH	Physical Random Access Channel	物理随机接入信道
PRB	Physical Resource Block	物理资源块
PRS	Pseudo-Random Sequence	伪随机序列
PS	Packet Switched	分组交换
P-S	Parallel to Serial	并串转换
PSK	Phase Shift Keying	相移键控
PSS	Primary Synchronization Signal	主同步信号
PT	Payload Type	净荷类型
PTM	Point-To-Multipoint	点到多点
PTN	Packet Transport Network	分组传送网
PTP	Point-To-Point	点到点
PUCCH	Physical Uplink Control Channel	物理上行控制信道
PUSCH	Physical Uplink Shared Channel	物理上行共享信道
PVC	Permanent Virtual Circuit	永久虚电路
PW	Pseudo-Wire	伪线
QAM	Quadrature Amplitude Modulation	正交振幅调制
QCI	QoS Class Identifier	QoS 级别标识符
QoS	Quality of Service	服务质量
QPP	Quadratic Permutation Polynomial	二次置换多项式
QPSK	Quadrature Phase Shift Keying	四相相移键控
RA	Random Access	随机接入
RACH	Random Access Channel	随机接入信道
RAN	Radio Access Network	无线接入网
RAPID	Random Access Preamble Identifier	随机接入前导指示
RA-RNTI	Random Access-RNTI	随机接入 RNTI
RB	Resource Block	资源块
RB	Radio Bearer	无线承载
RBG	Resource Block Group	资源块组

RE	Resource Element	资源单位
REG	Resource Element Group	资源单位组
RFU	Radio Frequency Unit	射频单元
R-GSM	Railways GSM	铁路 GSM
RI	Rank Indication	秩指示
RIV	Resource Indication Value	资源指示值
RLC	Radio Link Control	无线链路控制
RNC	Radio Network Controller	无线网络控制器
RNTI	Radio Network Temporary Identity	无线网络临时识别符
ROADM	Reconfigurable Optical Add-Drop Multiplexer	可重构的光分插复用器
RPR	Resilient Packet Ring	弹性分组环
RRC	Radio Resource Control	无线资源控制
RRM	Radio Resource Management	无线资源管理
RRU	Radio Remote Unit	射频拉远模块
RS	Reference Signal	参考信号
RSRP	Reference Signal Receiving Power	参考信号接收功率
RSRQ	Reference Signal Received Quality	参考信号接收质量
RSSI	Received Signal Strength Indicator	接收信号强度指示
RSVP	Resource Reservation Protocol	资源预留协议
RV	Redundancy Version	冗余版本
S1	S1	LTE 网络中 eNode B 和核心网间的接口
S1-AP	S1-Application Protocol	S1 应用协议
SAE	System Architecture Evolution	系统架构演进
SAW	Stop And Wait	停止等待
SC-FDMA	Single-Carrier Frequency-Division Multiple Access	单载波频分多址
SCH	Synchronous Signal	同步信号
SCTP	Stream Control Transmission Protocol	流控制传送协议
SFBC	Space Frequency Block Coding	空频块编码
SFM	Shadow Fading Margin	阴影衰落余量
SFN	System Frame Number	系统帧号
SFR	Soft Frequency Reuse	软频率复用
SGIP	Short Message Gateway Interface Protocol	短消息网关接口协议
SGSN	Serving GPRS Support Node	服务 GPRS 支持节点
S-GW	Serving Gateway	服务网关
SI	System Information	系统信息
SIB	System Information Block	系统消息块
SIM	Subscriber Identification Module	用户身份识别卡
SINR	Signal to Interference and Noise Ratio	信号与干扰加噪声比

SI-RNTI	System Information-Radio Network Temporary Identifier	系统消息无线网络临时标识
SM	Spatial Multiplexing	空间复用
SMS	Short Message Service	短消息业务
SMSC	Short Message Service Center	短消息业务中心
SNR	Signal to Noise Ratio	信噪比
SON	Self Organization Network	自组织网络
SONET	Synchronous Optical Network	同步光网络
SP	Service Provider	业务提供商
S-P	Serial to Parallel	串并转换
SPD	Synchronization Phase Distortion	同步相位失真
SR	Scheduling Request	调度请求
SRB	Signaling Radio Bearer	信令无线承载
SRI	Scheduling Request Indication	调度请求指示
SRS	Sounding Reference Signal	探测用参考信号
SRVCC	Single Radio Voice Call Continuity	单无线频率话音呼叫连续性
SSS	Secondary Synchronization Signal	辅同步信号
STC	Space Time Coding	空时编码
SU-MIMO	Single User-MIMO	单用户 MIMO
TA	Tracking Area	跟踪区
TA	Timing Alignment	定时校准
TAC	Tracking Area Code	跟踪区码
TACS	Total Access Communication System	全接入通信系统
TAI	Tracking Area Identity	跟踪区标识
TAU	Tracking Area Update	跟踪区域更新
TB	Transport Block	传输块
TBS	Transport Block Size	传输块大小
TC	Technical Committees	技术工作委员会
TCM	Tandem Connection Monitoring	串接监视
TCP	Transmission Control Protocol	传输控制协议
TD	Transmit Diversity	发射分集
TD-CDMA	Time Division CDMA	时分码分多址
TDD	Time Division Duplexing	时分双工
TD-LTE	TD-SCDMA Long Time Evolution	TD-SCDMA 的长期演进
TDMA	Time Division Multiple Access	时分多址
TD-SCDMA	Time Division-Synchronization Code Division Multiple Access	时分同步码分多址
TEID	Tunnelling Endpoint Indentification	隧道端点标识符
TF	Transport Format	传输格式

TFT	Traffic Flow Template	业务流模板
TIA	Telecommunication Industry Association	电信工业协会
TID	Tunnel Identifier	隧道标识
TM	Transparent Mode	透明模式
TMA	Tower Mounted Amplifier	塔顶放大器
TMSI	Temporary Mobile Subscriber Identity	临时移动用户识别号码
TPC	Transmit Power Control	发射功率控制
TPMI	Transmitted Precoding Matrix Indicator	发射预编码矩阵指示
TRX	Transceiver	收发信机
TSG	Technical Specification Group	技术规范组
TSTD	Time Switched Transmit Diversity	时间切换发射分集
TTA	Telecommunication Technology Association	电信技术协会
TTC	Telecommunication Technology Committee	电信技术委员会
TTI	Transmission Time Interval	发送时间间隔
TX	Transmit	发送
UCI	Uplink Control Information	上行控制信息
UDP	User Datagram Protocol	用户数据报协议
UDPAP	User Datagram Protocol Application Part	用户数据报协议应用部分
UE	User Equipment	用户设备
UL	Uplink	上行链路
UL-SCH	Uplink Shared Channel	上行共享信道
UM	Unacknowledged Mode	非确认模式
UMB	Ultra Mobile Broadband	超移动宽带
UMTS	Universal Mobile Telecommunications System	通用移动通信系统
UP	User Plane	用户面
UPTS	Uplink Pilot Time Slot	上行导频时隙
UPS	Uninterruptable Power System	不间断电源系统
URL	Universal Resource Locator	统一资源定位符
USB	Universal Serial Bus	通用串行总线
USIM	Universal Subscriber Identity Module	用户业务识别卡
USSD	Unstructured Supplementary Service Data	非结构化补充业务数据
UTRA	Universal Terrestrial Radio Access	通用陆地无线接入
UTRAN	Universal Terrestrial Radio Access Network	通用陆地无线接入网
VLAN	Virtual Local Area Network	虚拟局域网
VMIMO	Virtual MIMO	虚拟 MIMO
VoIP	Voice over IP	IP 话音业务
VP	Video Phone	视频电话
VRB	Virtual Resource Block	虚拟资源块

WAP	Wireless Application Protocol	无线应用协议
WAP GW	Wireless Application Protocol Gateway	无线应用协议网关
WCDMA	Wideband Code Division Multiple Access	宽带码分多址
WiMAX	Worldwide Interoperability for Microwave Access	全球微波互联接入
WLAN	Wireless Local Area Network	无线局域网
WRC	World Radio Conference	全球无线大会
WSS	Wavelength Selective Switch	波长选择开关
X2	X2	X2 接口（LTE 网络中 eNode B 之间的接口）
ZC	Zadoff-Chu	一种正交序列

参考文献

[1] 朱明程. 第三代移动通信的演进及业务分析[J]. 信息技术与标准化，2003（1）：18-22.

[2] 陈怀远. 无线网络优化方法研究[D]. 广州：华南理工大学，2006.

[3] 马庆荣. 无线网络优化和规划[D]. 南京：南京邮电大学，2009.

[4] 周双阳. 4G 开启新型精细化室内网络覆盖时代[J]. 中国科技投资，2014（24）：37-39.

[5] 李慕之. 北京西南片区覆盖网试验网覆盖优化[D]. 南京：南京邮电大学，2008.

[6] 辛丹丹. 无线网络的常见问题及优化策略[J]. 黑龙江科技信息，2011（30）：104.

[7] 张本矿，卜刊，孙铭扬. TD-LTE 网络 RF 优化方法和实践[J]. 电信技术，2010（12）：25-28.

[8] 吕邦国，于涛. TD-LTE 系统 TA 及 TA List 规划原则[J]. 电信工程技术与标准化，2013（6）：46-50.

[9] 张平刚. 高速公路网络覆盖与解决[J]. 科技创新与应用，2013（2）：32-35.

[10] 张兴. LTE-A 系统中自组织网络关键技术的研究[D]. 北京：北京邮电大学，2013.

[11] 刘朋波. 关于 TD-SDCMA 室内分布系统网络优化研究[D]. 重庆：重庆邮电大学，2012.

[12] 华为技术有限公司. 华为多网协同解决方案多网随一自然智享[J]. 通信世界，2012，（39）：21-22.

[13] 王奕杰. LTE-A 网络中 Relay 关键技术研究[D]. 成都：电子科技大学，2011.

[14] 段惠敏. 住宅小区移动通信深度覆盖系统的设计[D]. 合肥：安徽大学，2011.

[15] 贺敬，常疆. 自组织网络（SON）技术及标准化演进[J]. 邮电设计技术，2012（12）：4-7.

[16] 宋书祥. 基站天线的下倾角研究及工具开发[J]. 山东通信技术，2007，27（4）：39-41.

[17] 乔斌，颉亚伟，万勇. TD-LTE 与异系统共址干扰分析[J]. 移动通信，2013，37（3）：99-103.

[18] 张涛，韩玉楠，李福昌. LTE 室内分布系统演进方案研究[J]. 邮电设计技术，2013，

29（3）：22-26.

[19] 苏国栋，张嵩. 移动通信网络频段建设的研究[J]. 中国科技博览，2012（23）：440.

[20] 楚佩斯，李小玉，赵培，等.LTE 典型频段室外传播特性研究[C]//全国无线及移动通信学术大会，2012：370-373.

[21] 林浩凌. 简析 CDMA DT 测试数据分析及后续思考[J]. 电信快报：网络与通信，2010（8）：18-22.

[22] 罗晓明.CDMA 无线传播模型的校正与分析[D]. 广州：中山大学，2007.

[23] 刘桐春，徐艳蒙，胡荣炎，等. 浅析我国 TD-LTE 的现状与发展[J]. 无线互联科技，2012（8）：43-44.

[24] 国勇. 电信企业服务发展与创新[J]. 现代经济信息，2014（24）：128.

[25] 余晓晖. 站在新的历史关口下的通信业[J]. 中兴通讯技术，2012，18（1）：1-3.

[26] 古松，杨海玉，舒文琼，等. 北邮人——中国通信业五十年见证[J]. 通信世界，2005（37）：17-39.

[27] 王远桂. 改革开放以来我国通信业发展特点扫描[J]. 电信技术，2006（11）：37-39.

[28] 赵永彬. 国外主要运营商下一代网络演进策略与实践[J]. 信息网络，2005（11）：46-50.

[29] 李珊.LTE 商用策略与挑战[J]. 中兴通讯技术，2011，17（5）：42-45.

[30] 徐德平，张炎炎，焦燕鸿，等.TD-LTE 深度覆盖解决方案研究[J]. 互联网天地，2013（12）：58-62.

[31] 牛春宁，刘婷婷.TD-SCDMA 精细化覆盖方法研究[J]. 北京青年科技论坛，2010.

[32] 施宁. 覆盖问题的解决思路和方法[C]//北京通信学会 2012 信息通信网技术业务发展研讨会，2012.

[33] 姜怡华，许慕鸿，等.3GPP 系统架构演进（SAE）原理与设计[M]. 北京：人民邮电出版社，2010.

[34] 3GPP TS 36.211. Evolved Universal Terrestrial Radio Access (E-UTRA); Physical channels and modulation[S].

[35] 3GPP TS 36.213. Evolved Universal Terrestrial Radio Access (E-UTRA); Physical layer procedures[S].

[36] 3GPP TR36.902 Self-Configuring and Self-Optimizing Network Use cases and Solutions[S].

[37] Optimi 多技术支持自适应网络模块（SON）技术白皮书[R].

[38] 王映民，孙韶辉，等.TD-LTE 技术原理与系统设计[M]. 北京：人民邮电出版社，2010.

[39] 寿国础. 通信测试仪表的发展及走向[J]. 电信科学，2001，17（11）：59-60.

[40] 元泉.LTE 轻松进阶[M]. 北京：电子工业出版社，2012（9）：71.

[41] 李波，杨鹏，吴昊.LTE 自组网技术中的可调参数相关性分析[J]. 电信网技术，2012（11）：8-11.

[42] 赵训威，林辉，张明，等.3GPP 长期演进（LTE）系统构架与技术规范[M]. 北京：人民邮电出版社，2010.

[43] 胡宏，林徐景. 3GPP LTE 无线链路关键技术[M]. 北京：电子工业出版社，2008.